高等学校专业教材

国家级一流本科课程配套教材

美食鉴赏与食品创新设计

邱 宁 主 编

李述刚 王 清 胡婉峰 副主编

中国轻工业出版社

图书在版编目（CIP）数据

美食鉴赏与食品创新设计/邱宁主编. —北京：中国轻工业出版社，2024. 1
高等学校专业教材
ISBN 978-7-5184-2783-3

Ⅰ. ①美… Ⅱ. ①邱… Ⅲ. ①饮食-文化-中国-高等学校-教材
Ⅳ. ①TS971. 2

中国版本图书馆 CIP 数据核字（2021）第 072794 号

责任编辑：钟　雨
策划编辑：钟　雨　　责任终审：唐是雯　　封面设计：锋尚设计
版式设计：霸　州　　责任校对：朱燕春　　责任监印：张京华

出版发行：中国轻工业出版社（北京鲁谷东街 5 号，邮编：100040）
印　　刷：北京君升印刷有限公司
经　　销：各地新华书店
版　　次：2024 年 1 月第 1 版第 3 次印刷
开　　本：787×1092　1/16　印张：10. 5
字　　数：230 千字
书　　号：ISBN 978-7-5184-2783-3　定价：48. 00 元
邮购电话：010-85119873
发行电话：010-85119832　010-85119912
网　　址：http：//www. chlip. com. cn
Email：club@ chlip. com. cn
如发现图书残缺请与我社邮购联系调换
232354J1C103ZBW

前言 | Preface

随着中国经济的高速发展，大众对食品问题的关注已经逐渐从粮食安全转向对饮食营养与健康的考量；从对“量”的追求转向对“质”诉求。在这样的大背景下，更多个性化的产品应运而生，不仅从味觉，且从人类可感知的各个方面不断发起挑战。那些曾经通过“高糖、高脂”配方来刺激消费者味觉的品牌也陆续打出了“健康牌”，而他们手中的牌似乎还不止这些。而我们也希望通过对“美食”概念的梳理和对食品创新规律的探讨来一窥究竟。

为了达成这个目标，我们需要了解如何科学地定义美食、感知美食以及鉴赏美食；并在这一理论基础上，学会快速捕捉市场，先于消费者发掘他们的需求，并通过创意的激发，演绎出兼备理性实操和感性审美，达到技术和艺术完美融合的新品创制。因此，在华中农业大学食品科技学院李斌教授的主持下，我们打造了“美食鉴赏与食品创新设计”这样一门精品在线课程，并引发了较高的业界关注和良好的社会反馈，本课程已被国家教育部评为国家精品课程（线上一流课程）。本课程已在中国大学 MOOC 上线，开课时间为每年3 月 ~6 月，欢迎广大读者下载并登陆中国大学 MOOC App 学习。基于该在线开放课程的云端呈现，让我们能够更好地分享在新时代背景下关于食品行业消费的升级模式，展望全新消费场景下的食品的创新蓝图；并以这门在线课程的授课内容为主编写了本教材。

本书主要为食品科学专业的本科生、研究生以及食品行业的产品设计与研发人员量身定制。在进行食品设计的时候，我们往往会意识到自己做出的食品只是一个更大、更复杂的产品中被消费者吃掉的那部分。不管我们的食品做得多么出色，只要整个产品链中有任何一个环节（例如，前端销售、消费环境、食品包装、售后服务等）出了问题，都会导致消费者对这个产品的印象大打折扣。我们相信设计思维提供的是一种致力于解决这些问题的思维方法和底层逻辑，为食品领域的产品设计师、创新研发人员、企业家或创业者提供清晰的工具和方法。

编撰此书的目的是希望通过梳理美食产品基本构成元素以及美食设计的基本原理和思维模式，将美食鉴赏与设计思维的创新实践流程融为一体，使其成为一套让美食创意落地成为美食创新产品的方法或工具。本书第二章至第五章分别从美食鉴赏的内涵与标准、美食的基本元素、美食的历史与文化、美味的生物学及营养学四个方面梳理了美食之所以为美食的基本要素，旨在与读者共同探讨消费者美食偏好的内在逻辑。本书第六章至第八章则分别从食品消费行业的创新、消费者行为的变化、设计思维在食品创新领域的应用三个方面介绍了新消费环境的特点以及从设计思维的视角剖析了创新产品的设计过程。本书第九章集合了美食产品领域的一些优秀设计案例，帮助读者将前几章的知识点和步骤在具体的案例中融会贯通。本书重点介绍了在深入理解消费者的前提下，运用设计思维需要遵循的原则和方法，同时也在关键环节穿插美食设计的知识点和案例，以达到将设计思维创新方法融入美食产品设计的应用背景的目的。

美食产品设计是由跨学科团队来执行的活动，团队成员包括配方设计师、食品工艺师、产品设计师、包装设计师、网页设计师、营销人员、商业策划和项目经理等，具有这些学科背景的读者都能从本书中找到些许有价值的启示。本书将为从事美食产品设计的学习者提供一个框架、一套工具以及丰富的案例。它既可以作为一个模块纳入其他设计课程计划，其本身也可以作为一个完整的课程。不论是高校教师还是企业讲师，都可以将前八章作为食品设计思维工作坊的实践手册，最后一章则可作为选题的参考或案例分析素材。希望本书能够成为一本对您具有参考价值的融合理论与实践的好书。

伴随着时代的发展和消费者美食偏好的变迁，食品创新设计也需要不断推陈出新。在教学过程中，编者将自己在食品领域的教学经验及搜集整理的参考资料编成本教材，通过这种跨领域的知识整合与融会贯通，尝试破解人们对美食欲望和感觉的终极密码，乃至窥见美食背后的进化因素、人文因素，从对饮食文化的认知中获得对食品创新设计认知的些许教益与启发。

编者

2021 年 4 月

目录 | Contents

CHAPTER 1

第一章 绪　论

第一节　美食鉴赏中的美学

一、美食鉴赏的概念

所谓美食鉴赏，简而言之就是对美食进行评鉴、欣赏的活动和过程。究其本质，美食鉴赏是指人通过感性活动如视觉、嗅觉、味觉、触觉以及心理感知等对美食进行的一种审美活动，其包括审美对象或客体（美食）、审美主体（美食鉴赏者或美食家）和美感三要素。这种审美活动也是一种感知活动，是审美主体对审美客体的价值判断与审美心理活动的统一，当然也会按照普遍的审美运行机制来进行。与其他艺术形式相比，美食具有其特殊性，因而美食鉴赏也必然有其独特的审美方法和评价机制。

二、美学的凝视

现今人类深度理解自然和现实的途径大体分为以下三种。

第一种方式是应用科学的方法认识世界。其特点是以满足认知者自身的实用目的服务，有其明确目标地感知并力图客观把握世界，然后为我所用。因而，科学认识世界的目标：一是去发现（discover），二是去寻找（find）。这是开展科学认知的两个核心词汇。

第二种我们深度理解世界的方式称作哲学静观。其主要手段是思考，基本的方式包括静观（contemplate）和默想（meditate）。

第三种方式是审美感知。在审美感知的世界中，最主要的方法是适应（fit），即我们要找到一个和谐的状态去适应这个世界，而不是去利用和征服世界。审美感知世界是为了作为主体的我们去适应自然，所以其主要方式是感受（feel）和创造（create），这是美学的两个诉求。审美感知的视角是为事物自身的目的，而不是为观察者的功利主义而进行的观照。

美学（aesthetic）一词源于希腊语 aisthetikos，本意为“感觉、感知”。因此，“美学之父”——亚历山大·戈特利布·鲍姆嘉通（Alexander Gottlieb Baumgarten）把美学定义为研究人感性认识的学科，他认为人的心理活动分知、情、意三方面。研究知或人的理性认识有逻辑学，研究人的意志有伦理学，而研究人的情感即相当于人感性认识则应有"aesthetic"（感知学），也就是我们翻译过来的"美学"。从某种意义上讲，"美"是感官感知到的完美；"真"是理性感知到的完美；而"善"则是道德抑制所达到的完美。鲍姆嘉通认为感觉和推理（或者说感性和理性）同等重要（Feeling is as important as reasoning）。他第一次让"感觉世界"获得了自主性，甚至上升到了科学的高度。这就是鲍姆嘉通在1750年出版的《美学》这本著作在人类认知上所做的一次颠覆（图1-1）。

图1-1 人类历史上第一部美学专著《美学》（1750年）一书的扉页

1. 美学探讨的核心问题

美学主要有七个核心问题：心、主体、品味、感觉、美、艺术和创造。首先是心及其所带来的感觉究竟是怎么回事？然后回到心的主体（subject），主体是怎样感觉世界的？18世纪又升华了一个词称为品味，因为品味非常精细地代表我们的某种感觉。接下来是如何断定美，并如何将其表达出来，形成我们常说的艺术。最后在整个过程中，美学采取了和哲学不一样的方式，通过无为、距离、中立，来完成我们称之为创造力的东西。艺术是形成创造力的最重要的途径之一。

（1）心与主体感受　美学在发展之初经历过一个试图客观化的过程，并尝试运用生理客观性来进行解释。到了近代，美学将美和艺术衡量的评判尺度与主体性联系了起来。评判尺度由外在尺度变成了内在尺度，认为其评判尺度的掌握者不是自然，而是属于审美主体自身。审美对象不是由于其内在美而带来愉悦，而是由于它带来了愉悦才称为美，把对美的理解从客观存在转变成了主观感受。从这样的主体性角度来看，美不是客观的，只是因为其让我们愉悦，我们才称为美。

（2）品味就是感觉的敏锐度　既然让我们愉悦的东西才是美的，那么什么东西才会使我们愉悦呢？这就诞生了一个概念——品味。我们都有感觉，但是每个人的感觉敏锐度却不一样，品味可以用来衡量这种敏锐度。当感觉的敏锐度被对象触及，我们内心就会产生愉悦的感觉，这个时候我们就把对象描述成美的东西。品味是美学中最重要的一个词汇，它完成了客观世界"美"向主观世界"美"的彻底转换。从哲学视角看美学诞生，"品味"一词的发明就是一场革命，为美学的诞生奠定了基础。

意大利美学教授吉奥乔·阿甘本（Giorgio Agamben）在2017年出版的新书《品味》（*Taste*）中写道：与被赋予优异地位的视觉、听觉形成鲜明对比，西方文化传统地将味觉归为五官感知中最低等的一个，因为这一感知的愉悦将人和动物联系在了一起。德国哲学家路德维希·安德列斯·费尔巴哈（Ludwig Andreas Feuerbach）说："Man is what he eats（吃什么就是什么样的人）”。也就是说你日常习得的东西就是你本性的表现。味觉让我们与动物联系在了一起，恰恰体现了人类动物性的本真一面。阿甘本认为，品味一件艺术品不能仅依靠视觉或听觉，因为听和看并没有破坏对象，但是吃不一样，吃是拆解、消化、排泄。如果美学最主要的器官是味觉，那么来评判一个东西是不是美，是不是艺术，它面对这个客体（美的客体，艺术品）就不像视觉和听觉那样，味觉不会让它们自由和独立，而是用一种真正实用的方式来对待它，将其分解，并且消耗掉。鲍姆嘉通做的事情非常艰难，将品味这一最初与人的动物性相联系的感官提升到人类接触自然的一种重要方式，是一种革命性的改变。

当“品味”一词被用于描述感官的官能，即对美的判断和欣赏时，美学这门学问就获得了另一种知识的称号。理性知道真，但是却不能欣赏真；品味欣赏美，却无法解释美。鲍姆嘉通将其确认的知识领域，创立了所谓的另外一种知识，并开始研究这些知识的特性。当鲍姆嘉通怀揣着把完全不能扶正的东西扶正的抱负，并加以科学性的描述，使之规划清晰的时候，美学就诞生了。从十六世纪到十八世纪经过200年，完成了从“不知道却能欣赏的知识”到“能知道的愉悦”的转变。从此，美学这个视角不仅能够认知真理性的东西，同时还能够以一种愉悦的方式，获得这种认知——这是鲍姆嘉通最革命性的贡献。他通过感觉这个词，让美学通过品味完成了逻辑向直觉的转变，理性到非理性的转变，而这个非理性以情感为核心。

（3）审美就是感觉“第一次”的状态　前面我们阐述了主体性的，非客观化的感觉，成为美学中一个重要的认知手段。而审美感知的过程要纯粹得像第一次看世界一样。这种“第一次”所体现的效果，必须有神奇的、惊讶的感觉，令人惊叹并充满极大的乐趣，并呈现在愉悦的氛围中。所谓“第一次”，就是逐渐掌握现象显现的奥秘，发现世界外在现象显现的法则，清晰地感觉到一种结构、秩序，并发现现象背后本质的感觉。

古罗马哲学家提图斯·卢克莱修·卡鲁斯（Titus Lucretius Carus）在《物性论》中写道：所谓第一次，就是去除所有那些让人看不到赤裸裸自然的东西，摆脱我们用来遮蔽它的所有功利主义描述，用一种天真的、不偏不倚的方式去感知。这种态度绝非简单，因为我们必须摆脱我们的习惯和自我中心主义。我们的习惯和兴趣会破坏知觉，当我们带着先入为主的意识、功利性的企图或者不纯粹的判断，就会对感知的对象产生影响。古罗马哲学家塞内卡指出：我们只惊讶于罕见的事物，如果每天都能见到，连崇高的景象都会被忽视。所以，要保持审美状态，就是让每一次都变成罕见的状态，只有保持“第一次”的状态，崇高的东西才会不断呈现，创造力才会不断展现。所谓大师，就是这样的人：他们用自己的眼睛去看别人见过的东西，在别人司空见惯的东西中能够发现美［奥古斯特·罗丹（Auguste Rodin），1840—1917年，法国雕塑艺术家］(图1-2)。

审美作为一种思想上的凝视，本质上全然不同于一般意义上的视觉性观看。观看是对所给予对象不加分辨的接受；而审美的凝视将对象世界中隐藏的独一无二性有意识地剥离并凸显出来，由此赋予审美对象未曾彰显的崭新意义。这是审美对象与鉴赏者之间的消融。这种不带功利性的“第一次”的惊诧，将“观察”这种行为从我们乏味的日常中拯救出来，让我们眼睛和大脑摆脱了懒惰和惯性，这是审美感觉“第一次”的最重要的内涵。

图 1-2 法国雕塑艺术家奥古斯特·罗丹及其作品“思想者”

（4）美和艺术创造是通过想象过程来呈现和完成的　想象过程是从一个视角出发来达到所呈现真理的过程。所以，从审美这个角度来说，想象就是把不存在的东西变成存在的一种必然。人类探寻自然的过程，无论是从科学、哲学还是美学的角度来看，一般伴随着两种态度：普罗米修斯态度和俄耳甫斯态度。普罗米修斯态度是用符号来代替指向自然的对立，是一种征服者的态度。这种态度面对自然往往采取一种强迫性审问、拷问的态度，是一种作为法官面对自然的状态。从这个角度来讲，所谓探索者的冒险精神、科学的好奇心、实用主义等都可归属于普罗米修斯态度。美学所代表的另一种态度称为俄耳甫斯态度（俄耳甫斯是希腊神话中的一位歌手、竖琴师），它代表的是一种尊重自然，非强迫地接近自然，试图保持对自然活生生的感知，面对自然不追求过分高远的抱负，通过旋律、节奏、和谐来参悟并理解自然，对自然敬畏而无私欲的一种态度。这在皮埃尔·阿多（Pierre Hadot，1922—2010 年，当代法国哲学家）看来就是审美者的态度，是美学区别于科学和哲学的一个纯粹态度。因此，审美之人就是要让自己变成一个面对自然的纯粹观察者，这是一种修炼。而审美的态度实际上也正是让我们经过这种精神的操练，变成一个纯粹的观察者。

德国哲学家彼得·斯劳特戴克（Peter Sloterdijk）在《哲学的艺术》（*The Art of Philosophy：Wisdom as a Practice*）一书中回答了审美的态度对现实社会或者自然的观测者多么重要。他谈到奥匈帝国现象学大师埃德蒙德·古斯塔夫·阿尔布雷希特·胡塞尔（Edmund Gustav Albrecht Husserl，1859—1938 年）给他的诗人朋友的一封信中说：“他就在那里，没有人打搅他的在场，他在那里静静地改变身姿，全神贯注。他是一个旁观者，不，他是一个掩藏其自身的同道，是万物静谧的兄弟。所有的一切令他痛苦不堪，而在痛苦之中他又欣喜地领受一切，这种状态是审美之人的必备状态。对他而言，人、事物、思想、梦都没有任何区别。他不可忽略掉任何东西，仿佛他的眼睛没有眼睑，一切都必须并将要在他的体内聚集，是他将时间元素在自己的体内连接。当下就在他体内，根本不在别的什么地方。他成了一个失意的观察者的存在，他收集周边印象时，达到忘我的顺从，他成了生活中事件的一个纯粹观察者”。这封信是写给小说家的，实际上是想解释他为什么有雄心建立现象学背后的全部思考。现象学是哲学中最接近美学的视角。从这个角度出发，胡塞尔接着写道："从美学的客观化方面来说，将你的艺术定义为美学艺术，或实际上不去定义却将其提升到纯粹美学之美这一领域的内在意义将不仅对作为艺术爱好者的我的情感有意义，还对作为一个哲学家，一个现象学学者的我有意义。多年来我尝试着对基本哲学问题获得一种清晰的理解，然后寻找到解决他们问题的办法。这一年努力的永久性回报，便是我找到了所谓现象学的方法，这一方法要求对所有的客观性形式采取一种立场，这一立场实际上要求我们偏离我们引以为豪的或者我们认为无法摆脱的自然立场。"

2. 通感是艺术创造力的核心特质

在日常生活体验中，视觉、听觉、触觉、嗅觉、味觉往往可以彼此打通。眼、耳、鼻、舌、身各个官能的感知，似乎并没有分界线，颜色仿佛会有温度，声音仿佛会有形象，冷暖仿佛会有重量，气味仿佛会有体质。用心理学的术语来描述，这就是通感。钱锺书先生就曾通感研究纷繁多样的中西方诗词中点出了这样一个和艺术创作本质相关的现象——通感。通感（synaesthesia）就是感官刺激物令神经系统进入一种状态，在此状态中，人的不同感官有了跨界的体验（cross sensory experience），感官与感官之间产生交互作用（mixing of senses），进而构成一组彼此相关联的认知特征。

所以钱锺书先生谈到通感这个概念时，他说通感是和艺术创作本质相关的一种现象。通感就是感觉的挪动，从视觉挪到听觉，从听觉挪到嗅觉，从嗅觉再挪回其他的感觉。通感必须借助"推移"（transference）来实现。所谓"歌如珠，露如珠，所以歌如露"（出自李贺《恼公》"歌声春草露，门掩杏花丛"）。逻辑思维中所避忌的推移法，恰恰是形象思维惯用的手段。推移看似依靠逻辑的推演，其实不然，推移是类比性和联想性的推演，是反逻辑但是又似乎符合逻辑的推演，这恰恰是艺术的魅力所在。

依据理性的认知，各个器官、官能只能完成其特定的功能，各司其职，不能越职，也不能兼差。但是在艺术的领域，在审美的大语境环境下，各个感官不仅可以兼差，还可以挪移、打通，甚至跃迁。这种让感官跨界的方法往往是艺术创新创造的重要灵感来源之一。钱锺书说描写通感的词句往往都是采用日常生活的习惯表达方式，但是这种习惯用语看似习以为常，却能产生奇异的艺术效果，让我们经久不忘，千百年来变成了经典的传世之作。这正是因为诗人、艺术家通过人文思维的方式，对事物的理解突破了一般的经验性感受，有了更加深刻的体会，换句话说，就是丢掉那些习以为常的一般性经验感受，通过深刻的体会，推陈出新。通感需要做到五官的沟通，重新搭配，从思维方式来说，要做到科学和人文的搭配，甚至是科学和非科学的搭配、意义和非意义的搭配、宇宙和非宇宙的搭配、我们现有认知的东西和未来永远可能无法穷尽的想象力的搭配。

所谓的跨界创新是这个东西从逻辑上看不属于你应该关注的东西，你通过某种推移，通过感觉、联觉、联想式、想象式、体验式的推移，抵达了逻辑上看似完美的状态，这其实就完成了一次跨界创新。因此，创造力和跨界密不可分，跨界绝不能简单地被看作是一个观察者按照固有的思路去创造，而是要通过审美的自由，打通通感，最后传递出来的终极体验产品的一种审美上的精益。所谓的用户体验本质上是一种审美体验，若只是说产品比之前哪个好了，那不是用户体验，不是创造，那只是迭代，因为并没有产生新的感觉，并没有上升到审美的精益。

艺术创造就是要达到审美的精益，才能衡量某个艺术创造是不是推陈出新，是不是从旧的东西中看到了新的东西，是不是给旧的东西产生了新的组合和架构。如果延伸到一点，上升到认知范畴的通感就是指在特定的文化中，赋予可感知客体的一切习以为常东西之上的不同特质，它与狭义的通感（指一种感官输入端的刺激物会自动触发一种或者多种其他完全不同的感觉）模式中的觉知体验完全不同。

三、饮食美学的内涵

现实饮食活动涉及食品从生产到消费过程中发生的经济、管理、技术、艺术、观念、习俗、礼仪等各个环节。在这个过程中，美食作为一种审美产品，不仅是精神上的审美创造物，更是物质上的饮食消费品。饮食美学成为一个新兴的研究领域，反映了社会发展到一定水平条件下日常生活审美化的一种体现。一方面，各种美食要在庞大的社会文化体制中进行生产，在不同的饮食文化背景下，不同的美食创造者按照自己对美食的理解、认识和体验，自由创作并赋予其具体的社会价值和文化意义；另一方面，美食鉴赏者或消费者通过“自由直观”的评判，并按照自己的审美情趣对深蕴其间的本质力量（思维力量、意志力量和情感力量）进行理解、把握，实现对应美食的“观念再创作”，最终完成美食鉴赏的过程。与此同时，美食鉴赏者或消费者通过自己对饮食审美对象的选择，表达其在饮食美学上的需求和价值取向，进一步引导了美食创新设计的方向。

因此，饮食审美活动是在“美食生产者为消费者提供客观的饮食审美对象；而消费者通过品鉴消费过程唤起新的饮食审美需要，驱动饮食审美生产在发展中形成的一个动态循环、螺旋上升的发展机体”。由此看来，饮食美学可以界定为以美学原理指导，将美学与食品加工学、烹饪学、心理学、社会学、管理学以及艺术理论具体结合和有机统一，专门研究饮食活动领域美及其审美规律的新兴交叉学科。其具体审美规律可以大致归结为两大方面：一是食品审美过程中客体的元素与主体的审美过程相互作用形成的范畴美；二是在食品设计制作过程中，美食创造者通过理解消费者生理、心理需求，从而在产品中体现的美学“效用”。也正是基于此，本书将从“美食鉴赏”和“食品创新设计”两大部分来对饮食审美进行剖析和阐述。

1. 日常生活的审美化

当今美学的三个主要的分支领域包括：艺术哲学、自然美学（又称环境美学）、日常生活审美化。伴随着社会条件的变化，出现了整个社会由现代化向审美化的转向。所谓日常生活的审美化，就是根据美的标准对日常社会生活的各个方面加以改造。一般说来，日常生活审美化可以区分出许多不同的层面，有些比较浅显直观，有些比较深入隐晦。例如，个人美容、家居装饰、城市景观等，属于日常生活审美化的外显层面；经济生活中符号价值的凸显、新闻媒体对社会现实的改造、基因技术对动植物世界的改造、新材料技术对物质世界的改造以及人们在哲学上认识到整个世界是由“解释”而不是“事实”构成的，如此等相对就比较深入，也不容易为人发现甚至接受。正是基于对全面审美化的认识，德国哲学家沃尔夫冈·韦尔施（Wolfgang Welsch）主张对美学进行重新定位。他说：“美学已经失去作为一门仅关于艺术的学科的特征，而成为一种更宽泛更一般的理解现实的方法。这对今天的美学思想具有一般的意义，并导致美学学科结构的改变，它使美学变成了超越传统美学，包含在日常生活、科学、政治、艺术和伦理等之中的全部感性认识的学科……美学不得不将自己的范围从艺术问题扩展为日常生活、认识态度、媒介文化和审美—反审美并存的经验”。

事实上，不同时代都有不同层次的日常生活审美化的发生，但只有在今天的时代背景下，才有可能出现全面的审美化进程，日常生活的审美化才成为一个引起广泛理论争论的问题。对于今天社会所发生的变化，不同的学科看到了不同的侧面。从总体上来说，经济学家喜欢称今天的社会为消费社会，社会学家喜欢称之为大众社会，政治学家喜欢称之为民主社会，也有人喜欢从科学技术的角度称之为信息社会，或者从哲学的角度称之为后结构主义或后现代主义社会。如果从美学的角度来看，今天的社会最好被称为审美化社会。尽管不同的学科对于我们今天所处的社会的称呼不同，但他们似乎都承认，与过去任何时代的社会相比较，我们今天所处的社会变得更加柔软。几乎所有的东西都变得可以塑造和虚拟。例如，从消费的角度来说，产品的符号价值已经超过了使用价值成为人们消费的主导价值。如果使用价值是“实”，符号价值就是“虚”；如果产品本身是“硬件”，产品的外观、商标、理念等就是“软件”。在今天的经济生活中，“虚”超过“实”，“软件”超过“硬件”已经是一个不争的事实。就社会现实的角度来说，媒体的报道变得比事实本身更为重要，甚至更为真实。我们都是通过媒体来了解社会现实，都相信媒体报道的真实性，以致当真正的社会现实出现的时候反而让人不敢相信。一些思想家甚至过激地主张，在今天这个媒体的时代，根本就不存在社会现实，存在的都是被媒体解释和虚构的叙事。从科学技术的角度来说，科学家发现物质呈现的基本形式是相互联系的能量、信息或者意义，而不是牛顿式的孤立的实体。离开物质与物质之间的关系，离开物质与意识之间的关系，我们就无法理解物质。这一系列现象表明，我们今天所处的社会已经被高度虚拟化了，已经变得越来越柔软和虚幻。这种由“硬件”向“软件”的转变，被理查德·罗蒂（Richard Rorty）、理查德·舒斯特曼（Richard Shusterman）、沃尔夫冈·韦尔施（Wolfgang Welsch）等概括为由以科技为主导的现代化向由艺术为主导的审美化的转变。正是在这种意义上，舒斯特曼指出：“后现代转向实际上就是审美转向”。在后现代社会，审美化是一种普遍的大众现象，是消费社会的一种基本特征。日常生活审美化将社会现实本身变成了美的商品，社会现实本身是美的，社会大众都可以享受美的生活。也正是基于此，使得美食鉴赏这个话题可以被谈及和深入探讨。在针对不同审美对象的美学研究中，美食的鉴赏可能是最大众化、民主化的一个，正如前文所述，对美食的体验源于人类最底层的动物性。因此，本书在借鉴一些成熟的美学研究理论和分析方法的同时，并不触及和讨论诸如审美的哲学批判等高深的话题。

2. 舌尖上的美学——饮食美学的内涵

（1）中国饮食美学的内涵　中国美食观念的形成具有悠久的文化传承和先进的饮食文明支撑。由《说文解字》中“美者，从羊从大”“甘者，口中含一”以及“美，甘也”，可以看出中国人最初的审美意识都具有“肥羊味甘”的味觉感受。虽然有学者指出《说文解字》中“羊大为美”的提法并不正确，但美味在我国自古以来饮食历史进程中的地位却是不可抹杀的。随着“味”的观念不断推广与深化，“味”已不仅指饮食中的“五味”美感，还指向了更广阔的社会和艺术领域，诸如“韵味”“意味”“品味”

等，成为中国审美活动中最典型的感受之一。这也使得中国饮食文化发生了本质的变化，具有了超物质功利性以及感性思考的特征，也最终将中国饮食提升到了艺术的高度，使饮食的目的和作用由维持生存走向了审美观照。

中国饮食美学，从“味”“滋味”“味道”“口味”“品味”进而到“韵味”“意味”，是一种讲究“食味”的特定美学形态。中国饮食文化及其审美、艺术化特色之所以在世界上独一无二，是因为它在历史的积淀中不断创新，并且至今仍保持着其体系与实践的自足性。就构成因素的庞杂和集中程度而言，中国饮食是世界上兼容性、集合性方面最为典型的。这种兼容性或集合性，无论从食材的选用、烹调的方式，抑或食味的品鉴、菜系的考究、享用的仪式和做派等而言，都是如此。这其中有着历史延递的规则、制度、风俗和习惯，显示了稳定的文明特质和特征，同时也表达着历代口舌嗜欲绵延至今的生活表情。

在中国特有的地理、气候和物产条件下，饮食的兼容杂取，使百味汇聚，从动物至草本，在这种不断的搜求中，逐渐转化为社群、家庭性的动物豢养和粮蔬种植，而定向性选择食物也在这种历史变迁中趋于完成。美学在本质上是人的“质与能”的呈现，是一种涉及人对观念的内化和人对观念的实践及其外化成果——美感形式的综合考量的系统学术形态。美学以审美为基础，但审美唯有提升为系统且自觉的理论化认知，才可称之为美学。饮食美学居于物质形态和精神形态的中端，它的最本真的呈现是生活和历史。因此，揭示不同时期饮食美学对人的价值本愿的凸显，揭示饮食审美的美感超越，当是中国饮食美学研究的重要内容之一。

（2）中国饮食美学形成的历史 《礼记·内则》记有名馔“八珍”。“珍”一词，形容极其美好，其意同“善”。“膳夫”之“膳”实即“美食”之“善”，因而“美食”亦可称之为“珍”。八种名馔即：淳熬、淳母、炮豚、捣珍、渍、为熬、糁、肝膋。这些名馔多因烹调制法而得名，譬如，“为熬”为制成“熬”，而“熬”本身就是一种烹调法。其他如“淳，沃也”是浇汁为膏状。“炮”是烧烤，烧烤前还要对肉进行刲、刳、裹、涂等处理。“捣”是捶捣；“渍”是浸泡。“糁”和“肝膋”似乎例外，“糁”指米肉相合物；“肝膋”的“膋”，指肠油，都从名词类，但“糁”指肉米拌和之物；“肝膋”指裹了肠油的肝，被火烤后，冒出一层油来，实际也是表示调汁和肠油的烤法。这些名馔的烹饪制法，体现了对食材的“兼容性”“集合性”处理。经过这种处理后，制作者的情感、意识被对象化于食物之中，使食物成为一种“作品”，成为一种审美对象。中国饮食的烹饪程序，通过对自然界施加主体的意志和意愿，改变食材原有的自然性态，祛除异味，来体现对自然的实质性审美超越。除了这种烹饪操作的人为程序，商周时期，调味品的制作也属于对自然的一种审美超越，较前者层次更高，形式也更抽象。调味品加于食料或成品上，使食物的色相、风味发生改变，在饮食美学的本体存在上，属于一种自生性的发现和发明。周代如醯醢（醯，醋；醢，肉酱）这类调味品应用十分普遍，它们因不属自然原有序列，因而在更高一级的超离自然的意义上，促进了饮食美学的主体品鉴和对食味的体验。

当周代获得烹饪审美的空前发展以后，有关饮食的美学探索也开始进入学术地带，以至到春秋战国时期，诸子百家都对饮食发表宏论，他们的理论直接促成饮食美学的学理分化。这种分化具体地表现为饮食美学的本体观念趋向于实用化、趣味化和伦理化的分路突进。其中，实用化路线以自然为饮食之本，认为自然赐予天地之精华，因而食品有粗细之别，却无本质上的食性差异。天地给予人的食物概率是平等的，差别只在于回报的劳动是否等量。实用化的饮食美学观，表达了平民对天道自然的敬畏，体现了对原始巫文化自然观的继承，但它并没有切中中国饮食美学的内在旨趣。与这种饮食美学观不同，道家则强调趣味性的、审美性的饮食路线，认为最好的食物是所谓“道化”的饮食食品。在道家看来，饮食要有益于人成圣化仙，而一般意义上的饮食做不到这点。所谓道化的食品，即“餐风饮露”之类的精神意念性“食品”，它们满足人的精神上的能量需求，其现实中对应的形态即体现道家“趣味”的饮食，因而“道化”的食品是最好的食品。显然，道家的饮食美学观是理想化的，但他们倡言的“道法自然”，则将精神性的自由概念灌注到了饮食者的身心需求和食味体验里面，具有很特殊的美学价值，因而在中国历史上成为饮食美学发展的一个重要支脉。在上述两种之外，便是儒家的政治伦理化饮食美学路线。儒家创始人孔子以饮食的社会性为本，主张饮食之美并非在饮食本身，而在于饮食与人的社会性伦理人格的相互印证。如果一个人人格高尚，即使疏食陋水，也不足以改其志向。所谓“一箪食，一瓢饮，在陋巷，人不堪其忧，回也不改其乐”。相反，若是一个人人格卑微，即便是饫甘餍肥，对他也不具有特别的意义。因此，饮食讲“味”，这“味”要对路，要体现出饱满的生气和端正的品质。孔子说：“食不厌精，脍不厌细”。要求不吃腐烂的食物，对食物的烹调越细越好，食品越精致越好。儒家的饮食美学路线，体现了以社会和人为本的思想，在这种观念中，决定饮食美不美的标准在于食者对饮食的价值态度。这种态度的取舍则以政治性和伦理性的标准为裁决前提，从而开启了从饮食伦理审美效果判定饮食美学功用与内涵的路线，对此后中国饮食文化和美学产生了根本性的影响。

自汉代以来，不同时期的饮食美学呈现出各有侧重的内在超越。这种超越的总体状况表现为“阴阳五行观”得以成为饮食审美的主体构成。气的渗通、化出、化入和可感应性，使汉初奠定的“本味”观得以具化为饮食实践的丰富形态。魏晋南北朝时期，饮食美学在“象”和“意”的方面有实质性的超越和突破。魏晋玄学高屋建瓴的思想建构，佛教智慧的传入和渗透，推动饮食的存在结构和制作、享用方式发生根本改变，同时，饮食美学也趋向南北融合，并对饮食观念“意”的儒道释融合，向深化本土固有的“生”的概念和趣致方面有进一步的深化和巩固。隋唐时期，饮食美学取得显著的实绩，其标志是尚书直长谢讽所著的《食经》和韦巨源的《食谱》，飞孪脍、雪炙鸡，诗意葱茏，食象诱人。隋唐时期的饮食美学，不仅对魏晋南北朝饮食审美的“象”“意”有很好的继承，还突出表现在它另辟蹊径，在“情”与“韵”的美学表现方面达到了新的发展高峰。“情”属于饮食审美主体的规定性品质，唐代诗情荡漾，诗人性情与饮食对象形成主客相谐的氛围和境界，而以酒表情最为酣畅淋漓。“韵”，不属于饮食对象的客观品质，也非主体的心性或情感，它是超越饮食本味、又在主体情怀之外，折射着饮食主客相怡的创造性美感的一种美学旨趣。

及至宋辽金元，饮食美学又在“趣”与“味”的表现方面有新的超越。“趣”和“味”可以合为“趣味”，但就美学趋向的本质和意义而言，“趣”偏重于娱乐性，“味”偏重于思想性，以趣致赏，以味况意，内里相通而实有差别。宋时南北饮食繁华，形成多层面、多差异的饮食趣味，尤以临安食都的饮食为胜。“食味”的追求本来就属于中华饮食的内在特色，但宋及元代的“食味”追求更凸显文人化的趣味倾向。明清为古代饮食美学的“整合”时期，整合的内容不仅包括了饮食美学的深层观念，也包括饮食的趣味传统和技艺、形式。而在这个时期，西方饮食于明代中叶开始登陆中国，但在明代和清初，西方饮食并没有打开市场，影响的范围十分有限。直至晚清时期，西方饮食对中国饮食形成强力刺激，导致明清时期的饮食观念在突破古代人格品质的对象化，在“以食益身、益心”方面有了新的改变，这种改变最明显地体现为都市饮食业的蓬勃发展，使饮食不仅在直接有益于人的身心给养方面体现其价值，而且也在融入更多社会、文化信息，促成饮食文化的繁荣景观等方面凸显出独特的意义。至此，中国饮食美学的整合呈现出恢宏大观，为近代中国饮食美学的现代化发展奠定了坚实的基础。

（3）中西饮食美学的差异　市民化、商业化饮食，代表了一种本土自生的现代性审美趋向，这种观念与西方国家输入的西式饮食美学存在根本的区别。西式饮食美学以意大利、法国的饮食技艺为代表，主要执守的是科学主义的饮食美学路线。这种饮食美学在近代伴随着西方列强的入侵，对中国社会浸染很深。因此，围绕着中西饮食美学的碰撞、对抗和互渗、融合展开的话题便成为近现代中国饮食美学的核心主题。百年来的饮食实践表明，中国饮食美学不可能走全盘“西式化”道路，也不可能完全绵延古代饮食美学的概念和体系。当前，中西饮食的对抗与融合，集中表现在食品制作工艺和成品形态方面，这两方面都面临着科学化流程的挑战。传统饮食美学的观念、经验和对象化形态、形式，都可以通过科学和技术手段焕发出新的生命力。而中国饮食美学的未来正是传统饮食美学实现现代化的一种完善，在这样的变革和改造中，中国饮食美学也将迎来自身历史生命的延伸。

近年来，现代饮食美学得到了广泛的关注和系统的认识与总结。杨铭铎教授把饮食美学总结为十个方面，包括质美、味美、触美、嗅美、色美、形美、器美、境美、序美和趣美。杨东涛等编著的《中国饮食美学》从中国饮食美学思想发展史、“美性”概念、饮食美感及饮食美的创造等方面进行了论述，并以通史的形式对古典文献中的饮食美学思想进行了梳理，并概括总结不同时代相应的美食特征，并从属于直觉感悟的一种传承认识模式——美性认识的角度对中国人的饮食观念和饮食制度的产生进行了论述，还从饮食快感、美感的关系，饮食美感的构成以及饮食审美能力的构成及规律三方面对饮食美感进行了较系统的论述。周明扬编写的全国高等教育自学考试餐饮管理专业指定教材《餐饮美学》则界定了餐饮美学的概念，指出“餐饮美学是运用美学原理研究餐饮消费与餐饮服务中美的创造与美的欣赏问题，研究餐饮环境、建筑、装饰、形象、食品造型以及色彩、音响、灯光在餐饮业各个服务领域中的应用法则”。而本书的重点更多集中于工业化生产的食品加工产品的美学体验与设计，并以美学为驱动力进行产品的创新设计，进而推动我国食品加工业的发展。

3. 审美教育是提升创造力的重要途径

未来的社会是信息化和艺术化的社会。人的创造力已成为社会发展的决定性因素。新时代所需要的人才是具有一定艺术气质和创造精神的人才。科学、高尚的审美能力已成为现代人才的必备素质。传统教育更多地重视客观知识的传授而忽略了人的内在艺术素质的培养，从而在一定程度上限制了创造潜能的发挥。因此，注重审美教育，加强科学素质与艺术素质的融合，开发创造潜能，已成为时代的呼唤。

审美教育乃情感教育，美的对象包含丰富的情感与想象，审美的过程是个体自由的情感体验过程，或者说是人在审阅自身成就而享受成就带来的乐趣的过程。因此，审美教育极大地丰富了人的情感世界，提高了人的审美情趣，拓展了人的想象空间，净化了人的心灵，也将提高人的创造力，激发出人无尽的创造热情。法国当代哲学家利奥塔断言："依靠想象力，我们可以创造新的越位，以至改变游戏规则"。爱因斯坦坦言，是音乐美和直觉给了他想象力与创造的欲望和感悟，如果没有音乐很可能就没有相对论。艺术和科学共同的基础是人类的想象力和创造力，而审美活动则是想象与现实、精神与物质之间的重要桥梁。可以说，在审美中，感性和理性是相融的，获得美感过程的本身也培养和促进了人的思维能力。具体来说，在良好的思维品质，尤其是创造性精神的形成过程中，审美教育发挥着不可替代的作用。

审美教育是一种个性化的教育，它的目的之一就是培养和发展主体的个性，造就人性和人类生活丰富多彩、千姿百态的美。从审美主体的角度考察，无论是审美欣赏还是审美创作，它表现的、强化的都是主体的个性。具有良好的审美素养，可以使人充分地运用科技造福于人类，可以使发展成为真正的发展，进步成为真正的进步。因此，审美活动是医治当代社会人们个性丧失、创造力贫乏的一剂良药，它使当代人的生存成为一种富有激情创造的"个性生存"，成为一种"审美化的生存"。所以说，审美促进创造力，同时也促进科技对自然和人的和谐、良性发展。

第二节　美食的构成要素

前文提到饮食美学的十个方面，可以归纳为两类。一是"美食"，即食物自身或经过加工后的组成成分变化所呈现的不同的色、香、味、形、质等给予我们视觉、味觉、嗅觉和触觉上的愉悦体验；二是"食美"，指的是心理层面对美食或享用过程的感知与意会。这也是本书展开的两条主要脉络。一是围绕美食或其生产过程的食物来源、结构和组成以及不同加工方式对其改变后在色、香、味、形、质等方面的体现；二是通过对消费者心理层面的理解和感知来进行食品产品的创新设计。总而言之，我们不妨把美食的构成要素拆解为七字诀来一一进行剖析和理解：色、香、味、形、质、感、意。

一、美食的色、香、味

我们通常所说的美食的"色、香、味俱全"，指的就是美食品尝过程中对人不同感官的刺激而产生的各种感觉的综合，从而构成了饮食审美的重要物质和心理要素。食品的色、香、味能使人们在感官上获得愉悦的享受，甚至有可能影响人体对食物的消化和吸收。本书将从食品的色、香、味的化学物质构成和分类等基本知识入手，进而从味觉和嗅觉生理的角度对不同呈味物质及嗅感物质进行整理和归纳。早在1901年，德国科学家戴维·P·黑尼系就发现舌头的不同部位对甜、咸、酸、苦着四种基本味道的敏感程度不尽相同。例如，对于甜味和咸味，舌尖比舌根更加敏感。基于这些研究数据，20世纪最具影响力的心理学家之一的著名学者——埃德温·加里格斯·波林（Edwin Garrigues Boring）绘制了一张“味觉地图”（图1-3），多年来在公众印象中占据了一席之地。然而，这张图表只是一个视觉辅助，因为这张图上不仅没有单位，而且图表上的分界线也太过粗放且缺乏科学依据。近年来的研究发现，舌头味觉地图上的味觉变动程度其实非常有限，而每个味蕾都分布着五种不同受体蛋白（receptor protein），每一种受体蛋白专门“侦测”一种基本味道分子（甜、咸、酸、苦、鲜被认定为五种基本味觉）。

图1-3 错误的“味觉地图”

同时，本书还会对用于调色、调香、调味的主要食品添加剂进行简要的介绍。在美食鉴赏过程中，不同感官的相互影响也起到了十分关键的作用，例如，对美酒鉴赏就是将视觉、味觉和嗅觉进行有效融合的过程。对于这些基础知识的分解与探讨将有助于我们了解食品的化学组成及在加工、贮藏等过程中可能出现的变化以及如何合理选择食品、评价美食，并从合理营养摄取的角度选择食品，从而指导使我们吃得更好、吃得更健康。

二、美食的形态与质构

除了色、香、味以外，食品的形态与质构在美食的品鉴过程中也极为重要。食品的形态不仅与美食体验者的触感相关，还赋予了美食不同的寓意和内涵。食品的质构属于食品物性学的研究范畴，食品的质构特性是消费者判断许多食品质量和新鲜度的重要指标之一。在某种食品入口的时候，通过硬、软、脆、湿度、干燥等感官感觉能够判断出食品的某些品质特性，如新鲜度、陈腐程度、细腻度以及成熟度等。食品的质构特性如马铃薯片的脆性、面包的新鲜度、果酱的硬度、黄油、蛋黄酱的涂布性能、布丁的细腻性等都可以使消费者产生一定的饮食美感，能够左右消费者的消费需求和偏好。在产品的研究开发中，产品的设计者经常会考虑产品的风味、外观、制造流程，但值得注意的是，质构始终是产品属性中重要的一个特性，可以说是与产品的口感紧密联系的一个属性。因此，当创新一个食品类产品或重新设计迭代某个食品的时候，如何通过改变食品的质构特性来迎合消费者的需求是一个值得重点关注的问题。

三、美食的感知和意会

当我们逐步深入理解饮食的审美内涵之时，就会发现对一道美食的感知和意会等心理因素占据了非常重要的地位。食物的温度往往会影响我们的味觉体验，味觉一般在30℃上下比较敏锐，而在低于10℃或高于50℃时各种味觉大多变得迟钝。不同味感受温度的影响程度也不尽相同，在0~50℃范围内，随着温度的升高，甜味和辣味的味感增强，咸味、苦味的味感减弱，而酸味不变；50℃以上时，对甜味感觉明显迟钝。不同的物质对同一味感的影响也会受到温度的影响。如等浓度（5%或10%）的蔗糖与果糖相比，温度小于50℃时，果糖较甜；温度等于50℃时，甜度相等；温度大于50℃时，蔗糖较甜。

然而，对于美食的感知不仅停留在类似于温度这样的初级层面。味觉属于人类最底层的感知系统，和动物完全不同的是人类的想象力，我们在这里用“意会”这个词来进行描述。我们仅凭想象某个儿时非常喜爱的美食，并不需要看见其实物，就能促使唾液腺分泌唾液；而我们大多数人似乎也不必真正品尝，只需想象一下“吃昆虫”这件事，就能感觉到着实的恶心。在《追忆似水年华》一开头，马赛尔·普鲁斯特的叙述者在咬了一口泡过茶的玛德琳饼干后，就感觉好像回到了小时候居住过的贡布雷的村庄：“但是气味和滋味却会在形销之后长期存在，即使人亡物毁，久远的往事了无陈迹，唯独气味和滋味虽说更脆弱却更有生命力；虽说更虚幻却更经久不散，更忠贞不渝，它们仍然对依稀往事寄托着回忆、期待和希望，它们以几乎无从辨认的蛛丝马迹，坚强不屈地支撑起整座回忆的巨厦”。可见味道所产生的最原始的好恶，不仅是基本的生存反应，还残存于我们的记忆当中。无论是好吃还是恶心，其定义往往会随着每个地方的文化和传统不同而有所差别。因此，饮食文化背后的深层考量也是美食鉴赏和食品创新设计需要重点关注的内容之一。

第三节 美食的鉴赏流程

基于上述饮食美学的概念，并依据现实饮食审美活动中从对饮食审美客体的关注，到饮食审美主体的感受，最后到饮食美深层内涵——创造审美机制的审美思维逻辑，在饮食美学学科体系的构建方面，应在阐述饮食美学概念、研究对象的基础上，深入研究饮食美学核心——美食所激发的审美体验。首先我们需要从美食的来源与实质入手，研究美食的本质与构成元素；随后从美食自身特有属性的角度，对美食具体存在的领域进行分类，包括研究美食的不同形态；然后从饮食审美主体感受的角度，研究饮食美感的概念、形成过程及其特点；接着以饮食美感理论为基础，对美食进一步分类，研究美食的范畴，从而实现美食鉴赏阶段审美规律的把握；最后从美食创造的角度，以实现其生存审美化为原则研究饮食美学的创造，实现对美食创造阶段审美规律的深层剖析，实现对整个美食鉴赏活动过程中所涉及的各个美学要素全面、系统地把握。

按照美学基本理论和逻辑顺序，审美的运行机制分为审美准备、审美实践和审美回味三个阶段。因此，美食鉴赏作为一种审美、感知活动，其运行机制也可以分为以下三个阶段。

1. 美食审美准备阶段

这是进入饮食审美状态的初始阶段，可以是审美主体积极、主动和自觉地准备，也可能是审美主体无意识、不自觉的，主要涉及审美主体的饮食审美经验、饮食审美品位和饮食审美理想三个方面，对饮食审美实践具有非常重要的指导作用。其中，饮食审美经验是指保留在审美主体记忆里的、对饮食审美对象以及与其相关的外界事物的印象和感受的总和，通常是在多次、反复的饮食审美实践中形成、积淀和保存下来的，并成为未来饮食审美活动的基础和前导。如品尝过多种火锅的人，就具有了对火锅的审美经验，当他到四川品尝毛肚火锅时就会比其他人更能体会个中滋味。饮食审美品位是指审美主体对于不同层次的饮食之美感受的深度和强度，常因文化素质的高低和饮食审美经验的丰富与否而有所不同。饮食审美理想是对饮食审美最高境界的一种追求，是饮食审美的至高标准，受时代、社会、经济、政治等多种因素的影响。如在温饱难以维系的年代，人们的饮食审美理想常是崇尚丰腴、肥厚，以大鱼大肉为美，但进入小康社会以后，人们的饮食审美理想则逐渐转变为追求清淡、自然，以时蔬佳果为美。

2. 美食审美实践阶段

这是对美食展开积极心理活动的高潮阶段，又称即时欣赏阶段。在这个阶段，饮食审美感知、饮食审美想象、饮食审美情感和饮食审美理解等四个重要的心理要素交错融合、共同参与饮食审美实践，使审美主体获得包括粗浅的快乐体验、深层的愉悦体验和高度的超越体验等在内的多层次、多方位的饮食审美体验。其中，饮食审美感知是指审美主体通过感觉、知觉对饮食审美对象形成的初级审美认识，常通过视觉、嗅觉、味觉、触觉甚至听觉等感官来感知美食的最初美感。饮食审美想象是指审美主体在饮食审美对象的表象刺激下，回忆或联想其他事物而产生心境和情感的心理活动，常来自于以往的饮食审美经验和各种知识的积累。联想和想象是审美的关键，它可以使感知超出自身，通过情感构造出一个更加美好的幻象，从而更深入地理解审美对象的内在意义。饮食审美情感是指审美主体对饮食审美对象的一种主观情绪反应，通常是与饮食审美感知和审美想象活动相伴产生的。审美感知和想象的审美实践活动必然伴随着一定的感受和感动，表现出体验美的快乐，使审美主体产生强烈的美感。饮食审美理解是与感知、想象、情感交织在一起的一种感性理解活动，是在审美直觉基础上形成的一种审美领悟。如人们在端午节品尝粽子时，首先感受到的是粽子的甜美、软糯、好吃，然后会产生审美想象，想到爱国诗人屈原的故事，体味到粽子所具有的丰富的内在意义和魅力，进而产生缅怀之情、激发爱国之意，在饱眼福、口福的同时，获得了更为广阔深远的美的享受。需要特别注意的是，在审美主体进行美食审美实践时，美食的创造者或提供者如厨师、服务员应当进行适当的饮食审美引导，通过图文并茂的菜单、简明扼要的讲解等方式介绍美食的特点及亮点，如菜点来历、原料、制法、风味特色、营养及独特吃法等，激发审美主体的审美兴趣，使之能够更深入、全面、准确地欣赏饮食之美。但是，审美引导必须以适度、够用为原则，重点帮助审美主体了解和掌握美食的特点、亮点以及品味、体会的方法，饮食审美要靠审美主体用心品味和体会，过多的讲解不利于饮食审美。

3. 美食审美回味阶段

这是饮食审美效果延续阶段，也是饮食审美实践应有或必然的结果，又称追思回忆阶段。当饮食审美实践结束后，审美主体常通过回味来延续和加深美感体验，而真正的美感体验也只有通过对饮食审美活动的回味才能得到升华。如人们在品尝美食之后常有齿颊留香、回味无穷之感，这种饮食审美回味将进一步增强美食的美感。

就美食鉴赏的三个阶段而言，最为核心和高潮的阶段是美食审美实践阶段，并且在这个阶段，饮食审美感知、饮食审美想象、饮食审美情感和饮食审美理解四个重要的心理要素交错融合，共同参与。对于具体的美食鉴赏的方法、内容与标准，本书也将做详细的剖析和探讨。

第四节　美食产品的创新设计

基于对美食产品的定义，美食产品的设计需要在理解“人们享受美食的需求”的基础上进行。因此，本书将重点围绕设计思维来谈如何进行美食产品的创新设计。值得一提的是，本书谈到的美食产品主要指工业化生产的大宗消费品，餐饮菜肴不属于本书重点探讨的范围。简单地说，设计思维（design thinking，DT）是一套高效的创新方式。它通过分析问题、观察用户，发现用户未被满足的需求，并挖掘背后的洞察，根据洞察来提出创意、开发原型，通过不断测试、验证、思考、改善、迭代等过程，寻求商业、技术、用户需求之间的平衡。设计思维着眼于人本身，观察人、体会人、理解人，从人的需求出发，通过设身处地的理解和观察，挖掘人们在生活中未被发现和满足的需要，做出有温度的创新。

有一则关于鱼的寓言是这么说的：两条小鱼一起游泳，遇到一条老鱼从另一个方向游过来，老鱼向他们点点头，说：“早上好，孩子们，水怎么样?”两条小鱼一怔，接着往前游。游了一会儿，其中一条小鱼看了另一条小鱼一眼，忍不住说：“水到底是什么东西?”有些最常见而又不可或缺的东西恰恰最容易被我们忽视。在设计一款产品时，设计师常会像这则寓言中的小鱼，即便他正在为消费者服务，却对消费者的需求视而不见。我们希望能够运用设计思维，让食品的产品研发人员看到：我们买零食的时候，可能买的不是食品，而是陪伴；我们买咖啡的时候，买的不是饮料，而是独处空间；我们在社交媒体上晒美食照的时候，晒的不是照片，而是对生活品质的追求。

世界上最具影响力设计大师之一——蒂姆·布朗说：“设计思维不仅以人为中心，而且是一种全面的、以人为目的、以人为根本的思维……（设计思维）这种方式应当能被整合到从商业到社会的所有层面中去，个人和团队可以用它创造出突破性想法，在真实世界中实现这些想法并使它发挥作用”。设计思维中的“设计”既不是“平面设计”，也不是“工业设计”，它是一套复杂的问题解决方式，而这种方式并非设计师独有，个人和企业都可以运用这套方法积极地改变世界。在世界范围内，设计思维正在成为创新者共同的语言，这种语言的核心思想是：

① 从用户视角挖掘真实需求，获得新洞察。

② 重新界定问题，用差异性、多元化的思维方式解决问题。

③ 邀请用户、合作伙伴、利益相关方共同参与创新。

④ 立即行动+快速迭代，在实践和反馈中不断摸索，持续改进解决方案。

创新的过程并不神秘，人人都可以成为创新者，因为设计思维为你提供了一套详尽的工具包，它包括六大步骤、团队作业和开放空间。

1. 六大步骤

设计思维用规范化的流程激励创新，其基本流程包括理解、观察、综合、创意、原型和测试六个步骤。

（1）理解　理解命题内涵，界定、分析命题。

（2）观察　采用观察、体验、访谈等方法深入了解用户。

（3）综合　解析用户需求，挖掘用户洞察，重新定义创新命题。

（4）创意　围绕洞察与需求进行头脑风暴，点子越多越好。

（5）原型　选出一个创意，制作可触可感的创新产品雏形。

（6）测试　观察用户使用，通过收集用户的反馈信息进行迭代改进。

2. 团队作业

设计思维孕育创造力的关键是合作。设计思维强调以挑战为目标，以用户为中心，弱化学科划分。为了设计一款食品，我们需要一个多元化团队，与消费者、生产者、加工者以及销售人员进行沟通。

设计思维要求根据跨学科、跨专业的原则组成创新团队，创新团队的成员来自种植、设计、化工、营销、创新、传媒、管理等不同的领域。团队的跨学科背景可以使团队从多个角度思考解决问题的方法。在创新的过程中，我们可以从团队内其他伙伴那里获得一些资源、技能和想法。

3. 开放空间

在以设计思维为主线的课堂上，教师从“教导者”转换身份成为教练、变成“引导者”。教练负责营造创新氛围，推动创新流程，启发创新思维。每个学期的第一次课，我都会开宗明义地告诉学生：你们是设计师，我是教练，这门课的主角是你们而不是我。

设计思维强调空间的开放性，学生自由、自主地搭建团队空间，用白板、活动桌椅和辅助工具营造舒适的空间环境。这样的灵活可变的空间打破了传统教学的层级观念，可以激发创新氛围，让团队成员之间产生多层次的创意连接。

参考文献

［1］杜莉. 试论美食鉴赏的运行机制与基本方法［J］. 扬州大学烹饪学报，2010，27（03）：7-11.

［2］李颖，王洪波. 审美教育——提升创造力的基本路径［J］. 北方工业大学学报，2007（02）：75-78.

［3］谢笔钧. 食品化学（第二版）［M］. 北京：科学出版社，2004.

［4］彭锋. 日常生活审美化批判［J］. 北京大学学报（哲学社会科学版），2007（04）：69-73.

［5］赵建军. 中国饮食美学的内在超越［J］. 南京晓庄学院学报，2014（01）：96-100.

［6］杨铭铎. 饮食美学的内涵剖析［J］. 扬州大学烹饪学报，2008（02）：5-7.

［7］孙哲浩，赵谋明. 食品的质构特性与新产品开发［J］. 食品研究与开发. 2006，27（02）：103-105.

［8］吴健安. 市场营销学［M］. 北京：高等教育出版社，2011.

［9］王可越，税琳琳，姜浩. 设计思维创新导引［M］. 北京：清华大学出版社，2017.

CHAPTER 2

第二章 美食鉴赏的内涵与标准

什么是美食？不同国家、民族、地域、文化以及宗教信仰的人群都有自己的判断标准，所谓各有各的品味，各有各的吃法，美食是随着人们的语境不断转换而变化的。即使是同样的食物，在不同环境中，也可以吃出不同的滋味。我们大概都经历了三个饮食文化的变迁：从农耕文明的简单烧制，到现代文明的复杂烹饪，再到后现代文明的饮食文化大交融。因此，对于美食的品鉴无法脱离地理、历史、文化等因素。美食鉴赏没有固定不变的标准，本章将从美食与地理、历史、文化等因素的关系，以及现代食品工业对美食重塑的影响方面进行探讨。

第一节　美食鉴赏的方法与标准

我们永远无法忽视美食里面蕴藏的文化分量以及古往今来世界各地的人们对美食的永恒热情。我们不仅喜欢美食，还喜欢从吃里观察和体验他人的生活，表达自己的态度，因为“吃”这件事情是相对最自由、最少受到干扰的呈现途径。作家张爱玲曾说，“从前相府老太太看《儒林外史》，就看个吃”。这大概也就是为什么《舌尖上的中国》如此受欢迎的原因吧。即使是在中国散文里面，谈吃是一个大类别。通过谈论美食，来抒发自己的文化观念、生活态度，寄托洒脱或幽远的情感，这也是一种由来已久的文学表达方式。散文家爱写，读者们爱读，也正是得益于这类散文家们对各个时代饮食资料的记录和整理，才使得我们对美食的溯源之旅有据可循。

但正是因为美食的丰富内涵和其体现出的深层的文化和意境，使得美食鉴赏这件事难以形成单一的方法或标准。即使如此，我们还是能够尝试从美食的形成因素、美食与文化的关系等角度一探端倪，找寻人们对美食品鉴，抑或是追捧、抑或是狂热的底层逻辑。在本章内容里，我们将从人类最古老的烹饪方式谈起，梳理从不同年代、不同地域的美味佳肴到现代食品工业化过程中美食理念的变迁，反思和展望未来美食发展的趋势和进行食品创新设计的方向。

一、美食鉴赏的运行机制与方法

按照美学基本理论和逻辑顺序，审美的运行机制分为审美准备、审美实践和审美回味三个阶段。因此，美食鉴赏作为一种审美、感知活动，美食鉴赏可以分为以下三个阶段：准备阶段、实践阶段和回味阶段。具体而言，就包括欣赏环境、观赏色形、闻赏香气、品评口味、体味意境等具体环节。然而，除了这些具体环节，美食之所以为美食，还有着其形成的历史、地理、人文等因素。对于这些因素和背景的了解非常有助于我们去欣赏甚至是去了解、理解一道美食。

二、美食的地理与历史因素

从人文地理角度来探讨美食，最明显的脉络就是“一城”和“两江一河”。一城指的是长城，即中原农耕文明与游牧文明的互动关系；而两江一河，指的就是黄河、长江和珠江。江河是中国文明发展的轴心，中国的文明历史都是在这几条主要水系的流域两岸次第展开。正如著名词作家乔羽所说，很多人对故乡的记忆，都离不开“一条大河波浪宽，风吹稻花香两岸”的景象，这几乎是共通的民族情感。同样，人们的日常生活，尤其是饮食，也随江河流域的特定气候与物产，发展出各自的体系。中国的传统菜系，就可以按这三大流域分为山东菜、江苏菜和广东菜，由于其特殊的地理和历史因素，各自具有鲜明的特点。

首先是位于黄河流域的山东菜。治理黄河泛滥问题是历朝历代最受朝廷关注的大事。到了清代，朝廷在山东济宁设置“河道总督”一职，专门负责治河，地位高于本地巡抚衙门，在经费使用上限制也较少，在某种意义上也导致了地方官场的挥霍作风，从而形成了一种讲究排场的官府菜。北方官府菜的用料奢侈，工艺复杂，口味也偏向浓重，这种饮食风格逐渐发展成为北方高端酒席的主流。然后是长江流域的江苏菜。从隋唐开始，由于运河的开通，使得以扬州为代表的江苏地区成为我国南方的经济中心。到了清代中期，随着乾隆皇帝下江南以及扬州盐商经济的鼎盛，让讲究原汤原味、精工细作的淮扬菜闻名大江南北，成为江苏菜的代表。而广东（粤菜）的兴起也是类似的道理，清朝末年，广州作为重要的通商口岸，富商云集，中外文化汇聚，形成了花样翻新、精致细腻的粤菜风格。

以上这三大菜系是近两三百年来中国饮食的主流，而今天盛行全国的川菜，则是中华民国时期，随着国民政府西迁重庆，才开始逐渐流行开来的。由于西南山区雾气湿重的气候条件，需要多用麻辣和葱姜调味祛湿，外来者的口味也跟着入乡随俗了。在我们今天的印象里，四川菜、湖南菜好像都是以辛辣见长的。但这并不是川菜和湘菜的全貌，由于辣味对其他滋味的掩盖作用明显，因而当时成桌的高级川菜、湘菜宴席，其实是完全不用辣味的。

北京虽然有很多小吃，却很难凑齐一桌本地菜的宴席，除了烤鸭，几乎就没什么地道原生的北京菜。这是由于北京从元代建都以来，六七百年的人文荟萃，包罗了各地饮食，可以说是各地口味的承接者，反而不需要建立特殊的地方食谱了。

中国的饮食之所以能够被称为艺术，是因为其拥有复杂而深厚的文化传统。中国幅员辽阔，山川险阻，气候风土、饮食材料的不同，决定了口味和烹调的不同。所谓南甜北咸、东辣西酸，虽不尽然，但大致也是如此的。从这个维度来看，各地美食其实没有什么谁高谁低，谁先谁后之分，大多归咎于因地制宜和入乡随俗罢了。但各地的物产和食材质料受到地方气候特点的影响，还是存在口感或风味上的差异。例如，热带或亚热带的海鲜，虽然种类繁多，但因为气温偏高，生长速度快，纤维就比较粗，鲜度也比较差，不如东北或山东半岛的海鲜细腻和鲜嫩。

三、美食家的美食观念

在近现代谈论美食的作家里，纯粹论饮食的见识和眼力，当数唐鲁孙水准最高，几十年来，他一直被海峡两岸的许多美食家、作家称为“中华谈吃第一人”。尤其是他谈吃的眼界和水平，让许多深通美食之道的文化名家，例如，写过《雅舍谈吃》的梁实秋，中国饮食文化史研究的开创者逯耀东等都佩服不已。

谈到美食鉴赏，最容易让人感受到的就是将食物分为三六九等，谈论的皆是“厚此薄彼”“孰高孰低”。而在唐鲁孙先生的饮食观念里，品美食的第一条就是平等。唐鲁孙常自嘲是一个“馋人”，而不是美食家。细细品味起来，这里面就蕴含着一种饮食态度。评鉴美食不应该关注美食的身价几何，餐厅有没有米其林星级，人均标准多少，同桌客人有谁等。唐鲁孙最不关心的就是雅与俗、贵与贱之类的概念，也就不大有这类潜在的身份焦虑。他的口味算得上是真正的“能屈能伸”，判断标准也只有平等客观的好吃与否。上到王公贵族的家宴，下到路边摊的馄饨、豆腐脑，他回忆起来都津津有味，向来不厚此薄彼，真的是纯粹享受吃的乐趣。

他的第二条理念就是适度，他从不炫耀饮食材料如何珍稀，造价如何高昂。这也是出于明确的价值观，唐鲁孙觉得：中国人对饮食的追求，有一个基本原则，就是要在最经济实惠的原则下，变粗粝为精美，实现色香味俱备，有充分均衡的营养，形成自己的独特口味。挥霍浪费，根本上就是违背这种中华饮食传统的。1977 年，日本一家电视台拍摄中国烹饪专题片，在香港定制了一桌造价 2 万美元的满汉全席。这在当年是很大的数字了，菜肴包括熊掌、驼峰、象鼻等奇珍。唐鲁孙看了菜单，奚落说：清代的满汉全席，要遇到邻国进贡、平叛胜利这样的大事才举办，菜单是由光禄寺或内务府拟定的，哪有这些半通不通的奇怪名目。唐鲁孙自己也一直秉持着适度、节制的观念，作为美食家，他一向消瘦，食量不仅不大，而且不管遇到什么样的美味，也是只吃一两口，真的只是鉴赏、尝尝味道而已。对于稀奇古怪的食材，或者残忍的吃法，像猴子脑、果子狸之类的，一概不吃。

唐鲁孙饮食观念的第三条是关于评判美食标准的。唐家雇厨师，试工的时候，就考三样菜。先煨一道鸡汤，如果火力稍大，汤就会变得浑浊，味道不清爽，这实际是考验厨师使用文火，也就是小火慢炖的功夫；再考一道青椒炒肉丝，标准是肉丝要嫩而入味，青椒要脆而不泛生，这是在考验厨师的武火，也就是大火爆炒的功夫；最后一道是蛋炒饭，好厨师会先观察凉米饭的干湿程度，再决定火力和烹饪时间，标准是葱花要炒得去生葱气，鸡蛋的老嫩要适中，直到把饭炒透，达到润而不腻的效果。这最常见的一汤一菜一饭，能全面考验一个厨师的基本功。唐鲁孙在这种对家常菜、家常手艺的执着里，也隐含着一种生活态度：即便日常生活，也不能敷衍了事。每顿饭都值得被认真对待。

在这个基础上，我们可以来谈论美食的特殊标准了，也就是美食观念中的第四条：既要肯定适度和日常，也要尊重对极致的追求。如果说美食是艺术，自然就会有不计工本、勇于探索的艺术家。我们承认适度生活是常态，也需要尊重这种特殊存在。平等和极致，只要能保持好平衡，就并不矛盾。中国菜最极致的精工细做，是名人的私家菜。

私家菜里，我们今天都听说过谭家菜，也就是在民国初年谭篆青的私家菜。其基调是淮扬菜加粤菜，还有几道拿手的北方菜，是向唐鲁孙家学的。后来谭篆青将住宅改成了私家菜馆，招牌菜是红烧鲍鱼和红焖鲍翅。谭家菜的鲍鱼发足以后，每只都要和小汤碗一样大小，过大或过小，都会被剔除。然后用在鸡汤里煮透的细羊肚手巾，把鲍鱼逐个包紧，放在小火上慢烤，让内部纤维全部放松。经过这样处理的鲍鱼，滋味馥郁，入口即化，被张大千称为“中国美食极品”。

以上，我们介绍了美食大家唐鲁孙先生的饮食法则，也借此提炼出美食鉴赏的核心法则，那就是：口味平等，不区分南北地域、价格高低或材料贵贱，只有平等客观的好吃与否；在最经济实惠的前提下，实现色香味具备，有充分均衡的营养，形成自己的独特口味；挥霍浪费，根本上就是违背中华饮食传统的；家常菜永远是最能反映厨艺水平的考量标准；同时，精工细作的极致烹饪代表着中华美食文化的高度。

第二节　中西方美食内涵的差异

我们中国人是为享誉全球的中华美食而感到自豪的，而世界上至少还有一个国家也有这种资格，那就是法国。法国人的自豪也许还可以增加一重理由，由于美食文化的丰富性往往要依靠历史、地理等基础条件，而从法兰克王国兴起算起，法国只有 15 个世纪的文明史，现在的国土面积也只有 67 万平方千米，也就是说，法国人是在比中国短了一多半的时间里，在只有中国 1/15 的土地上，创造出了同等辉煌的美食文化。美食曾经在关键时期，改变了法国的国运，这是一种另类的文化实力，而即使是战败以后，法国依然能通过输出美食文化和厨艺大师来影响世界。因此，我们有必要以法国为代表来看看西方现代美食的发展历程，并与中国的美食文化发展进行一个粗略的对比。

一、法国现代美食的发展历程

法国近代美食的发展源于法国大革命导致的权力和财富的再分配，金钱从过去的贵族流转到新贵手里。过去的贵族们有一整套生活方式，包括但不限于美食，而暴发户能想到的是先满足动物本能。对他们来说，成为有钱人的意义，就在于像模像样地吃晚饭。这个时候，巴黎大多数富人的心脏都变成了食道。大革命前，巴黎只有小酒馆，没有正规的餐厅。随着本地新贵的崛起、外地富商的涌入，原来的皇家、贵族厨师流入民间，催生了一个繁荣的餐饮服务行业。在那个持续了近百年的跌宕起伏的岁月里，法国美食之所以能够得到持续的发展还有赖于法国文化的左右逢源，为美食享乐提供解释和条件。当时革命派曾经争论过，美食佳肴究竟是代表保皇党的奢侈生活，还是法兰西最伟大的人民艺术。最后的解决之道是：在革命派掌权时，美食是人民艺术；在旧王朝复辟时，美食则代表皇家的尊贵。简而言之，在当时的巴黎，无论局势如何变幻，唯有美食不可辜负。

拿破仑时代的外交大臣塔列朗就是一位特别善于通过豪华宴会和美食来实现政治目的的政客。当时有人问塔列朗，法国在战败以后，该怎么争取利益，他回答说“准备更多的炖锅”。在塔列朗看来，没有什么政治难题是一顿盛宴解决不了的，如果有，那就两顿。通过让客人吃上一顿美餐，把对美食的记忆和主人的形象联系在一起，在心理学上称为情绪归因，这是个不算出奇但非常实用的社交手段。塔列朗的诀窍就是既然请客了，菜一定要尽可能地好吃。于是，找到一个好厨师，就是塔列朗政治活动里的头等大事，也因此成就了法国近代美食文化的灵魂人物——安托南·卡莱姆（Antoine Careme）。安托南被誉为近代西方烹饪的缔造者之一，当代西餐的口味、规则、餐桌礼仪，包括厨师们戴的那顶白色高帽子，都是由安托南创造的。

凭着法国美食的魅力，安托南在拿破仑倒台后又再度征服了沙皇亚历山大。俄罗斯贵族虽然为法国文化倾倒，法语说得比俄语还流利，却不愿意让法国文化渗透到俄罗斯民间，而安托南则通过改造俄罗斯菜实现了这一点。其中标志性的一点便是他把奶油沙司，也就是蛋黄奶油酱引进俄罗斯。酱是西餐的基础元素，食材经过烤或炸的处理，最后的味道几乎完全取决于浇上去的酱。俄罗斯名菜里有奶汁烤鱼、奶汁杂拌，在安托南之前，使用的酱仅是用醋来调制的。所以说，今天的俄罗斯传统大菜，实际上是经安托南改造的俄法混合菜。还值得一提的是，西餐宴会上采取的“法式上菜”是指类似冷餐式的集中陈列，一次就把几十道菜同时端上桌，每道菜上两盘或四盘，分别摆在桌子的对称位置。安托南觉得，大型晚宴使用法式上菜和巨大的中央装饰糕点，是最有戏剧性、最能充分呈现奢华的，能淋漓尽致地表现厨师的精湛技艺和思想感情。而今天吃西餐，常是撤了一道、再上下一道，这其实也是安托南设计的。他在俄罗斯宫廷工作时，发现俄式的传统上菜法就是一道接一道上，直接原因是俄罗斯的气温低，用法式上菜凉得快。安托南把两种上菜方法进行了结合，又带回了法国。从此以后，他主持的大场面仍然用法式上菜，在日常则用俄式上菜。可见今天所谓的西餐也是源自不同国家和地域的饮食风俗的相互借鉴和融合。

我们熟悉的中式宴席虽然没有像俄式上菜这样一道接一道上，但上菜顺序也是非常讲究的，专业水平的宴会是依据菜的主次荤素乃至口感来规划上菜顺序。例如，咸的、味浓的先上，而酸的，要等到菜过五味后才上，这样有利于刺激食欲。尤其是不能把所有菜都一次性全摆出来，晾凉了才吃，那样一来，就完全谈不上火候和口味了。中式餐桌礼仪也非常考究，在《随园食单》（图2-1）一书中，清代美食家袁枚就反对频频为客

图2-1　《随园食单》及其作者袁枚

人夹菜劝酒。他认为每个人的口味不同，各有所好，没必要勉强硬让，反而让人生厌。无度酗酒也会妨碍集中精力品尝美食，他甚至提出：正式饮酒的环节，应该放在宴席撤掉以后。其实，有学者根据研究发现，我国先秦时期的饮食习惯就是在正餐结束后最后才“推杯换盏”的，这大概也算得上是对美食的一种尊重吧。

除了烹饪，安托南最大的爱好是建筑，他说“建筑是最早的艺术形式，建筑最主要的分支是制作糖果点心”。正如他最拿手的“中央装饰糕点”，这种蛋糕有点像婚礼上的多层蛋糕，但工艺难度要大很多。他运用建筑学知识，把甜点做成惟妙惟肖的宏伟建筑。今天，我们会用饼干搭姜饼屋，但安托南做的是一大片古希腊神殿。神殿底层是杏仁面做的假山和树林，墙壁和穹顶是用各种甜点、饼干和糖果拼接的，青铜和大理石效果用糖霜制造；每根柱子都由糖丝编成的辫子一层层摞起来。有的中央糕点会用于装饰豪华宴席，仅陈列一个晚上，有的会当作艺术品，在进行防腐处理后被博物馆收藏。而中式宴席上也常见用各类食材雕刻出来的亭台楼阁，也有异曲同工之妙。

二、关于中西饮食文化的差异两点联想

以上我们以西方烹饪大师安托南为代表简要概述了近代西餐美食的发展以及和中国的美食文化比较，除此之外，我们至少还能够对中西饮食文化的差异进行两点延伸的联想。

第一个联想是，究竟该用什么态度吃西餐？有很多人在西餐面前，会纠结怎么样才能显得经验丰富、应对自如，例如，牛排的成熟度怎么说、能不能穿短裤等。而去吃东南亚菜，大概就不会这么紧张。这背后存在一个文化心理问题，中西文化孰优孰劣，或者说该不该做优劣比较，是可以深入讨论的问题，但在吃饭这件事上，没必要如此焦虑。其实，无论是西餐还是中餐，如果真介意所谓的“正式”，那正式起来是没有止境的。何况，餐桌表现也和身份之类的概念没有绝对的关系。例如，安托南离开英国以后，摄政王乔治举行了正式加冕，那场晚宴的花费巨大，但管理却十分混乱。赴宴的王公贵族们整晚都够不到吃的东西，在国王离席后，他们直接站起来争先恐后地抢食物，打碎了将近四千个盘子。在安托南看来，真正难以容忍的是从态度上不尊重他辛苦做出来的美食，例如，迟到和对食物的浪费。其他问题，如会不会正确使用每种刀叉，其实并不要紧。有位三星米其林餐厅的主厨就这么说过：只要不打扰别的客人，他们很乐意满足让顾客感到放松的要求，如果客人想使用筷子吃西餐，他不觉得有什么不对劲儿。

另一个联想是，厨师的社会地位，会影响美食的文化品位。法国人是将厨师当成艺术家来推崇的。安托南不仅是文化名流，在当时也是国民英雄，巴黎有一条街道是以他名字命名的。为了保持这份荣誉，安托南对金钱和家庭都不太在意，把所有的热情都放在了厨房和菜谱上，他认为自己代表着法国和法国文化。他对写作烹饪书非常看重，这也体现出艺术家般的自尊。他向民众保证，他很少即兴操作，只要照着书来做，就可以吃得像国王一样，这也是通过美食烹饪书籍来建立自己的文化影响力。而这些著作，也确实让安托南的烹饪观念成了法国美食的正统。有研究者认为，安托南也创立了以出版方式传播厨艺的职业路线，这种模式一直影响到今天的厨师行业。法国人这种“烹饪是艺术、厨师是艺术家”的定位，是中法饮食文化的一个重要差异。

在中国古代的价值体系里，就一直有“君子远庖厨”的说法，厨师常被划为最低等

的“五子行”。即使如袁枚这般的美食家，虽然很重视吃，但也同样轻视厨师，说他们是“小人下材”，一天不被赏罚，就会偷奸耍滑，必须得随时监督。这种不尊敬专业技能的观念，是中国饮食文化传承的阻力。由此看来，从某种意义上说，中国菜和法国菜之间，存在着经验与创新、匠人与艺术家的区别。当然，现代的中国名厨已经在改变这种局面了，他们也在文化界和商界获得了应该拥有的名誉和社会地位。也许，下一次我们再听说某顿饭人均高达多少钱的新闻时，首先该问的不是吃的是什么，而是由哪位厨师主理的？这就好像听音乐会，首先得问问是哪个乐团演出，哪位指挥家指挥。

第三节 人类食物的历史与文化

基于上述饮食美学的概念，并依据现实饮食审美活动中从对饮食审美客体的关注，到饮食审美主体的感受，最后到饮食美的深层内涵——创造审美机制的审美思维逻辑，我们基本在饮食美学学科体系的构建方面，阐述了饮食美学的概念、研究对象，并试图探讨饮食美学的核心——美食所激发的审美体验。但要真正理解美食，还需要我们对人类食物的历史和文化有所了解，从美食的来源与实质入手，研究美食产生的文化背景及其发展历史。

一、关于人类食物的历史

美食类的书种类繁多，包括大量的食谱、美食游记，还有的描写食物的历史，例如，有本书名为《中世纪的饮食》，讲的是在食物特别匮乏的中世纪，人们是如何吃饱饭的；有的书是讲某一种食物的历史，书名就叫《番茄》《马铃薯》或者《鳕鱼》；还有从味觉出发的书，例如，《甜与权力》研究的是蔗糖在历史上的地位，《盐的历史》通篇说的都是酱油和腌菜的事。其实不论从哪个角度切入，讲述食物的历史都有一个隐含的主题，那就是探讨人类是如何喂饱自己的，又是如何吃得好一点的。从这个角度来看，食物进化的历史，也折射出人类进化的历史。在食物的历史上，发生了八次重要的革命，决定了人类如今的饮食及生活方式。本节我们将从食物的主要来源、烹饪的发明和口味的形成三个方面讲述关于人类食物的历史，看看我们是如何一步步吃到今天的。

1. 食物的主要来源

自人类告别狩猎采集的生活方式以来，我们食物的最主要来源就是畜牧业和农业。畜牧业起源于人类开始驯养动物，从狩猎到驯养，是人类食物来源的一大变革。我们现今耳熟能详的一道名菜——法国蜗牛，其实本来是一道难登大雅之堂的小吃，类似于我们的小龙虾，但巴黎的餐厅大力推广这种乡土气息的蜗牛，硬是把它变成了法国美食的一道代表菜。考古学家在许多人类生活的远古遗迹中都发现了蜗牛壳，这说明蜗牛和贝类很可能是人类最早养殖的动物，它们个头小，又不需要太多饲料，对人还没什么危险，而且具有能大量繁殖的优势。

人类饮食所经历的采集、狩猎、畜牧的发展过程其实是同时存在、互相补充的。例如，在人类历史上有一段时期，狩猎和驯养是混杂的，北美的牛和北欧的驯鹿都有这样的过渡期。那么为什么要由狩猎转为驯养呢？这是因为驯养可以获得稳定的食物来源，此外还可以做到精益求精，选择特别符合人类口味的肉食。例如，阿根廷的高楚人有一道名菜叫作初生小牛肉，美国怀俄明州有一道名菜叫作牧人炖肉，都是用还没断奶的小牛的肉和内脏作为主料的，而在打猎的时候只能打到什么吃什么，不可能天天碰到没断奶的小嫩牛，这就是驯养的好处。到了现代，人们反而喜欢吃野味了，并不是新鲜的猎物有多好吃，而是野味比养殖场出来的动物更罕见、更贵罢了。

从狩猎转为驯养这件事，不仅是在陆地上发生，也包括海洋。实际上，20 世纪可能是人类历史上狩猎量最多的时代，因为人类的捕鱼量比上一个一百年增加了至少 40 倍。整个 20 世纪，我们从大海里捞捕上来 30 亿 t 的鱼，这种疯狂的捕捞让地球上的许多渔场彻底消失了。加拿大 1996 年关闭了鳕鱼渔场，大西洋鳕鱼的存量只剩下历史平均水平的十分之一。加利福尼亚州沙丁鱼和北海鲱鱼已经成为稀有鱼种。在 20 世纪 30 年代，日本拥有全球最大的沙丁鱼渔场，但到 1994 年，日本沙丁鱼几乎灭绝了。海里的鱼少了，水产养殖便越来越发达，也就是说，人类从狩猎到驯养这个食物来源的革命性变化还在继续。1980 年，人类有 500 万 t 食物来自养殖渔业，到 21 世纪增加到了 2500 万 t。在野生环境中，每 100 万个卵才有一条鱼存活，而人工授精可以确保八成左右的鱼卵受精，六成可以孵化成鱼。养殖鱼能比野生鱼长得更快、更大，例如，养殖鲑鱼，也就是三文鱼，每公顷可以生产 300t 的肉，这比肉牛的产量要多 15 倍。

我们再来看看由于农业革命带来的食物来源。人类在农业种植之前也经历了一个与植物共生的阶段，并缓慢地掌握了农作物的相关知识。人类在大地上耕耘，伟大的禾本植物是最了不起的成就，它们的颗粒包含油、淀粉和蛋白质。其中，对人类文明意义最大的有六种农作物：小麦、玉米、稻米、小米、大麦和黑麦。这就是我们现在主食的构成，或者我们通常用的一个词，粮食。在基督教文明中，人们把小麦做成的面包当作圣餐，美洲人在圣殿附近会专门留一块地种植玉米，这都是一种主食崇拜，因为正是这些粮食能让更多的人吃饱。

在小麦得到科学改良之前，稻米一直是世上最有效率的食品，传统品种的稻米 $1hm^2$ 可以养活 5. 63 人，小麦可以养活 3. 67 人，玉米可以养活 5. 06 人。以稻米为主食的东亚和南亚，是世界上人口最多的地方，也是创造力最强的地方。吃小麦的欧洲以往都是落后的，直到最近 500 年才兴起，到 19 世纪才赶上中国。在中古世纪，欧亚大陆的农作物是这样分布的，东方人吃稻米，西方人以小麦为主食，中亚地区产大麦，另外一些条件艰苦的地方有小米和黑麦，而美洲大陆是玉米的天下。玉米的营养价值并不丰富，而拉丁美洲的原住民很早就知道要注意饮食均衡，玉米、南瓜、豆类这三种食物最好搭配在一起吃。

小麦分布在地球表面超过六亿英亩的土地上，它能适应各种不同的环境，而且经过改良占领了更多的地方，以更快的速度生长。日常生活中有两种产品与小麦紧密相关，一是啤酒，二是面包。有一种观点认为，人类之所以搞农业、种粮食，就是为了酿酒喝。这不是开玩笑，这种饮料能让人酣醉，让人出神，让人忘乎所以，啤酒是人类历史上很关键的一个产物。但是与啤酒相比，面包可能更关键，面包帮助小麦成为一种全球性的作物。小麦有一个特点，就是麸质的含量比其他禾本植物都高。麸质加了水会让面团变得柔软，这种黏度能让发酵过程中产生的气体被封锁在面团里，说白了就是，小麦的特质特别适合做面包。要烘焙出好吃的面包其实并不容易，需要精良的技术，所以历史上很早就出现了专业的面包师傅，而没有小米粥师傅或者爆米花师傅，可以说，面包是最讲究烹饪技术的主食，虽然那些爱吃面条的人可能未必同意。

除了这 6 种禾本植物，我们还需要根茎植物与块茎植物。人类最先掌握的农业技术就是种芋头。芋头好消化，老少咸宜，但缺点是不易保存。早期农业社会的主食有一个特点，就是需要经得起长期储存，因此，芋头的地位就渐渐被山药、红薯和马铃薯等取代。已知的最早的马铃薯种植开始于七千多年前的秘鲁，而后这种神奇的作物在安第斯山脉蓬勃发展。马铃薯具有两个特点：一是能够适应高海拔；二是营养丰富，包含人体所需的营养素，而且提供的热量比大部分主食高。欧洲有很多地方就把马铃薯作为主食，一旦马铃薯歉收，就发生饥荒。1845 年的爱尔兰大饥荒就是这样产生的。而欧洲一旦有战事发生，马铃薯的种植范围就随之扩大，它实在是一种有益于贫困人口的食物。

我们再来看看番薯，即红薯。仅从“番”这个字我们就能知道它是外来的，关于番薯的记载最早出现在 1560 年。但这些外来的食物在中国的推广还是慢了一些，如果玉米、马铃薯、红薯在明代就能广泛种植，可能就没有后来的饥荒和农民起义了。时至今日，玉米在中国的消耗量已经超过了小米，但它和红薯一样，始终是副食的角色，不能取代稻米的地位。顺便说一句，还有一样原产巴西的作物传遍世界，始终处在边缘地位，而在中国一直被当作美食，这就是花生。中国人给它的名字就充满诗意，落花而生。

2. 烹饪的发明

你肯定听说或品尝过生蚝（又称牡蛎），生蚝里的这个“生”字，就暴露了吃生蚝的方式。当然我们有时候会把生蚝烤了吃，有时候会蒸了吃，但更多的时候，我们就是生着吃。有一位牡蛎专家是这么说的：“吃生蚝就是在吃大海的味道，就是在接受海草和大海上的风，就是吞下的那一口海水中飘散出来的味道”。这么一说，吃生蚝还真多了几分诗情画意。牡蛎可以说是西方饮食里最接近天然的食物了，我们平时生吃的蔬菜水果其实都经过人类千百年的改良和培育，早就不是它们原本的样子，就算你从山野郊外的树上摘下来的浆果，也一样如此。而天然的牡蛎是没有经过改良的，它的味道会随着海域的不同呈现显著的差异。还有一点，我们是趁着牡蛎还活着的时候把它吃掉的，这种吃法在我们的饮食中确实已经不多见了。

真正的生肉其实不好消化，也很难下咽，我们之所以要学做饭，就是要让东西好吃一点。人类最开始的烹饪技巧，就是学会用火。可以说，学会用火在人类吃的历史上是一个重大的里程碑。其实，在学会用火之前，原始人已经知道烧熟了的东西更好吃。因为在远古时代，森林野火是一种常见现象，在野火熄灭之后，人们会发现，那些被火烧过的豆子变得更好吃了，如果有动物被野火烧熟了，它的肉也更好消化。于是，人类在学会了用火之后，烹饪变成了人类进行的第一项化学活动。古希腊一位美食家写下过一个烤鱼的菜谱。把捕获的鲤鱼撒上香料，然后用无花果叶包起来，放到火堆的余烬中焖烤，直到叶子焦黑，就算熟了。类似的做法，我们在云南餐馆或者是泰国餐馆中还能吃到。这种做法和传说中的叫花鸡很相似，都是直接用火，而没用到其他的厨具。

有些食物直接用火烤，或者用烟熏，就可以食用了，但人们并没有满足于此，掌握了火之后，人们就开始研究厨具了。考古发现，人类最先使用的厨具就是石头，古人会先把石头加热，然后在热石头上把食物烤熟；接着就发明了烹调坑洞，在地上挖一个洞，把加热的石头放进去，这就形成了最初的烤炉。如果不小心挖到了地下水，在水里加入热石头，就成了另一种烹饪方式，那就是煮。既然烤和煮这两种烹饪方式有了，更多的厨具也相应地出现了，大一些的贝壳能当锅用，一些动物内脏也可以当容器。直到现在，我们依然能看到动物内脏当容器使用的情况，例如，最好的香肠和血肠必须用动物的肠衣来包裹；再例如，有一道苏格兰名菜，就是用羊肚做容器，把羊心、羊肝、羊肺等连同羊血装进去，一起煮熟。大约一万年前，人类终于做出了不怕火烧也不会漏水的陶器，此后的一万年里，人们只不过是在不断改良这些厨房用具，烹饪方式并没有发生什么实质性的变化，直到微波炉的出现。微波炉可以说是一个跨时代的变革，它不再用火，而是用电磁波。1989 年，法国只有两成的家庭拥有微波炉，到 1995 年，拥有微波炉的家庭就达到了五成以上。可以说，微波炉的普及速度相当快。可人们也发现微波炉做出来的菜都不怎么好吃，它唯一的好处就是方便，大多数家庭主要用它来热剩饭，这也体现了人们对饮食要求的变化。

3. 口味的形成

讲食物就肯定离不开所谓的饮食文化。在如今这个全球化的时代，我们很容易就能吃到世界各地的美食，但人们还是习惯自己的家乡菜，习惯那种自小形成的口味，这说明食物和语言、宗教一样是具有文化差异的，而且饮食文化是非常保守的。任何传统美食都必然包含当地的特色食材和调味料，这些材料已经深深地融入当地大众的口味，味蕾一次次尝到这样的味道形成记忆，就会使其对其他味道无动于衷，甚至有些排斥。

不过，有两种力量可以打破食物间的壁垒，那就是战争和殖民。例如，在埃及有一种小吃称为“库休利”，用稻米、扁豆、洋葱和香料做成，它与印度的小吃“基契利”差不多，大概可以推断这是英国军队从印度带到埃及的。而英国人在巴基斯坦也留下了两道菜，就是烤鸡配面包和烤牛肉配约克夏布丁。此外，中世纪穆斯林占领了西班牙，后来西班牙大多数地区做菜的时候都从猪油改用了橄榄油。

说到口味的形成，就不得不提食物的迁徙与融合。玉米、蔗糖、番薯这些食材在全球的迁徙都有自己清晰的路线，美食的交融与变化也是有一定脉络的，只是略为隐秘。美国有一道菜称为“墨菜”，就是美国得克萨斯州和墨西哥口味混杂而成的。标准的墨西哥食材构成了美国西南部的菜色，辣椒就是其中最主要的标记，此外还有玉米和黑豆。得克萨斯州的州菜是就辣肉酱，有肉末、黑豆、辣椒和孜然，其中孜然的使用可能是早期的西班牙殖民者传到墨西哥的。

我们再来看看亚洲。几乎每一道菲律宾菜都离不开用蕉叶调味的白米饭，白米饭是华人口味的标志，而蕉叶是菲律宾的马来根基。菲律宾菜中还有烤乳猪、海鲜饭，名称虽然不同，但这两种菜都是鲜明的西班牙菜；菲律宾的厨房用语中也有一些西班牙语单词；他们还喜欢一道甜点——焦糖布丁，这道甜点也是发源于西班牙，后来风靡全球的。透过这些美食，我们可以看到华人文化在菲律宾的影响以及菲律宾被西班牙殖民的历史。稻米在东南亚会加入一些当地特色以调味，而在伊朗，稻米原本是皇室饮食。他们从印度进口优质稻米，料理过程特别复杂，用两个小时先泡再煮到弹牙的程度，然后再拌上油脂蒸半个小时，接着加进烤羊肉、樱桃、藏红花等香料……如此麻烦地做一道米饭，恰恰是因为伊朗并不适合种稻米，能吃到米饭成了一种权力的象征。

再说一下欧洲。荷兰菜的“难吃”是天下闻名的，但荷兰也有两道所谓的国菜，一种是米饭餐，另一种称作薯泥杂拌儿。米饭餐是荷兰在印度尼西亚殖民时代发明的菜式，主食是白米饭，搭配的菜多达十余种，其中主要的酱料是炒辣椒酱，并加入多种香料制成。其中的菜主要有印度尼西亚的炖牛肉，牛肉要事先用生姜、沙兰叶等苏门答腊特产的香料腌制。这道国菜还比较有仪式感，所有菜都要放到黄铜容器中，下面用酒精灯来保温。薯泥杂拌这道菜，原料就是马铃薯加胡萝卜和洋葱，放到锅里煮烂即可，现在的菜谱中都注明要加上牛肉或者香肠。历史上，这道菜与荷兰城市莱顿有关。1574年，莱顿遭到西班牙侵略者的围困，城中粮食短缺，人们就把能找到的块茎植物都放到锅里炖，围困时期是否有牛肉或香肠真的不好说。这道菜和我们云南菜中的“大救驾”有点相似。这两道荷兰国菜，一道是纪念荷兰殖民印尼的历史，另一道是纪念自己的独立与解放，算得上是满满的情怀了。由此可见，那个充斥着战争与殖民的时代，不经意间促进了不同地域美食的交融，让我们如今的口味更加丰富多彩。从我们吃的每一道美食中，总都能看到某些人类文明的进程，包含着某一代人情怀，这大概也是品鉴美食的神秘和美妙所在。

二、食物与文化之谜

上文谈到人们对于食物口味的偏爱，会受到文化因素的强烈影响，而这背后其实还藏有一条经济学规律，那就是它吃起来划不划算。无论你是否认同，事实上，那些能以最有效的方式给我们补充营养的食物往往就会显得更“好吃”。换句话讲，就是一种食物好不好吃，并不取决于它尝起来是什么味道，而是取决于特定环境中，这种食物能不能高效地带给人们营养以及生态上的好处。人类的口味不是由文化和价值观预先决定的，而是与自然环境、气候以及生产方式等因素密切相关。“好吃”这件事并不完全取决于甚至可能是完全不取决于人类的自由意志，解答口味之谜的钥匙，也许藏在对营养、生态的收支效益的分析中。

中国自古以来就有“民以食为天”的说法，但谈到具体吃什么，不同民族的食谱可就千差万别了。你有没有想过，同样是人，为什么这个世界上的不同民族在饮食习惯上有那么大的差别呢？例如，蛆虫、老鼠这些我们想想就觉得恶心的东西，有的民族却认为是美味？一种食物被某种文化所青睐，到了另一种文化里却成为禁忌，这又是为什么？一个民族爱吃什么，不爱吃什么，为什么吃又为什么不吃，这些看似不起眼的问题，想要给出一个系统合理的解释也许还真不那么简单。

不同地域、气候条件、物产等方面的差异使得食物原料的来源和储藏、烹饪方式都会有所不同，从而形成了不同的饮食偏好。总而言之，人们为了获得等量营养的食物所付出的代价越少，这种食物就会越合乎人的胃口；反之，为一种食物付出的代价越高，这种食物就越不好吃。想象一下你面前摆着一盘热腾腾的鸡腿是种什么样的感觉。但如果把鸡腿换成煮白菜呢？我们对于肉食的渴望已经镌刻在了我们的基因里，即便是那些坚定的素食主义者，也需要培养格外强大的内心和定力，来抗拒肉食的诱惑。

在人类的食谱中，动物性食物和植物性食物所扮演的角色完全不同。在几乎所有人类社会当中，肉食都拥有比植物性食品高得多的地位。为什么人类是对肉、而不是对植物如此厚爱呢？人类“无肉不欢”的原因只有两个字，那就是“经济”。肉食的特殊地位，源于它能比植物更高效地满足人类对于营养的需求。同样单位的熟食，肉类比大多数植物性食品都含有更多、更优质的蛋白质。如我们吃的肉、鱼、禽类和乳制品，富含我们身体所需的维生素和矿物质，而所有这些都是植物性食物所稀缺的。简单来说，就是吃肉比吃素更容易喂饱自己，也更容易让自己吃好。肉食在营养效率上的这个特点，使它成了最受我们青睐的食物。

既然"无肉不欢"存在于所有人类的基因里，那么为什么不同饮食文化对猪、牛、羊、肉的偏好或禁忌却是天壤之别的呢？这里面依旧是追求效率的经济学原则。首先，以牛肉为例，如果一头牛可以选择自己出生地的话，它一定会选择印度。在印度，牛是被印度教奉为圣物而被禁食的。可是，禁止屠宰牛和吃牛肉的传统岂不大大减少了我们能吃的动物性食物的数量？这种做法是不是违反了人类营养摄取的高效率原则呢？其实，在印度禁食牛肉，并不是为了宗教信仰而故意牺牲人们的口腹之欲。

由此可见，我们想象中的主观饮食文化其实都可以找到客观的根源，就像解答人类的口味之谜的钥匙，就藏在对营养、生态的收支效益所进行的分析中一样。表面上，是好吃或不好吃的感受；骨子里，却是经济或不经济的考量。决定我们口味的，是经济基础而不是上层建筑；是物质资料的生产方式，而不是观念和意识形态。

我们经常会觉得，我们的口味是一种特别主观的东西，但实际上，我们的口味、甚至是我们的观念、思维往往都是被框定在一种文化习惯之内。我们笃信自己的传统，认为传统成就了我们的独特性，但实际上这些文化传统、观念都是随着自然以及社会环境的改变而改变的。明白了这一点，也许我们就能培养出更加理性地鉴赏美食的观念和视角。

参 考 文 献

［1］ 杜莉. 试论美食鉴赏的运行机制与基本方法［J］. 扬州大学烹饪学报，2010，27（03）：7-11.

［2］ 袁枚. 随园食单［M］. 北京：中国商业出版社，1984.

［3］ 唐鲁孙. 唐鲁孙系列：中国吃［M］. 南宁：广西师范大学出版社，2013.

［4］ 伊恩·凯利. 为国王们烹饪［M］. 北京：生活·读书·新知三联书店，2007.

CHAPTER 3

第三章 美食的基本元素

描述美食常见的维度有色、香、味、形等，与其说这是基于食物的特性，不如说是基于人类感官的分类。我们基本就是通过眼观、鼻嗅、嘴尝以及通过口腔触感以及意会想象来评判美食的。但事实上，还并非这么简单，我们很多人可能都有过这样的体验：在不同环境条件下，同样的食物，可以吃出不同样的口味。这种感知上的差异，往往和饥饿程度、生活水平的变化有关。现如今，伴随着人们生活水平的不断提高以及各种人造美食的泛滥，人的味蕾感觉是否也逐渐迟钝和乏力了呢？

我们可以想象，一位厨师如果要做好一个菜品，可能需要反复练习炒同一道菜。但一位更偏向于研究的美食家要品鉴一道菜，他需要做的不是重复吃这一道菜，甚至不能只吃这一个菜系，他需要的是有意识地广泛品尝更多的菜，甚至要吃遍这世上所有的美食，跳出单一维度并带有目标意识地进行广泛尝试。从这个角度看，对美食的品鉴完全可以说是一件极具创新意识的活动。

第一节　美食的色彩搭配

凡食品皆讲究“色、香、味”俱全，其中“色”排在首位，其指代的就是食品的颜色与色泽，可见色彩对食物的影响有多大。食品的色泽直接影响人们的食欲，不同的食品色彩搭配，可在一定程度上提高人们的食欲，这一点对于儿童而言尤其奏效。合适的色彩搭配，也是一道菜肴最亮丽的名片，让人垂涎欲滴、过目不忘。因此，掌握必要的色彩搭配技巧，对美食的创新设计十分必要。正确地运用色彩学原理，在创新设计实践中充分发挥想象力和创造力，才能使美食作品更具欣赏价值，吸引顾客的眼球，同时也更能激发顾客的购买欲望。

一、食品中的色素物质种类

食品的色泽是人们评价食品感官质量的重要因素之一，了解食品中存在的色素物质的性质是在食品加工过程保持正常色泽和防止变色的重要依据。食品中固有的天然色素一般是指新鲜原料的有色物质，或本来无色而能经过化学反应而呈现颜色的物质。天然色素的来源有植物、动物和微生物三类，这些色素的存在，使食物原料呈现多种颜色。其中主要的色素物质有：叶绿素、血红素、胡萝卜素、花青素、植物鞣质、花黄素、红曲色素、甜菜红等。通过感知记忆，人们往往会将颜色与食物的新鲜度、成熟程度等品质联系起来。因此，食品颜色的保持与调配以及在色彩搭配上的应用也是触发食欲的首要环节。

二、色彩搭配的技巧与运用

美食中的色彩搭配是美学在生活中的重要体现和应用之一。在食品创新设计的应用中，往往可以结合美术的功能特性，将其应用于食品的颜色搭配方面。实践过程中，可根据人们的喜好、不同的场合气氛、各颜色之间的色差等，对食品颜色进行合理搭配，促使其能够激发人们的更多食欲。同时，由于不同颜色搭配出来的色相有着一定的差异性，需要在食品颜色搭配中进行全方位的考虑，确保其颜色选择有效性，并在良好搭配方式作用下，保持食品良好的应用效果。例如，针对一些喜欢清淡口味的人群，在食品颜色搭配中应注重素雅、较浅的颜色使用，从心理上愉悦这类人群，确保不同颜色在食品搭配应用中的效果良好性。

从美学原理的角度来看，色彩搭配可以分为很多类型，例如，反复美，指同一种色彩在一件作品中出现两次或两次以上，以强调这种色彩之美；渐变美，指一种色彩按照一定顺序逐渐呈现一种递增或递减的阶段性变化；比例美，指艺术作品整体与局部、局部与局部之间的色彩分布在面积、数量等之间要保持平衡关系；对称美，指在视觉分量与形式上，色彩分布要有对称性或者放射性的对称关系，以展现动感、变化或规律的美；平衡美，指两种以上的色彩要有均衡状态，要从大小、轻重、明暗和质感上呈现均衡感，以展现不同的美，正平衡能够展现安定的、静态的美，非正平衡则能够展现一种不安定或动态的美；对比美，指色彩在量与质上的相反性呈现出强烈的对比；调和美，指多种色彩在质与量上保持秩序性与统一性；支配从属美，指两种或两种以上色彩，在局部与整体上呈现局部对整体的从属性和整体对局部的支配性。

色彩是由色相、明度与纯度三要素构成的，在搭配色彩时，需要掌握好三者的对比性和调和性。在色彩搭配时，对比色的应用尤为重要。对比色是指两种通过不同色系能够呈现不同程度的色相对比的色彩，其中两种并置或者相邻的色彩互为补色时，会增加两种色彩的纯度，如红绿、黄紫、蓝橙三对色相的对比，能够形成一种补色对比美，这也是色相对比效果最为强烈的一种色彩对比方式。另外，通过有彩色与黑、白、灰三种无彩色的对比，有彩色与金、银两种独立色的对比，无彩色与独立色的对比，也能够呈现不同的色相对比美感。

明度对比也能够最大限度地影响视觉，其在色彩搭配中占据着重要的位置，直接决定了色彩搭配所形成画面的气氛，能够体现色彩的层次感以及体态与空间关系。在实际的色彩搭配中，可以通过两种以上不同明度色彩的配合展现色彩搭配之美，具体可以通过两种技巧达成这种美：一种是以一种色彩明度为主明度，用另外几种不同明度的色彩当作点缀，显现出主次分明、秩序井然和和谐统一的明度对比美；另一种是在使用两种或者两种以上明度的色彩作为基调时，要让两种色彩之间的面积比维持 1：0.618 这一黄金比例，再以其他明度的色彩作为点缀，从而使色彩搭配既丰富又有秩序和表现力。

此外，纯度对比能够提高色相的明确性，增加鲜艳颜色的鲜艳度与灰暗颜色的灰暗度。纯度对比能够展现出画面的基调，在色彩心理学方面体现得更为明显。由低纯度色彩构成灰调，由中纯度色彩构成中调，由高纯度色彩构成鲜调。灰调反映出平淡、无力、陈旧与消极的感觉，也可以反映一种自然、纯朴、安静与随和的感觉，但灰调搭配不当，很容易产生肮脏等丑感，因此可以在其中加入适量的点缀色，以改善画面效果。中调则体现出柔和、文雅、可靠与中庸的感觉，配合少量的高纯度色彩或者低纯度色彩，能够使色彩呈现出活泼、灵动的美。鲜调则呈现一种积极、膨胀、快乐、灵气而活泼的美感，但搭配不当时，则会造成恐怖、低俗、生硬、嘈杂的丑感，因此需要加入少量的黑、白、灰来降低这种不好的感觉，使色彩搭配具有稳重、文雅的感觉。除了这些色彩心理学上通用感知体验，食品也具有其独特的色彩记忆，例如，青绿色会给人以未成熟的印象，反映在味觉上就是酸涩的味觉记忆；而灰暗的颜色也会给人以不够新鲜的印象。这些都是在美食设计中需要特别注意的。

例如，菜肴颜色的配合，其实关键就是主、辅料色泽的配合。一般是通过辅料衬托或突出主料，其形成的色泽，可以分为顺色、花色、异色等。因此，烹饪过程中常见的配色技巧就包括酱油的使用、炒糖色的调制、使用带有上色能力的蔬菜或其制品（例如，番茄和番茄酱）进行调色等。菜肴色彩搭配得当，需要注意“本、加、配、缀”。“本”就是在烹调中充分利用原材料天然的色与形，这是烹调中应用最广泛的配色方法。例如，用白菜、西米、白萝卜、银耳、熟蛋白、豆芽等原料的白色；用火腿、香肠、红辣椒、精瘦肉、胡萝卜、番茄等原料的红色；用紫菜、冬菇、黑木耳、海参、黑芝麻等原料的黑色等。“加”就是在烹调中对一些本身色泽不太鲜艳的原料，通过加入适当的佐料或人工合成色素，使其菜肴的色彩鲜明。常用的人工合成色素有苋菜红、胭脂红、柠檬黄、青靛蓝、日落黄五种。不过，在实际烹调时，应严格按照国家规定标准执行，以保证食用安全和身体健康。“配”是指在烹调过程中，将几种不同色泽的原料配在同一菜肴中，让其相互衬托增色。“配”不仅要讲究菜肴本身的衬托，而且还要注重与外界环境的配合，例如，利用灯光来使菜肴增色。将辅助光源（如射灯）照射在菜肴上，可以起到保温和增色的作用。“缀”是指菜肴点缀的艺术美、形态美。虽然菜肴的色彩和造型至关重要，但也不可忽视菜肴点缀和围边的装饰作用，来体现菜肴的形态美。

三、美食摄影中的用光和构图

美食是很多摄影朋友喜欢拍摄的题材，很多人在吃大餐之前也不忘先给自己面前的美食拍张照片。数码相机的广泛流行推动了摄影的普及化，已经把摄影拉近到生活的每个角落，特别是关于美食的拍摄。一张拍摄效果精美的照片，能够增添美食的魅力，同时也是美食包装设计中不可或缺的重要环节。如何拍出具有艺术照效果的美食照片呢？在构图上的细致打磨以及合理的色彩搭配是两个关键因素。有人可能会说，照片的色调可以在后期里进行各种调色，其实不然，当我们将各种道具、食物摆放桌面的时候，画面的颜色就已被基本确定了。

构图的方法有很多，例如，简洁式构图技法强调的是简洁背景的使用，可以准备一块白布或其他淡色布作为背景，在临窗的地方铺开，将美食放在这个背景里进行拍摄，这样用留白的手法，极易突出主体，使其显得清新而淡雅，有助于凸显美食的色彩和质感。除了纯色背景以外，有条纹的浅色背景也是不错的选择，但颜色不能杂乱，一定不能喧宾夺主［图 3-1（1）］。而在窗边拍摄，则是因为可以利用到自然光。自然光的光线比起人工光源，尤其是闪光灯，要柔和得多，这样食物的质感也会表现得更好。规律性构图是指让食物在空间摆放上呈现一定的规律性、重复性和层次感。这类构图的关键要点在于“相似而不相同”、在规律中寻求变化。通过拍摄角度与构图的改变，可以利用距离差异创造出不同的大小以及虚实关系等，让画面中存在多个“相似而不相同”的个体［图 3-1（2）］。例如，在几个完整的食物个体旁边，放上一些切开的个体。这种“同中求异”的手法，既保持了整体的规律性，又使构图不显得过于呆板、缺乏变化，同时还能通过对比突出个体。开放式构图是指只将拍摄对象部分纳入画面的构图形式。任何一种摄影题材在构图时，都面临是否将拍摄对象“取全”的抉择。将拍摄对象完全纳入画面的构图形式被称为封闭式构图。这种构图形式在内容的表现上更加完整，但画面可能会显得呆板，缺乏变化。而开放式构图往往放大、聚焦拍摄对象的局部，更利于表现食物的细节特征，画面给人的感觉也更加充实和饱满。同时，还可以利用景深变化来突显美食的局部细节特征［图 3-1（3）］。

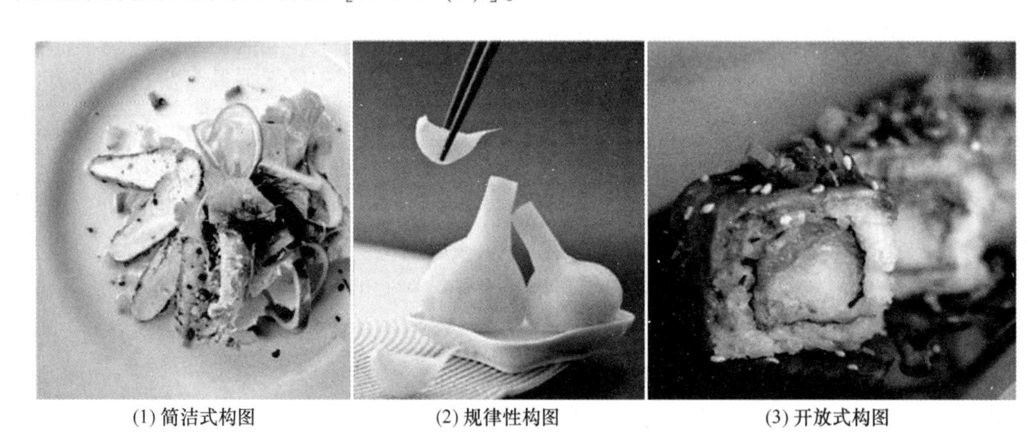

(1) 简洁式构图　　(2) 规律性构图　　(3) 开放式构图

图 3-1　几种主要的构图方法

此外，通过色彩来强调图案，也是摄影中一种重要的构图手法。基于这一现实理解，在观念摄影中运用色彩搭配技巧时，应学会利用色彩强调图案。拍摄带颜色的反复出现的图案是一种很好的照片形式。身着红色军装挺立的士兵，配合具有动感的物体就是一幅很好的作品。通过剪裁照片，你可以得到干净纯粹的图案画面。运用色彩总是可以给照片加入动态的元素，所以值得多加利用。为此，我们应做好以下几个方面工作。①根据构图需要，做好色彩浓烈的调整在观念摄影作品中的色彩搭配运用上，只有根据构图需要，做好色彩浓烈的调整，才能保证摄影作品在整体感上达到预想目标。因此，明确构图需要并进行有效调整，是色彩运用的主要技巧。②将色彩与景物进行合理搭配，提高色彩的表现力观念摄影中往往会运用颜色凸显某一事物，在这一前提下，将色彩与景物合理搭配，提高色彩的表现力，有助于提高作品的整体效果。因此，这一技巧应得到适当运用。③将观念摄影的理念融入色彩搭配中，理念决定着搭配技巧的运用。基于观念摄影的现实需要，将观念摄影理念融入色彩搭配中，既有助于提高摄影质量，也有利于总结色彩搭配经验。

第二节　美食的香气

香味是人类嗅觉所能嗅探、感知到的自然界最常见的气味之一，同时香味也是多种多样的。从烹饪角度来讲，去掉一些食物附带的影响，让菜肴鲜香的味道尽可能保留和提升，这是烹饪的重要目的之一，也是人们能够接受范围内评判美食的重要标准。从嗅觉角度来讲，人们习惯于以烹饪食物所表现出的香味来评估一道食物是否值得品尝。由此可见，烹饪食物的香味是决定其给人最初感知的重要因素。在人们所接触到的各种食品中，有一部分食品本身是不具香味的，还有部分食品的香味较弱，使得人们在食用的过程中缺少一定的享受及乐趣。另外，有些食品的香味不够稳定，会随着时间的推移变淡甚至消失、变味等，因此，美食加工的一个重要目的就是让食品的香味得以呈现并持久稳定。

一、食品中的香味物质种类

食品的香味是由多种挥发性物质组成，各种食品往往具有独特香味，香味的不同是因为组成化学物质不同，如 1kg 番茄含脂烃类 4mg，脂环烃类 3mg，芳烃类 6mg，杂环类 3mg，醇类 16mg，酚类 3mg，醚类 3mg，二硫化物及三硫化物 1mg，腈类 2mg，醛类 22mg，缩醛类 3mg，酮类 15mg，羧酸类 5mg，羧酸酯类 7mg，内脂类 5mg 等，由此可见香味物质的复杂性和多样性。

香味物质的气味取决于分子结构。官能团部分决定了气味的品种，而分子的其余部分决定气味的类型，无机化合物中除 SO_2、NO_2、NH_3、H_2S 等有强烈气味外，大部分无气味，而有机化合物有气味者甚多，它具有形成气味原子团（发香团），如羧基（—COOH）、羟基（—OH）、醛基（—CHO）、醚（R—O—R）、酯（—COOR）、羰基（—CO）和苯基（$—C_6H_5$）等。在同系列的化合物中，低级化合物的气味取决于所含的气味原子团，而高级化合物的气味取决于分子结构的形状和大小，如多种与樟脑气味相同的脂肪族和芳香族化合物，它们的化学结构式没有共同之处，但它们的形状和大小都一样，这已为实验所证明。决定气味的本质因素是偶极矩、空间位阻、红外光谱、拉曼光谱和氧化性能等，也与蒸汽压、溶解度、扩散性、吸附性、表面张力有关，这些是决定气味强度的因素。

食品中各种香味物质可由生物合成、酶的作用和高温分解产生。植物性食品中的水果，具有单纯、愉快的香气，香气成分以酯类、醛类为主，其次是醇类、酮类及挥发酸，如苹果的香味物质主要成分是乙酸异戊酯，梨香的主要成分是甲酸异戊酯，香蕉的香味物质主要是乙酸戊酯和异戊酸异戊酯，葡萄香味物质的主要成分是邻氨基苯甲酸甲酯，桃的香味物质主要成分为乙酸乙酯和沉香醇酯内酯，柑橘汁中则主要是果蚁酸、乙醛、乙醇、丙酮和乙酸酯等。这些物质成分都是植物经过生物合成产生的。蔬菜的香气较淡，但有的蔬菜如葱、韭、蒜具有特殊的辛辣气味，主要是它们含有硫化丙烯类化合物，萝卜的辣味是因其含有黑芥子素，在酶的作用下水解成异硫氰酸丙烯酯。黄瓜香气的主要成分是 2,6-壬二烯醛；叶菜类的叶醇则发出青草味。

动物食品中的香气以水产品的气味较强烈，鱼贝类中河川鱼的气味的主要成分是六氢吡啶类化合物。鱼体表面的黏液内含有6-氮基戊酸和6-氨基戊醛，具有强烈的腥味，鱼的血液里也有6-氮基戊醛，也有强烈的腥臭。海产鱼含有三甲胺，而发生强烈的腥臭气，鲜鱼体内含氧化三甲胺，随着鲜度降低，在腐败细菌产在的还原酶还原成三甲胺，而发出强烈的腥臭气。淡水鱼的三甲胺少，其腥臭气也淡得多。新鲜牛乳具有鲜美可口的香气，这种香味物质相当复杂，主要是低级脂肪酸，羰基化合物以及微量的挥发性成分等，还含有微量的甲硫醚[$(CH_3)_2S$]，这种甲硫醚是决定牛乳风味的主体，含量稍高则会产生牛乳臭味和麦芽臭味。

此外，食物原料加热处理，也使食品产生香味，其中糖类是生成香味物质的重要前驱物。糖类可单独热解，当温度达300℃以上时，会生成多种香味物质，主要是呋喃衍生物类、酮类、醛类和丁二酮等。如面包制作中，用酵母使面团发酵时，除生成乙醇类、酯类外，在焙烤过程中的氨基酸反应生成多种羰基化合物，形成面包的特有风味。用葡萄糖与各种氨基酸在pH6.5条件下加热到180℃时发现，如葡萄糖单独加热产生焦糖味，葡萄糖加赖氨酸则产生面包味，加酸产生巧克力味，葡萄糖加谷氨酸产生奶油味，可见香味的生成与氨基酸种类、温度、pH都有关，在食品制作中要引起注意。肉类在加热后也产生香味，香气的主体成分各种醛、酮、硫、醇等。此外，肉类加热后还可有脂质加热分解产生香气，由于加热分解生成各种不同种类和数量的不饱和羰基化合物，从而形成各种不同的香气，如鸡肉香主要由羰基化合物和含硫化合物构成。关于食物在烹饪过程中的香味形成途径和机制，将在下一节详细介绍。

二、食品烹饪香味形成的途径和机制

烹饪食材和方式的多元化，使得烹饪产品的香味复杂多变，很显然烹饪产品的香味很难用描述单一食品的方式来进行类比。任何一道烹饪菜品的香气也并非由某种单一的呈香物质单独产生，而是食物原料自身以及多种配料的呈香物质应该相互作用、综合反应的结果。

1. 食物产生香气的途径

食物产生香气的途径包括原料自身特有香气的释放、烹饪加工以及运用香料进行调香产生的香气。

（1）原料自身特有香气　食物原料自身形成的香气，例如，洋葱、大葱、大蒜、萝卜、韭菜、芹菜、黄瓜等原料自身就带有特有的呈香气味。这些香气物质是天然存在的，一般不需要烹饪加工即可溢出特有的香气。

（2）烹饪加工环节　烹饪加工过程中，食物原料自身的一些化合物受外界条件的作用转化分解而产生，例如，香味浓郁的各种肉香、鱼香以及面包的香气等。

（3）外在调香　运用调香料而使食物具有各种香气，例如，烹饪当中常用的各种五香粉、香草、迷迭香、肉桂、罗勒等调香料。在烹饪过程中，尤其对于无或香味较低的原料往往需要有意识的添加各种佐香物质。

2. 催化反应生香

催化反应生香的过程包括酶作用、氧化作用和高温分解作用等。

（1）酶作用　在烹饪加工过程中，酶对具有香味前提物质的食物原料产生作用进而形成香味成分。例如，蒜酶对亚砜作用可形成洋葱的香味。另外葱、蒜和卷心菜等香气的形成也属于这种作用。

（2）氧化作用　烹饪加工过程中，在酶的作用下，酶促生成中间产物氧化剂对食物原料中香味前体物质氧化生成香味成分。红茶浓郁香味的形成就是酶间接作用的典型例子。儿茶酚酶氧化儿茶酚形成邻醌或对醌，醌进一步氧化红茶中氨基酸、胡萝卜素及不饱和脂肪酸等，从而产生特有的香味。

（3）高温分解产生香味　烹饪原料在加热过程中，尤其在高温的条件下，如炉烤，其温度高、时间较长，这就为大量呈香气嗅感物质的产生创造了有利条件。如烤鸭、烤乳猪、烤鱼等菜肴刚出炉时香气特别浓郁。在蒸煮烹调过程中，肉类、禽类、鱼类等动物性原料通过各种热反应后能产生大量浓郁的香气。此外，也有与此相反的情况。在加热过程中原料本身原有的香气也有部分损失，呈香的嗅感物质生成的比较少。如各种蔬菜、水果、乳品及其日常食用较多的谷类原料等。尤其对于一些香气清淡易挥发的果蔬，长时间的蒸煮都会造成原有风味嗅感的严重损失。

3. 香味形成机制

（1）美拉德反应生香　美拉德反应是食物中氨基化合物和羰基化合物在食物加工中和储藏过程中在一定温度条件下发生的交替反应，它是食物色泽和香气生产的主要来源之一。美拉德化学反应是一个非常复杂的过程，它可以在醛、酮、还原糖及脂肪氧化生成的羰基化合物与胺、氨基酸、肽、蛋白质甚至氨之间发生反应，它的本质就是羰基间的缩合反应。在烹饪过程中，加热温度，尤其油炸、爆炒等烹饪法需要高温条件的，对于美拉德反应中香味等风味物质的形成是一个重要的影响因素。试验证明，美拉德反应速度会随着温度的上升而加快。在一定的时间内，反应体系问题升高 10℃，美拉德反应速度会加倍。但是过高的温度又会使氨基酸和糖类遭到破坏，甚至会产生致癌物质。因此烹饪时，加热温度应控制在 180℃以下，以 100~150℃为佳。

（2）脂肪降解产生香味　在烹饪加工过程中，除了美拉德反应外，脂肪降解也是产生风味物质的一个重要因素。我们都熟知，由于油脂受到物理或化学因素的影响，使油脂氧化或分解而产生一些不良的风味，如常见的哈喇味；而事实上在这个过程中脂肪的降解也会产生令人愉快的风味物质。在烹饪加热过程中，首先，脂肪类物质在受热过程中分解游离脂肪酸，其中不饱和脂肪酸（如油酸、亚油酸、花生四烯酸等）因含有双键容易发生氧化作用，生成过氧化物，这些过氧化物进一步分解生成酮、醛、酸等挥发性羰基化合物，产生特有的香气；而含羟基的脂肪酸经脱水环化生成内酯类化合物，这类化合物具有令人愉快的气味。

为了满足人们对食品风味不断提升的需要，食品企业往往还会通过添加食用香精香料的方式来保持或提升食品的风味，但在应用过程中必须要注重香精香料的安全性，必须符合国家相应的香精香料使用标准。

第三节　美食的味道

味道和现代生活里很多文化元素结合在一起，例如，美食、烹调、厨艺等。但实际上，它是真核生物最早演化出的一批感知世界的信号。所以味道既可以用文化视角理解，又可以从演化视角理解。它的改变曾经强烈影响着物种的存灭。

一、味觉的概念与分类

味觉是指食物在人的口腔内对味觉器官化学感受系统的刺激并产生的一种感觉。目前，普遍认可的基本味觉有甜、酸、苦、咸四种，我们平常尝到的各种味道，都是这几种味觉混合的结果。最近的研究又将鲜味和脂肪味也列为基本味觉。如何界定基本味觉这个概念呢？一般认为具有以下几项条件：

（1）具有进化适应性上的优势。

（2）该味觉的刺激物具有明确的分类。

（3）有明确地将该味觉刺激由化学转变为电信号的传导机制及信号受体。

（4）该电信号的神经元传递必须经由大脑的加工。

（5）由该信号加工过程产生的偏好性体验必须独立于其他味觉体验。

（6）该味觉刺激能够产生愉悦的感受。

（7）伴随味蕾细胞的激活，会产生一系列生理反应。

鲜味不满足上述第 5 点的要求，因此不属于基本味觉，但和脂肪味一样归属于膳食味觉的一种。这些基于味觉系统的划分和归类对于味觉的偏好性以及替代性的分析特别重要，尤其是为现代低糖低盐但仍保持美味的食品研发方面提供了理论支撑。

二、味觉的生理基础

味觉产生的过程是呈味物质刺激口腔内的味觉感受体，然后通过一个收集和传递信息的神经感觉系统传导到大脑的味觉中枢，最后通过大脑的综合神经中枢系统的分析，从而产生味觉。不同的味觉产生有不同的味觉感受体，味觉感受体与呈味物质之间的作用力也不相同。

味蕾口腔内感受味觉的主要是味蕾，其次是自由神经末梢，婴儿有 10000 个味蕾，成人有几千个，味蕾数量会随年龄的增大而减少，对呈味物质的敏感性也会不断降低。味蕾大部分分布在舌头表面的乳状突起中，尤其是在舌黏膜皱褶处的乳状突起中比较密集。味蕾一般由 40~150 个味觉细胞构成，10~14d 更换再生一次。味觉细胞表面有许多味觉感受分子，不同物质能与不同的味觉感受分子结合，从而呈现出不同的味道。人的味觉从呈味物质刺激到感受到滋味一般仅需 1.5~4.0s，比视觉、听觉和触觉都要快。

唾液是个非常复杂并具有强烈的个体差异的胶体体系。根据一项对近 300 名正常消费者人群的唾液的生化分析调查显示，受试者的唾液淀粉酶活力、脂肪酶水解力、总蛋白含量以及一些关键唾液酶和金属离子的含量在不同人群中的差异高达 1~2 个数量级。唾液的首要功能是润湿软化食物颗粒，并使其黏聚在一起形成具有一定内聚性的食团。毫无疑问，食物与唾液润湿混合后，其机械性质会有很大的不同。更为重要的是唾液中含有的各种酶类活性成分（如淀粉酶、脂肪酶等）会与食物成分产生即时作用，从而改变食物的物理化学性质。唾液是风味成分的释放媒介，所有的风味分子都需经过唾液才到达味觉和嗅觉受体，因此风味分子在唾液中的溶解度是决定食品风味的关键。另外，大量的研究表明唾液中的黏蛋白等会与多酚类物质相互作用而改变口腔唾液薄层的理化性质，并产生涩感，或与食品大分子相互作用进而改变食品乳状液在口腔中的稳定性。不同消费者唾液中各异的唾液生化成分及含量，会造成相同食品在不同消费者品评过程中的气味和滋味感知的差别。

三、味觉的阈值

味道的阈值在四种基本味觉中各有不同，例如，人对咸味的感觉最快，对苦味的感觉最慢；但就人对味觉的敏感性来讲，苦味比其他味觉都敏感，更容易被觉察。味觉的阈值是指感受到某种呈味物质的味觉所需要的该物质的最低浓度。例如，常温下蔗糖（甜）的阈值为0.1%，氯化钠（咸）为0.05%，柠檬酸（酸）为0.0025%，硫酸奎宁（苦）为0.0001%。根据测定方法的不同，又可将阈值分为绝对阈值、差别阈值和最终阈值。绝对阈值指人从感觉某种物质的味觉从无到有的刺激量。差别阈值指人感觉某种物质的味觉有显著差别的刺激量的差值。最终阈值指人感觉某种物质的刺激不随刺激量的增加而增加的刺激量。

四、食品的鲜味

鲜味是指谷氨酸、肌苷酸等特定化学物质表现出来的味道。如前文所述，虽然有学者认为不能称其为基本味觉之一，却不可否认其在美食中的重要作用。鲜味能使食品的总体味感更加柔和、协调、醇厚浓郁，具有重要的感官特性。鲜味分子通过激活鲜味受体，在细胞内启动一系列复杂的信号传递过程，再经过味觉神经传入大脑的味觉中枢，经分析整合产生一定的化学感应，从而感知鲜味。鲜味不仅给人带来欢愉感，而且是重要的营养来源。食物中常见的鲜味物质种类有部分氨基酸及其盐类、核苷酸及其盐类、肽类、有机酸和有机碱等。相对于其他味觉分子，鲜味物质的发现和研究较为缓慢。目前对鲜味分子的研究和应用主要集中在少数几个游离氨基酸和核苷酸，而对食物中的鲜味肽的挖掘也具有巨大的市场前景。

五、不得不说的辣味

提及美食的味道，总会有人有疑问，为什么我们不提辣味，因为辣味似乎已经成为当今中国餐桌上必备的一种味道。而中国最嗜辣的几个省份，长期以来也总以“谁最不怕辣”来一竞短长。当代中国在饮食口味上似乎也形成了三大层次的辛辣区。首先是长江中上游的辛辣重区，包括湖南、湖北、江西、贵州、四川、重庆、陕西南部等；其次是北方包括北京、山东、山西、陕北及关中地区、甘肃大部、宁夏、青海、新疆等地的微辣区；最后是东南沿海江苏、上海、浙江、福建、广东等淡味区。

但是，很遗憾，从专业分类上来讲，辣味是调味料和蔬菜中存在的某些化合物所引起的让舌、口腔和鼻腔黏膜受到刺激产生的辛辣、刺痛、灼热的感觉，而并不属于一种独立的味觉。而酒中的辣味也是由于灼痛刺激痛觉神经纤维所致。由于辣味会在舌头上制造痛苦的感觉，为了平衡这种痛苦，人体会分泌内啡肽，消除舌上的痛苦；与此同时，也让人体能够感受到类似于快乐的感觉，而我们往往把这种愉悦的感觉误认为来自辣味本身，也让很多人对辣味“爱不释口”。

从辣味的历史来看，辣椒是在明末从美洲传入中国的，起初只是作为观赏作物和药物，自从进入菜谱以后，便掀起一股辣的风潮，一直持续到现在。因为明朝才传入，所以辣椒进入中国菜谱的时间并不太长。辣椒传入中国约400年，但这种洋香辛料很快红遍全中国，将传统的花椒、姜、茱萸的地位抢占。花椒的食用被压缩在花椒的故乡四川盆地内；茱萸则几乎完全退出中国饮食辛香用料的舞台；姜虽然还被广泛使用，但几乎已经不会被食客们单独想起。辣椒的传入及进入中国饮食，无疑是一场饮食革命，威力无比的辣椒使传统的任何辛香料都无法与之抗衡。随着近年来餐饮的变革与发展，川菜和辣椒也逐渐覆盖了全国各地，以至于如今中国成了世界头号吃辣大国，可谓无辣不欢。尤其是这几年重庆火锅火遍全国，大部分中国人的味蕾已经离不开辣椒的刺激。

辣味虽然不是基础味觉中的一种，但的确不得不提。因为这里体现了人们对美食追求的一种底层逻辑，那便是在可控范围内寻求感官上不断提升的强烈刺激。而美食的创新设计，也正是基于对人性的理解和洞察，并合理地进行开发和利用。那些强调克制人性的修行之法诸如佛教，则恰恰在饮食上远离荤腥（五荤即指五种有辛辣味的蔬菜：蒜、葱、兴渠、韭、薤）。

六、味觉，人类进化的核心推动力

随着生物进化出有嘴、有大脑、有内部器官的多细胞复杂生命，味觉和嗅觉就开始发挥着核心作用。味觉和嗅觉是生物生存、在自然选择获胜的关键。它们使动物能察觉到周围的猎物，并且从吞食猎物中获得满足感。敏锐度越高，所需的大脑处理能力就要越强大。所以在进化历史中，更为复杂的大脑以及行为的出现大多是伴随着味觉和嗅觉敏锐度的加强。从解剖学中也可以看出这一点，我们的味觉和嗅觉系统位于大脑中最古老、最原始的部位。

味觉在人类进化以及发明文明中起到的作用是被低估的。人类是如何进化成为现在有巨大的大脑、但消化道相对较小且直立行走的模样，这是个激烈争论的话题。一系列的饮食变革被认为是一个巨大的驱动力：从素食到杂食，从生吃到熟食。这些改变与人类使用工具同步发生，这些工具也都是用在食物上的，例如，杀死猎物用的工具，把猎物切成小块儿的工具，以及准备食物用的工具等。同时随着工具的改善，食物品质也提升了。切碎或捣碎肉类薯类使其更为柔软，烹饪用火使食物更为可口也更易消化。这样，在更美味的食物、更优质的食材、更先进的工具以及身体与大脑的改变之间形成了一个正反馈循环。做熟的猎物要比生的时候吃起来美味多了。相比生长在丛林中的水果，捕获猎物以及后期准备的挑战更大。狩猎则要求具备奔跑能力，使用正确的武器，采用复杂的战略以及彼此合作。准备过程则需要把肉中的油熬出来、生火、烤熟然后大家一起吃。在早期生命形成的过程中，味道是产生巨大进化改变的关键所在，我们可以从人类头部形状看到这些变化留下的一个痕迹。咀嚼食物时，其味道中的香味成分在连接嘴和鼻腔的鼻后通道产生，鼻后通道随着人类颌骨变小、面部变平而变短了。距离缩短使味道更明显。所以，尽管相对于其他哺乳动物我们的嗅觉较差，但于我们自身而言，嗅觉在我们感受味道时有着更强大的作用。同时，我们的大脑允许味道刻入记忆、思想、情绪与关联之中，这使我们能够欣赏焖肉、葡萄酒或干酪的好味道。

味觉也可以说是一种非常容易朽坏的感觉，它是大脑激励架构中的非常古老的部分。一勺冰淇淋或一口纯麦芽威士忌带来的快乐其实是一种动机推进，一种行为奖励。

虽然有时候我们会将快乐与味道相提并论，然而它们并不是同一回事——食物带来的快乐随着情况的不同时高时低。今天的很多食物都是用感觉来刺激大脑的“愉悦回路”，尤其是垃圾食品和连锁餐厅菜单上的食物。其中包括一些食物就是糖、盐和脂肪的三合一。还有一些是添加了引人注目、味道浓重、让人回味的调料品，这是由于人类也渴望食物中存在多样化和差异性。任何持续处于超载状态的系统最终都会出问题，这与成瘾类似。如果长时间过量吃同样的东西，在相同的分量下味道就会变得没有以前那么好了，于是你就会吃得更多来弥补。味觉易朽坏的特点会影响饮食组成、饮食习惯以及我们的健康。

和我们基因的进化速度相比，我们的食物丰富程度的提升以及组成的变化都太快了。我们有可能正处于一个危险的关头，现在有些食品公司会应用遗传学家和神经科学家的力量，制造新的食品和新的口味。这些技术的发展速度可能远远超出了我们对于自身大脑和身体的了解程度。我们也许正处于一个规模巨大的实验之中，但这同时也是一个非常激动人心的时刻。拿发酵来说，千百年以前，酒精饮料、干酪、咸菜、泡菜、豆腐等发酵食物和饮料都是用传统配方制成的，没人懂得发酵过程中酵母、真菌和细菌产生味道的生物学原理。其中创造出的许多美味分子常数量众多且难以分辨，微生物代谢的产物也在不停地改变。但如今科学家对于微生物代谢的作用有了更好的理解，并且控制它们的能力也更强了，这将打开一个通往美味的广阔新领域。从这个角度看来，也许我们对于美味的探索或者说是冒险，才刚刚开始。

第四节　美食的形态

所谓美食之形，除了指其外观形状以外，还和它的存在形式（例如，以固体或是液体的形式存在）、咀嚼度等相关，我们统称为食品的质构特性。食品的质构特性是消费者判断许多食品质量和新鲜度的主要的标准之一，也是饮食乐趣的重要影响因素。当一种食品进入人们口中的时候，通过硬、软、脆、湿度、干燥等感官感觉能够判断出食品的一些质量如新鲜度、陈腐程度、细腻度以及成熟度等。食品的质构特性如马铃薯片的脆性、面包的新鲜度、果酱的硬度、黄油、蛋黄酱的涂布性能、布丁的细腻性等都可以使消费者产生一定的吃的美感，从而能够刺激消费者的消费需求。当调查消费者一个好的薯片的口感是什么样的时候，大部分人都会选择脆性好、硬度合适且较密实的薯片。

尽管食品的质构是影响食品口感的重要特性，但经常被食品开发者忽视，或者说不被理解。在产品的研究开发中，产品的设计者经常会考虑产品的风味、外观、制造流程，而很少考虑产品的质构，但质构始终是产品属性中重要的一个特性，是与产品的口感紧密联系的一个属性。因此，当创新一个产品或重新设计一个已存在的产品时，食品开发者确实需要注意食品的质构特性。

一、质构在食品创新设计中的重要性

新产品开发过程中，当考虑食品的结构和稳定性等特性时，我们实际是在考虑构建

食品的结构体系，这个结构体系也是产品风味释放和外观表象的基础。产品的质构至少会影响产品以下几方面特性。①质构影响食品食用时的口感质量。②质构影响产品的加工过程，如黏度过小的产品充填在面包夹层中很难沉积在面包的表面，又如我们开发脂肪替代的低脂产品时，构建合适的黏度来获得合理的口感，但如果产品过黏，可能很难通过板式热交换器进行杀菌等。③质构影响产品的风味特性，一些亲水胶体、碳水化合物以及淀粉通过与风味成分的结合而影响风味成分的释放。现在许多研究都集中于怎样利用这种结合来使低脂、低糖食品的风味释放能够与高脂、高糖食品相当，最终达到减脂、减糖的同时获得相似的口感。④质构与产品的稳定性有关。一个食品体系中，若发生相分离，则其质构一定很差，食用时的口感质量也很差。⑤质构也影响产品的颜色和外观，虽然是间接的影响，但也确实影响产品的颜色、平滑度和光泽度等性质。

二、创新食品开发中食品质构的构建

构建新产品质构方面的蓝图是创新食品开发从一开始就应重点考虑的问题之一，即考虑新产品为满足消费者需求的质构有哪些。食品研究者必须知道要设计产品的质构类型，光滑的还是粗糙的，弹性的还是脆性的，软还是硬的等。在食品成分中，蛋白质与多糖类亲水胶体是形成产品质构的基础。蛋白质有许多功能特性，如凝胶特性、乳化特性和起泡特性，这些特性能够形成食品的基础结构，如凝胶态食品、流态食品、泡沫态食品等，因此蛋白质是食品质构形成的重要成分之一。多糖类亲水胶体也具有许多的功能特性，从稳定作用到脂肪的替代体。在许多食品中，多糖类亲水胶体对于构建或修饰食品的质构具有重要的作用。亲水胶体主要是影响溶液黏度和流动性，也影响呈片和颗粒特性，另外它们也可以结合水分和脂肪。所以一般来讲，淀粉和胶体都可以通过结合水分、增稠、形成凝胶、泡沫和膜来影响食品的质构，而这几种形态是都是食品的结构形态。因为存在许多的多糖类胶体，怎样选择这些胶体作为某一食品质构构建的成分就是一个值得研究的课题。食品开发者们要知道亲水胶体的特性以及它们之间的交互作用，因为胶体间的一些增效作用可以产生与单一胶体完全不同的质构。另外在食品中若同时存在蛋白质与亲水胶体，则它们之间的交互作用也会对新产品的质构特性产生影响，如何控制水相介质中的条件，以利于或控制两类大分子之间的交互作用，都会影响最终形成的创新产品的质构。

三、新产品开发中食品质构特性分析

食品开发者面临的一个重要问题是怎样客观和准确地考量食品的质构和口感。质构特性是与一系列物理特性相关的非常复杂的特性，用单一指标很难确定性地描述食品的质构。同时，口感也是非常难定义的，包含食品被咬第一口时的感觉，以及从咀嚼过程到吞咽全过程的感受，这实际上是食品在口腔中各种物理和化学的交互作用的综合反应。有学者提出了基于食品流变特性的食品质构分类方法，并通过仪器和感官评判的手段来定义食品的质构特性，包括食品力学的、几何的以及其他特性。其中力学特性又分为几个主要的属性，即硬度、内聚性、黏性、弹性和黏着性，以及几个次要的属性，即脆性、咀嚼性和胶黏性。几何属性又分为两个部分，即尺寸和形状相关的和形状与方向相关的。其他的一些属性包括水分含量和油腻程度等。仪器分析食品的质构基于食品的流变科学，即材料的变形和流动特性的测量。

1. 质构特性的感官分析

感官评判的过程从受到很好训练的感官小组开始。为了能够实施有意义的质构分析，感官评判小组应具备质构特性区分的基本知识，应该明确知道质构参数的定义。当评判食品产品时，应有明确的规定，如说明食品产品应怎样放入口中，是与牙齿的作用还是与舌进行作用，有什么样的特别感受等，表 3-1 所示为食品质构的感官评判方法。评判小组应有一定的参考标准。如把与产品有关的质构特性列出来，包括硬度、内聚性、咀嚼性、弹性等，然后找一些这些属性数值趋于中间和两端的产品。接下来可以做一些不同产品质构属性的测试，可以以分值来计算，如 1 分是最软的，9 分是最硬的，测试后给样品打分。测试小组完成测试后，开始进行仪器测试，仪器测试时选择参数应尽量与人们口测时对样品的作用相近，如力大小的选择，受力面的选择以及作用的频率等。人类在进食时，可以分成 7 步质构感官体验。第一步是表面质构，包括食品到达嘴边的第一感觉和产品总的质构外观。接下来的两步是部分的压缩和第一口咬的动作，这是一个力学的过程，合在一起，决定产品的弹性、硬度和内聚性。当第一口咬的动作完成后，评估进入第一次咀嚼和咀嚼过程阶段，第一次咀嚼揭示了第一咬的许多特性包括在口中的黏性和食品的密度。咀嚼过程揭示了样品的水分吸附和食品的密度在这一阶段，食品风味释放可以进行评估。当咀嚼继续直到吞咽时，产品的所有湿度和吃的愉悦程度变得非常重要。质构评估的第六个阶段是溶化率，即食品在口腔中的溶化程度。第七个阶段是回顾阶段，即在吞咽后，回顾产品在口中的感觉。

表 3-1　　食品质构特性的感官评判方法

质构特性	评价方法
硬度	将样品放于臼齿之间平坦地去咬，评估压缩样品需要的力
内聚性	将样品放于臼齿之间，压缩和评估破裂前变形需要的力
黏性	将样品放于勺中直接置于口腔前端，通过舌头与样品保持一定频率的接触来感受液体食品的黏度
弹性	若是固体样品放在臼齿间，若是半固体的流态食品放于舌和上颚之间，压缩样品，移去压力，评估恢复度和时间
黏着性	将样品放于舌上，对着上颚压缩样品，评估舌头离开样品所用的力
脆性	将样品放于臼齿之间，咬样品直至样品破裂、崩溃，评估牙齿所用的力
咀嚼性	将样品放于口腔中，以相同的力每秒钟咀嚼一次，而且要穿透样品，评估直到样品大小可以吞咽时的咀嚼次数
胶黏性	将样品放于口中，用舌头对着上颚来操作食品，评估食品解聚前需要操作的次数

2. 仪器分析在评定食品质构中的应用

感官评价常受评价员的个人喜好、培训程度等不确定因素的影响，采用仪器分析可以一定程度上保证结果的客观性，所以仪器分析在评定食品质构方面的应用逐渐广泛。食品质构仪器分析方法除质构仪外，还有非破坏方法中的超声和光学技术以及仿生传感智能检测技术。

评定食品质构的常用仪器称为质构仪，又称物性分析仪。质构仪是以数据形式间接、客观地反映食品的力学特性，如食品的硬度、脆度等指标，并且质构仪具有操作快速、简便、灵敏度高及重现性好等优点。质构仪常用模式有压缩、剪切、穿刺以及拉伸等，不同的模式适用于不同食品质构的测定，又可用多种模式对同种食品进行分析，每一种模式有不同的探头。测试时根据模式以及参数的不同，所得结果也有一定差异，目前质构仪测定模式以及参数的选择也并无具体要求。

压缩模式使用时，通常待测样品面积比探头小。一般分为一次压缩、二次压缩、应力松弛和蠕变 4 种测试方法。其中较常使用的为二次压缩模式（texture profile analysis，TPA），TPA 模式测试是通过模拟人口腔的咀嚼运动对样品进行两次压缩而达到测定食品质构目的的方法。例如，可以利用 TPA 模式测定枣干制作工程中的含水量、硬度、弹性以及咀嚼性等质构参数的变化；也可利用 TPA 模式通过测定硬度、黏着性和弹性 3 个指标来反映生肉的感官品质和新鲜度。TPA 技术除评定食品质构外，还可以对相似食品进行区分，在实际应用中也具有较好的前景。

剪切模式主要用于观察样品在受到剪切、切断时应力的变化，适用于观察表面坚硬以及内部质地发生变化的样品。通过剪切样品分析样品的切断力、屈服点、黏附力等，从而分析样品的嫩度、硬度、黏附性及韧性等。例如，可以利用剪切模式研究不同量明矾和魔芋葡甘聚糖（konjac glucomannan，KGM）对红薯粉丝品质的影响，结果表明断条率和煮沸损失与剪切力显著相关。

穿刺模式的探头直径小，主要是检测样品表面被刺破后的力学变化及样品内部同表面的差异，多用于整果的质构测定，能够较好地、客观地反映整个果实的力学特性参数，结果准确、可比性更强。例如，应用整果穿刺法研究不同区域、不同选优单株、不同果实发育阶段和不同贮藏时间的冬枣的质构。穿刺模式的单次试验结果与样品穿刺位置有关，选择同一样品进行多点穿刺试验，可提高结果的重复性和科学可比性。

拉伸模式多用于检测具有延伸性的固体食品，主要检测样品的拉伸强度、断裂力、伸长量等。例如，利用拉伸模式测定高蛋白挂面的拉伸距离和韧性。

除此之外，计算机视觉技术在分析食品质构方面特别是在无损检测方面也有广泛的应用。计算机视觉技术（computer vision，CV）是指用电子计算机及其相关技术模拟人类的视觉功能，使计算机能够识别客观三维事物。计算机视觉的感受范围宽，能够延伸到人看不到的光谱。该技术可应用于农业自动化领域，如实时监控作物的生长状态等。有研究指出食品颜色的差异是由结构决定的，因此可以利用食品颜色分析食品的质构特性。

超声成像技术也可用于分析食品质构。超声波的频率一般大于 20kHz，无损检测超声技术为高频率低能量的声波。超声成像技术是利用超声波可穿过不透光物体的特点来获得物体内部结构声学特性信息，然后将这些信息变成可见图像，图像中的纹理特征反映了区域内灰度级的空间分布、表征超声信号的分布状况，进而分析食品的内部质构情况。目前超声无损检测技术在食品质构评定中的应用还不太广泛。

近红外光谱技术在分析食品质构方面也有一定应用。近红外光是介于可见光区和中红外光区的电磁波，谱区为 780~2526nm。近红外光谱技术是一项操作简便、成本低廉、特征性强且可在线检测和分析的无损检测技术。当连续的近红外光照射样品时，分子可吸收特定频率的辐射，其机制是分子振动能级伴随转动能级跃迁，得到红外光谱，可用于推测结构、建立化合物类别以及鉴定官能团。

感官评价的结果受人为因素和食品本身因素的影响，但更贴合人类本身的感官感受。仪器分析虽然可以更深入、更准确、更客观地分析食品质构，但会受温度、样品的大小、样品均一性、压缩程度及压缩速度等因素的影响，而且仪器并不能完全模拟人口腔及牙齿的动态运动，也不能完全模拟施加在食品上的力和唾液的分泌，其测定结果与感官评定有一定的偏差，食品质构测定往往是感官评价的补充。有研究者为提高感官评价的客观性和标准化，便在感官评价与仪器分析之间做了相关性研究，发现仪器测量值与某些感官结果间有显著相关性。但也并非食品的所有质构特性的感官评价与仪器分析均有相关性。近年来，业内人士也通过研究食品质构测定方法使食品的质构检测越来越精确。食品质构评定方法面临的挑战是怎样运用仪器技术来获得数据化的口感特性，怎样将仪器的测量的力、距离和其他数据与消费者对食品的品尝、咀嚼和吞咽的感觉联系起来，随着科技的不断进步和计算机技术的飞速发展，仪器分析将会越来越接近感官测试。

第五节 美食的意境

《随园食单》有言："佳肴到目到鼻，色香便有不同，或净若秋云，或艳如琥珀，其芬芳之气，扑鼻而来，不必齿决之，舌尝之，而后知其妙"。品尝美食大概就是这样，整个过程都贯穿着审美的意境。就像书画是诉诸人类视觉的艺术，参观美术馆许看不许摸；音乐是诉诸人类听觉的艺术，欣赏音乐时不会介意演奏者的相貌；烹饪从本质上说是诉诸人类的视觉、嗅觉、味觉、触觉的综合艺术，伴随着食物的质地、温度，在我们吮吸、啜饮、切断、咀嚼、吞咽的过程中对唇、舌、齿、牙龈、咽喉乃至口腔黏膜的刺激。美食意境的产生主要源于我们饮食过程中视觉、嗅觉、味觉、触觉的综合快感及其带来的美妙联想。例如，品尝宫保鸡丁这道名菜，我们享受的是其色泽的红亮、鸡丁的滑嫩、花生的酥脆，尤其重要的是味道的香辣微麻、回甜回酸、醇厚鲜香，使人能够联想到荔枝的果香，但世界上哪有麻辣的荔枝呢？这其实是郇厨妙手利用比例适当的糖、醋、酱油、黄酒、盐、胡椒粉、辣椒、花椒、葱、姜、蒜，在恰到好处的火候作用下，调和出川菜独有的复合味型，使我们的嗅觉、味觉受到了"欺骗"。此种仅属于人类饮食过程的色、香、味、形、口感层面的审美愉悦，也是烹饪艺术的意境所在。

一、美食意境的起源

我们谈到美食的意境，往往关注的是那个美食背后的故事，或者是某道美食所营造出的美轮美奂的视觉体验。而实际上，所谓美食的意境，狭义上来看，是指独立于其他感官刺激之外的，仅依靠我们大脑的想象和起心动念就能产生的美好感受。这里除了脑海中已经存在的某些关于各种美食的碎片化记忆、儿时经历过的美味感受和体验之外，更多应该体现为这样一种状态：那就是我们闭上眼睛，仅听某人讲述一道美食，都能够心向往之的一种感受。从广义上来看，作为色香味形意的最高一个层次，美食意境是包含了视觉、嗅觉、味觉、触觉所有感知系统并打通后形成通感的一种复杂层次的综合体验。就拿中国菜来说，中国菜在意境层面的水准可谓是相当高妙、独步世界的。但是如果一道菜肴味道、口感并无美妙可取之处，只是色泽艳丽、造型奇特、动人耳目，其意境又在哪里呢？如果单纯为了追求视觉层面的快感、意境，我们大可直接去博物馆、美术馆欣赏绘画、雕塑，又何必惠顾餐厅呢？难道还有哪位大厨在运用色彩、线条、空间进行艺术创作层面能达到达·芬奇或是梵·高的境界吗？因此，美食的意境是建立在理性大脑感受基础之上综合多种基础感知系统而形成通感的综合性体验。

二、中式传统美食的意境

中国菜无疑是美食意境的重要代表，中餐历史源远流长，文化底蕴博大精深，影响遍及全球，其品类之繁、变化之富，举世罕有其匹。在凡人眼里只是普通“俗物”的苹果、枣子、菱藕、佛手、河蟹、火腿、白鲞等，张岱（明末清初史学家、美食家）却偏偏以此为对象，用诗描写成无比的美味，向人们赞扬、推荐。诸如杭州的花下藕：“雪腴岁月色，璧润杂冰光”。绍兴的独山菱角：“花擎八月雪，壳卸一江枫”。福建的佛手柑：“岳耸春纤指，波皴金粟身”。定海的江瑶柱：“柱合珠为母，瑶分玉是雏”。瓜步的河豚：“干城二卵滑，白璧十双纤”。金华的火腿：“珊瑚同肉软，琥珀并脂明”。这些绚丽而又逼真的诗句，使人深深陶醉于张岱所营造的美食意境中。从张岱描述的美食意境中，我们也能够体会到“人间至味是自然”的美食观念，他觉得美食不能充斥着各种乱七八糟的烹饪方法和过多的佐食香料，张岱斥之为“矫强造作”，这些做法无疑掩盖了食物本来的味道。

除了张岱，我们从高濂、李渔、袁枚的笔下，也可以寻觅到这种美的饮食意境，从掌故，到营养，读技术，说调摄……他们都用独特的审美观念，对饮食加以观照，从不同的角度引发了人们对饮食美的享受感。高濂将明代以前的美食家典故分类排列，提出见解，认为所有修养保生的有识之人不可以不精美他的饮食。高濂提出，美食的标准并不在于奇异珍贵的食品，而是强调生冷的不要吃，粗硬的不要吃，不要勉强地吃饭，不要勉强地饮水。这可以算是“失饪不食”“不时不食”的继承和发展。他还强调要在感觉饥饿之前进食，吃得不过分饱；在干渴之前饮水，饮得不过多。凡这几方面都损伤胃气，不但招致疾病，也是伤害生命。高濂还在饮食的各个方面实践着自己的唯美主张。他用诗人的想象，巧心设计，化平常食物原料为美食。如用真粉、油饼、芝麻、松子、胡桃、茴香六味拌和，蒸熟，切块，吃起来非常美的“玉灌肺”；将熟芋切片，用杏仁、榧子为末，和面拌酱拖芋片，入油锅炸，就成为香美可人的“酥黄”。在蔬菜制作上，高濂也都是亲手烹制，从而使自己的美食思想渗透其间，引导人们享受做美食的乐趣。

李渔的美食观点是通过俭雅来求得肴馔的精美。他吃的蔬菜标准应是清、洁、芳馥、松脆。他崇尚天然美，认为家味逊于野味，不能有香。野味的香，主要是“以草木为家而行止自若”。李渔注重滋味清淡的鱼鳖虾蟹，做鱼较为典型地反映出了李渔的美食观——食鱼者首重在鲜，次则及肥，肥而且鲜，就算是吃到好鱼了。鱼的至味在鲜，而鲜的至味又只在刚熟离开锅的片刻。李渔还定出能使鱼鲜、肥迸出的良法——蒸鱼。首先将鱼置在镟内，放入陈酒、酱酒各数盏，覆以瓜、姜及蕈、笋等鲜物，紧火蒸到极熟。这样就可以随时早晚，供客咸宜，鲜味也尽在鱼中，并无一物能入，也无一气可泄。对面食，李渔也追求美食法。他提出了“五香面”，即酱、醋、椒末、芝麻屑、焯笋或煮蕈、煮虾的鲜汁为“五香”原料。做时，先用椒末、芝麻屑拌入面中，后用酱、醋及鲜汁和为一处，作拌面的水，勾再用水，拌宜极匀，擀宜极薄，切宜极细，再用滚水下，精粹就都溶入面中了，可任意咀嚼。李渔的“八珍面”，则使鸡、鱼、虾晒干，与鲜笋、香蕈、芝麻、花椒，共成极细的末，和入面中，与鲜汁合为“八珍”。这也是十分诱人的美食了。

在高濂、张岱、李渔、袁枚中间，成就最高、集大成者首推袁枚。袁枚对饮食的各方面，都以独特的审美眼光，也做出了精深的论述。在袁枚看来，原料的质美是食物美的基础，就好像人的资禀一样。物性不良，就是善烹饪的易牙做，也没有味道。因此，袁枚定出一些食物的标准，突出严格选料的用意。如小炒肉用后臀，鸡用雌才嫩，莼菜用头……袁枚主张美的食物要注意调剂和搭配。调剂的方法是相物而施，或专用清酱不用盐，或用盐不用酱的搭配是要使清者配清，浓者配浓，柔者配柔，刚者配刚，方有和合之妙。要按一定数量搭配原料，有的味太浓重的食物，只宜独用，不可搭配。袁枚相当重视色、形的美食性。他认为菜色的美要净若秋云，艳如琥珀。袁枚所提倡的“红煨肉”，就是每一斤肉，用三钱盐、纯酒煨，煨成皆红如琥珀。“粉蒸肉”是用精肥参半的肉，炒米粉成黄色，拌面酱蒸，下用白菜作垫，肉菜均美。点心的美更是美不胜收。如微宽的、引人入胜的“裙带面”；薄如蝉翼、大若茶盘、柔腻绝伦的“薄饼”；其白如雪、揭起有千层的馒头；凿木为桃、杏、元宝形状，和粉搦成，入木印成的金团；奇形怪状、五色纷披、令人应接不暇的“十景点心”；四边菱花样的“月饼”……袁枚提出了不必用牙齿和舌头，只用扑鼻而来的芬芳香气来鉴别食物的优劣的方法。这是一种极高的美食标准。据传：袁枚喜欢吃蛙，但不去皮，原因就是只有这样才能脂鲜毕具，原味丝毫不能走。可见袁枚心目中的味是自然味道，也就是他说的“一物各献一牲，一碗各成一味”，突出原料的本味，只有这样，才是美味的正宗。此外，袁枚还对“美食不如美器”做了精彩的阐释，认为饮食器具应弃贵从简求雅丽，该用碗的就用碗，该用盘的就用盘；该用大的就用大的，该用小的就用小的。各式各样的器皿，参错有序摆在席上，才会使人觉得更美观。这种大小适宜、错落有致的美器观，显然更加有助于美食，是对传统美食观念的一个很好的总结。

我们上面提到的高濂、张岱、李渔、袁枚，之所以能够成为近代首屈一指的美食家，关键就是他们在对美食的理解和意境方面的造诣。他们可以说是以诗家的气质鉴赏食物；以名家的品味标新立异；以艺术家的目光罗致肴馔；以官家的超脱追求天然；以古董家的博采，旅游家的情韵，哲学家的思考，实践家的专注浑然一体，这使得他们在当时繁华的江南，开创了中华美食的体系。和同时代的其他美食家相比，高濂、张岱、李渔、袁枚不仅满足于对美的饮食的浅尝辄止，而是倾全部心血和精力，将对饮食美的研究和追求，当成一门精深的学问来对待，当成毕生的事业。在这种意境中饮食，才真正是十足的美食了。

第六节　小　　结

关于美食的品鉴，以中国人的饮食审美情趣来看，主要表现在食物形象、饮食环境、饮食器具等方面，其审美特征主要包括“烹调美、名称美、造型美、色香味、意境美、器具美”等。所追求的是从“色、香、味、形”，到“美食与美器的和谐”，再到“美食、美器、美境与养生的和谐”，直至“超脱于饮食活动之外，达到一种纯精神的和谐”的最高意境。

在食品消费的过程中，消费意境和消费场景的体验感都能够在一定程度上增强消费者的购买意志。例如，主题餐厅采用整体视觉效果，不仅用美食为消费者带来了味蕾上的满足感，也通过消费场景的设计增添了视觉、听觉及触觉等全方位的体验感。正如在餐饮业工作多年的汪小菲在接受湖畔大学《湖说》节目专访时表示：“不是为了吃而吃，而是有机会与好友相聚，享受吃的过程”。一句话道出了消费者对就餐体验的需求核心。我们平时大概也有这样的感受：“重要的不是吃什么，而是和谁一起吃”。一家餐厅饭菜好吃可以吸引众人前往，但如果体验感较差，人们也只会在“馋”的时候才愿意回头。而一家体验非常好的餐厅，必然可以留住消费者，使他们愿意忠诚地在这里消费。当然，对餐饮业来说，消费者的体验是多种多样的，既包括食物口味，也包括餐厅装修、服务细节、就餐氛围，甚至和谁一起吃等。例如，散发烟火气息的农家乐，它讲究的是自我动手丰衣足食的生活体验感。当然，餐饮业在“体验”上可做的“文章”有很多，只要抓住让消费者吃得舒服、舒心这一点就足以制胜。这方面，我们将在后面的章节详细描述。

美食的意境也罢，消费的意境也罢，都是一种内心心理的感受系统。其实还有其他系统，例如，我们所处的家庭环境系统，中国是一个非常信仰家庭的国度，我们最大的信仰就是家庭，对亲情的信仰。所以，很多时候，怎样的山珍海味、美食佳肴可能也比不上生日那天妈妈做的一碗长寿面。

参考文献

［1］ 缪雨珂. 美学色彩搭配原理与技巧研究［J］. 美术教育研究，2018（06）：28-29.

［2］ 严雪. 美术在生活中的体现和应用［J］. 文化创新比较研究，2017，1（07）：33-34.

［3］ 崔文豪. 观念摄影中如何运用色彩搭配技巧［J］. 大众文艺，2015（02）：185.

［4］ 小周. 美食摄影的构图技巧，给美味加个框［J］. 数码摄影，2007（11）：88-91.

［5］ 唐鲁孙. 唐鲁孙系列：中国吃［M］. 南宁：广西师范大学出版社，2013.

［6］ 伊恩・凯利. 为国王们烹饪［M］. 北京：生活・读书・新知三联书店，2007.

［7］ Hartley IE，Liem DG，Keast R. Umami as an′Alimentary′ Taste. A New Perspective on Taste Classification［J］. *Nutrients* 2019，11（1），182.

［8］ 刘岩莲. 影响食品色、香、味的物质［J］. 现代食品，2017（09）：15-17.

［9］ 张祥国. 中式烹饪香味形成的途径和机理［J］. 食品安全导刊，2015（36）：86.

［10］ 陈建设，王鑫森. 食品口腔加工研究的发展与展望［J］. 中国食品学报，2018，18（09）：1-7.

［11］ 刘源，王文利，张丹妮. 食品鲜味研究进展［J］. 中国食品学报，2017，17（09）：1-10.

［12］ 孙哲浩，赵谋明. 食品的质构特性与新产品开发［J］. 食品研究与开发，2006（02）：103-105.

［13］ 梁辉，戴志远. 物性分析仪在食品质构测定方面的应用［J］. 食品研究与开发，2006（04）：119-121.

［14］ 陈建设. 特殊食品质构标准的口腔生理学和食品物理学依据［J］. 中国食品学报，2018，18（03）：1-7.

［15］ 江登珍，李敏，康莉，余小云，张鑫. 食品质构评定方法的研究进展［J］. 现代食品，2019（07）：99-103.

［16］ 伊永文. 1368—1840 中国饮食生活：成熟佳肴的文明［M］. 北京：清华大学出版社，2014.

CHAPTER 4

第四章 美食的历史与文化

美食的发展历史就是人类从不同食品原料和调理的发掘当中，不断丰富和提升食物口味层次感和审美感的过程。当人类社会进入了现代社会以后，新的烹饪技艺提升或新烹饪工具的发明，让简单的食物变得繁复，多样性的烹饪技艺也让人类的胃窦大开。而随着后现代电子时代的到来，互联网让人类打破了食物的地域性封闭状态，同时也打破了烹饪技艺保守秘制的禁忌，人们可以更加便捷地了解和获取世界各地的美食，以及基本的制作方法。所有这一切都在打破传统的烹饪技艺与美食封闭空间的限制。当我们跨越了这些时代对食物的不同尝试和理解，很难想象，如果脱离了饮食历史与文化的具体环境，我们能否深刻地理解美食背后的所指与能指。从人类走出茹毛饮血的时代，开始用火烧烤食物起，烹调技艺就在不断发展。这些美食历史进程的不断加速，究竟是好是坏？我们恐怕难以找到一个准确的答案。也许，当我们回视历史，当我们看到许多新新人类踏上了寻找原始美食的路途之时，我们方能更好地理解饮食文化之中的审美逻辑。

第一节　中国饮食的历史文化特征

在王学泰先生所著的《中国饮食文化简史》一书中将中国的饮食文化划分成了四个不同的时代，分别是蒙昧时代、萌芽时代、昌明时代以及昌盛时代。在前两个时代中，主要涉及我国早期饮食文化的起源，包括史前时代人类采集食物的方式，以及随着采集剩余的不断增加和人们固定生活的需要，而产生的炊具、烹饪器皿和烹饪技术等。这个时期的农业发展给我国饮食文化奠定了物质基础。在饮食文化的昌明时代，饮食文化随着封建王朝的建立而发生了变化，由于统治阶级逐渐形成，在饮食上也出现了一些饮食制度以及等级差别。而在饮食文化的昌盛时代，一些新的烹饪技术开始出现，诸如发酵和炒菜等。这一时期的地方菜系开始逐渐形成与发展，茶文化和酒文化也开始逐渐发展成饮食文化的重要组成部分，甚至开始出现了一些非常典雅的饮食形式，在饮用器具上也变得十分考究。

饮食文化是我国传统文化的重要内容，在我国的俗语中就有“民以食为天”的句子流传至今。饮食对于中国的百姓来说，不仅只是为了满足基本的需要，更是通过制作美食和享受美食的过程能够从中获得精神享受。专注美食也体现了中国百姓对生活的热情和对生命的敬意。

一、中国饮食文化的形成

环境考古资料显示，距今8000~5000年前，中国大陆的平均气温要比现在高出3~5℃，雨量充沛、空气温暖、湖沼发育、泥炭沉积，为古人的生存和发展提供了相对优越的农耕环境。相传，燧人氏钻木取火，从此先民们吃上了熟食，进入石烹时代。那时的主要烹饪方式不外乎四种。一是“炮烤”（钻木取火把果肉烧熟）；二是“泥煲”（用泥巴将食物裹住烧熟）；三是“石炕”（以石臼盛水和食物，用烧红的石子把烫熟食物）；四是“焙炒”（把石片烧热，再把植物种子放在上面炒熟）。后来，“耕而陶”的神农氏发明了陶器，使先民们拥有了真正意义上的炊具和容器，诸如用来炖煮的鼎、煮肉的鬲还有酿酒的鬶等。到了黄帝时代，中华先民们的饮食又有了改善。传说黄帝教人作灶，因此又被人们称为灶神。这样，火力既集中又节省燃料，食物熟得还快。更为重要的是人们开始食用食盐，使食物更加鲜美和健康。古籍有证“夙沙氏煮海为盐”。“世界盐业莫先于中国，中国盐业发源最古在昔神农时代夙沙初作煮海为盐，号称‘盐宗’”。

至战国和秦汉时期，“釜”已广泛使用。人们首次以烹调方法的不同而区别食品，“蒸谷为饮，烹谷为粥”。同时，曰为“甑”的蒸锅也制造出来了。此时，中国的饮食文化已初步成形。由于我国幅员辽阔，地大物博，各地气候、物产以及风俗习惯都存在很大差异。故而，在历史上，中国的饮食也就形成了诸多风味，遂有了“南米北面”之说，口味上也有“南甜北咸东酸西辣”之分。在北方，国人的主食主要是自产的谷物菜蔬，旱田的作物主要是：稷（号称五谷之首，上等的稷称为粱，粱之精品曰黄粱）、黍（乃大黄黏米，又称粟，是脱粒的黍）、麦、菽（乃豆类，当时主要是黄豆和黑豆）、麻（又称苴，菽和麻都是百姓穷人食用）。在南方，水田种植有稻（那时的稻米是糯米，普通稻称粳秫）、菰米（这是一种水生植物茭白的种子，黑色，称为雕胡饭，特别香滑，和碎瓷片一起放在皮袋里揉来脱粒）。

之后，中国大陆的气候固着于温带大陆性季风气候模式。绵长的农耕生活，使农人有充分的时间去琢磨饮食。因而，人们依据季节来安排饮食，这是中国烹饪又一大特征。冬天味醇浓厚，夏天清淡凉爽；冬天多食炖焖煨，夏天多凉拌冷冻。同时，国人还讲究菜肴美感，注意食物的色、香、味、形、器的协调一致。对菜肴美感的表现是多方面的，无论是一个红萝卜，还是一棵白菜心，都可以雕出各种造型，独树一帜，达到色、香、味、形、美的和谐统一，给人以精神和物质高度统一的特殊享受。中国烹饪很早就注重品味情趣，不仅对饭菜点心的色、香、味有严格要求，而且对它们的命名、品味的方式、进餐时的节奏、娱乐的穿插等都有一定要求。中国菜肴的名称可以说出神入化、雅俗共赏。菜肴名称既有根据主、辅、调料及烹调方法的写实命名，也有根据历史掌故、神话传说、名人食趣、菜肴形象来命名的，如“全家福”“将军过桥”“狮子头”“叫花鸡”“龙凤呈祥”“鸿门宴”“东坡肉”等。

随着丝绸之路的开通，中国饮食更加丰富。中原从西域引进了石榴、芝麻、葡萄、胡桃、西瓜、甜瓜、黄瓜、菠菜、胡萝卜、茴香、芹菜、胡豆、扁豆、苜蓿（主要用于马粮）、莴笋、大葱、大蒜等物种及其烹饪方法。据说淮南王刘安发明了豆腐，使豆类的营养得到消化，物美价廉，可做出许多种菜肴。东汉时期，中国人还提炼出了植物油并得到迅速推广。到唐宋时期，随着国力的增强、百姓的富足，中国的饮食文化日益兴旺发达，食物种类不断丰富，以《饮膳正要》为代表的理论著作也呼之欲出，南北口味的区分已大致形成。由于官府对里坊制度的宽松，中国城市的管理方式从封闭转向开放。随着早市和夜市的兴起，极大地刺激了饮食业的发展，南食店、北食店、川食店、羊食店、素食店则如雨后春笋，中国的烹调技术呈现出一个新的高峰。而此时欧洲的食物尚处于十分单调匮乏的阶段，人们的主食是肉、干酪、洋白菜、洋葱、萝卜和马铃薯，水果也仅限于苹果和梨。直到 12 世纪与中国进行较频繁的贸易之前，欧洲人还不知道咖啡、茶和香料是何物。食糖则是极为罕见和昂贵的东西，欧洲人通常把糖当作药物来看待，只有在生病时才舍得食用。南宋的吴自牧把当时临安城各大饭店的菜单都收集到他的《梦粱录》中，其中，菜式就多达 335 款，再加上各类丰富的小吃，可谓应有尽有。当时，中国人吃的菜蔬就有 600 多种，是西欧人无法想象的。

实际上，在中国人的菜肴里，素菜是平常食品。我国的主食以稻米和小麦为主，另外，小米、玉米、荞麦、马铃薯、红薯和各种苕类也占有一席之地。除米线之外，各种面食，如馒头、面条、油条以及各种粥类、饼类和变化万千的小吃类使人们的餐桌丰富多彩。明清饮食文化又进入到一个高峰，不但继承和发展了唐宋食俗，而且融入了满蒙的特点。这时，中国的饮食结构出现了巨大变化，各地菜系已经形成，宫廷菜系也已成形，大批名菜名点也都定型。主食中菰米已被彻底淘汰；麻子退出主食行列改用榨油；豆料也不再作为主食，成为菜肴；北方黄河流域小麦的比例大幅度增加，面成为宋以后北方的主食。明代的又一次大规模引进使马铃薯、甘薯、蔬菜的种植达到较高水准，成为主要菜肴。肉类：人工畜养的畜禽成为肉食主要来源，而满汉全席则代表了清代饮食文化的最高水平。

二、中国饮食文化的特点

也许是因为慢条斯理的农耕文明特征培育了华夏文明对食物精雕细琢的特质，为了使食物发挥出最大功效，古人们可谓绞尽脑汁。于是，精良的选料既是中国厨师的首要技艺，也是做好一品菜肴美食的基础，这需要拥有丰富的知识和熟练的技巧。每种菜肴美食所取的原料，包括主料、配料、辅料、调料等，都很讲究精细。孔子尝言“食不厌精，脍不厌细”。汉唐时代，习惯于将美味佳肴称作“八珍”。细巧的刀功就是厨师对原料进行刀法处理，使其成为烹调所需要的整齐一致的形态，以适应火候，受热均匀，便于入味，并保持一定的形态美，故而是烹调技术的关键之一。

中国人很早就重视刀法的运用，经过历代厨师的反复实践，创造了丰富的刀法，如直刀法、片刀法、斜刀法、剞刀法（在原料上划上刀纹而不切断）和雕刻刀法等，把原料加工成片、条、丝、块、丁、粒、茸、泥等多种形态和丸、球、麦穗花、蓑衣花、兰花、菊花等多样花色，还可镂空成美丽的图案花纹，雕刻成“喜”“寿”“福”“禄”字样，增添喜庆筵席的欢乐气氛。尤其是刀技和拼摆手法相结合，把熟料和可食生料拼成艺术性强、形象逼真的鸟、兽、虫、鱼、花、草等花式拼盘，如“龙凤呈祥”“孔雀开屏”“喜鹊登梅”“荷花仙鹤”“花篮双凤”等。

独到的火候是形成菜肴风味特色的关键因素之一，倘若没有多年操作实践经验很难做到恰到好处。因而，掌握适当火候是中国厨师的一门绝技。中国厨师能精确鉴别旺火、中火、微火等不同火力，熟悉了解各种原料的耐热程度，熟练控制用火时间，善于掌握传热物体（油、水、气）的性能，还能根据原料的状况确定下锅次序，使烹制出来的菜肴达到食者满意。早在两千多年前，中国的厨师就对火候有过专门研究，并阐明火候变化规律及掌握要点："五味三材，九沸九变，必以其胜，无失其理"。眼花缭乱的烹调技法也是中国烹饪的一大特征，常用的技法有：炒、爆、炸、烹、溜、煎、贴、烩、扒、烧、炖、焖、氽、煮、酱、卤、蒸、烤、拌、炝、熏，以及甜菜的拔丝、蜜汁、挂霜等。不同技法具有不同的风味特色，每种技法都有几种乃至几十种名菜。

调和调味亦是烹调的一种重要技艺，正如"五味调和百味香"。至于调味的功效，据烹饪界学者的研究，主要有这几方面：一是清除原料的异味，二是给无味者加味，三是给菜肴定味，四是给菜肴增色，五是给菜肴杀菌消毒。总之，调味是否恰到好处，除调料品种齐全、质地优良等物质条件以外，关键在于厨师调配是否精到细致。对调料的使用比例、下料次序、调料时间（烹前调、烹中调、烹后调），皆有严格要求。只有做到一丝不苟，才能使菜肴美食达到预定要求的风味。

中国饮食文化讲究优雅的情调，注重氛围的艺术化，这主要表现在美器、夸名、佳境三方面。故而有人就感言道：美食不如美器。也就是说，食美器也美，美食要配美器，达到美上加美的效果。中国饮食器具之美，美在质，美在形，美在装饰，美在与食品的和谐。中国古代的食具主要包括陶器、瓷器、铜器、金银器、玉器、漆器六大类别，18 世纪以后中国的食具家族中又添加了玻璃制品。彩陶的粗犷之美，瓷器的清雅之美，铜器的庄重之美，漆器的透逸之美，金银器的辉煌之美，玻璃器的亮丽之美，这些都曾给食者带来美食之外的又一种愉悦享受。美器之美不限于器物本身的质、形、饰，而且表现在它的组合之美、与菜肴的匹配之美。中国的饮食之所以具有强大的魅力，关键就在于它的口味精美。

而美味的产生，主要在于五味调和。同时，追求色、香、味、形、艺的有机统一。在色的搭配上，以辅助的色彩来衬托、突出、点缀和适应主料，形成菜肴色彩的均匀柔和、主次分明、浓淡相宜、相映成趣、和谐悦目。在口味的搭配上，强调香气，突出主味，并辅佐调料，使之增香增味。在形的配制上，注重造型艺术，运用点缀、嵌酿等手法，融雕刻和菜肴于一体，形成和谐美观的造型。中国饮食将"色、形、香、味、滋、养"六者融于一体，使人们得到了视觉、触觉、味觉的综合享受，构成以美味为核心、以养身为目的的中国烹饪特色。它选料谨慎，刀工精细，造型逼真，色彩鲜艳，拼配巧妙，有着无可争辩的历史地位。

21 世纪是中国烹饪和餐饮业大发展的世纪，回顾近 30 年中国经济蓬勃发展的光辉历程，展望中国人民实施第三步发展战略、加快中国特色社会主义"五位一体"总体布局建设的美好前景，应在全面深入总结历史文化的基础上，在新世纪进一步推动中国烹饪和餐饮业实现现代化、工业化、社会化、产业化的进程，为让人们吃得更好、更文明、更科学、更安全、更健康而做出更大贡献。

第二节　中西方美食的差异

饮食文化是文化的重要组成部分，所谓"一方水土养一方人"。不同的民族文化是由不同的地理等生活环境所造就的，当然也包括不同的饮食文化。正是因为这些差异，餐饮产品等饮食文化也产生了严重的地域性。随着时间的不断推移以及社会的不断发展，中西方的饮食文化都在发生着翻天覆地的变化，促进了饮食文化的丰富和发展。中国与西方国家生活的环境不同，所以在对饮食的认识、饮食的内容以及饮食的特点和要求上都会产生不同程度的差异。

随着全球经济一体化进程的加快，中西方饮食文化成为国际交流的重要组成部分。众所周知，中西方饮食文化上存在着显著的差异，不仅体现在烹饪方式、饮食方式和饮食内容上，还表现为饮食观念和礼仪的差异，通过深入研究中西方饮食文化的内涵及差异，探讨中西方饮食文化的发展趋势，将有助于以美食文化为媒介促进国际交往中的文化认同感。

一、中国传统饮食特点

中国传统文化传承至今已经有五千余年，中国人生活的各个方面无不体现这灿烂的中华文化，当然中国的传统饮食也不会例外。中国传统饮食文化有其自己独有的特征。第一，中国的饮食丰富多样，风味十足。我国地域辽阔，物产丰富，各个地方在气候、物产、饮食习惯等方面都存在着很多差异，在不同地方生活的人群，为了适应当地的环境都会去创造更适合自己生存的饮食文化，如地处中国南部的重庆、四川等地，气候潮湿，人们为了更好地祛除体内的湿气，一般会在食物中加辣椒，进而火锅逐渐成为当地的特色食物，虽然其他的地方也会有火锅，但大多数人都会觉得没有当地的正宗。第二，中国的饮食具有季节差异性的特征。一年四季，春夏秋冬，不同季节选取不同的食材，对食材采用不同的烹饪方法。同一种食物在不同的季节就会有不同的味道和制作方法，冬天气味醇厚，夏天味道清凉爽口。如大家熟知的黄瓜，冬天的时候，我们可以清炒黄瓜吃，至于夏天，我们可以将黄瓜蘸酱或者清拌来食用。第三，中国的饮食不仅具有精湛的烹饪技术，还讲究菜肴的艺术美感。烹饪技术人员在做菜时一般都会注意食物色、香、味、形、器的合理搭配，给人以味道和精神高度统一的特殊享受。第四，中国的饮食不仅重视菜肴的色、香、味俱全，还特别重视食用者的情趣。中国饮食对各种菜肴的命名、进餐的方式、进餐的节奏、进餐的环境都有所要求。第五，食物与医疗有效结合。我国的烹饪技术和医疗保健有紧密的联系，在中国古代就已经提出了药膳的很多说法，就是利用食物的合理搭配，将食物原有的药效价值发挥到极致，为治疗和预防一些疾病发挥重要的作用。第六，中国的传统饮食具有“平衡”的特点。在古代人们根据自己的亲身实践，将常用的食物分为温、热、凉、寒 4 种属性。还按照气味将食物分为酸、甜、苦、辣、咸。中国传统饮食中的“平衡”指的就是合理有效地将这 4 种属性和 5 种气味有效地搭配，使各个食物的效果达到最佳，使得食用者在充饥之余身体越来越好。

饮食的最初目的是为了充饥，随着饮食文化的发展，饮食的目的也在发生着微妙的变化，中餐的烹饪更加倾向于艺术性，随着饮食文化的不断发展与丰富逐渐形成了鲁、川、粤、闽、苏、浙、湘、徽八大菜系。对于同一种食物，各个菜系的烹饪方法各不相同，而且烹饪师会根据季节的不同变换调料的使用，烹饪出口味有别的菜肴，供大家食用。中餐的制作、烹饪方式颇具复杂性，每一道菜都会有主料、辅料、调味料以及烹饪的具体方法之分，这些具体的要求都是经过长时间的实验与探究总结而得来的。在制作的过程中如果遇到客人提出了具体要求，厨师可以就调味料和辅料等做出细微的改变进而满足客人对食物味道的要求。

二、西方饮食特点

西方饮食文化即西方国家在长期的历史发展进程中饮食生产及消费所创造并积累的物质文化与精神文化。与我国饮食取材广泛不同，西方国家的日常饮食以肉类为主，以素食为辅。同时，西方的饮食文化中宗教色彩浓厚，大多在饮食前缅怀上帝。此外，西方国家的饮食也分为多个种类，例如，意大利菜、法国菜、美国菜等，各自具有不同的特点，意大利菜以番茄、橄榄油直接作为调味品，突出食材自身的味道。而法国菜对复合味调料的制作极其讲究，选料要求新鲜，甚至许多菜采用生吃的方式。美国是典型的移民国家，受多元文化的影响和盛产水果的地域优势，美国菜追求丰富的变化及风味，讲究营养均衡搭配和方便快捷，沙拉中水果较多，即使是在热菜中也多用水果，例如，菠萝焗火腿、苹果烤火鸡等。由此可见，与我国饮食文化不同，西方国家讲求饮食营养的合理搭配，甚至为了保留食材中营养而选择生吃，肉类也以新鲜的食材为主，多采用炖、煮的方式，与我国饮食文化存在的较大的差异。

西方人以渔猎、养殖为主，以采集、种植为辅，荤食较多，吃穿用度都取之于动物，就连西药有很多都是从动物身上提炼的。因此肉食在饮食中比例一直很高，西方人喜好吃大鱼大肉，而中国正好与之相反，中国人以植物为主菜，主张素食主义。中国自古以来就是农业生产大国，又加上中国人口众多、食物紧缺等诸多原因，中国的饮食从很早之前就是以谷物为主，以蔬菜为辅，较少食肉，植物类菜品占据了食物界的主导地位。但随着我国经济、生活水平的提高和各种营养观念的普及，在中国人的餐桌上，各种肉类菜品的比重也逐渐在加大。同样，在西方人的饮食结构里，蔬菜类呈明显增加的趋势，随着时代的进步，中西方的饮食结构已在逐渐趋向融合。

三、中西方饮食文化差异

通过中西方饮食文化的内涵及特点研究，可以发现中西方饮食文化存在着巨大的差异，深入分析，可以从饮食观念、烹饪方式、饮食方式、饮食内容和饮食礼仪等方面具体阐述。

1. 饮食观念的差异

我国是农业大国，农业种植的比例很高，食材的来源更为广泛。西方国家以畜牧业为主，相对而言，其烹饪技巧较为简单。同时，受宗教、历史、地理环境的影响，中西方饮食观念上差异较大。在饮食认识上，我国饮食文化过度追求食物的味道，对美味的追求达到了极致，从而形成了繁杂的食物烹饪技艺，逐渐发展为今天的八大菜系，而对食物味道的片面追求，忽视了食物营养的均衡搭配，由此可见，中国的饮食文化趋于感性认识。而西方国家的饮食文化则注重科学搭配，讲求营养均衡。西方饮食文化注重营养能否被充分消化和吸收，而对饮食的色、香、味则关注度不高，因此，西方饮食文化更趋于理性认识。

2. 饮食方式的差异

在漫长的历史发展过程中，我国饮食文化深受传统文化的影响，饮食以圆形餐桌为主，大家围坐在餐桌的周围，共同分享美食，即“共餐制”。西方国家则每人一份，各自吃各自的，即“分餐制”。两种饮食方式的不同，充分体现了深层次文化理念的差异，共餐制营造一种欢乐、和谐、融洽的就餐氛围，分餐制则各持一份，看似冷清，实则确保了每人各自按需就餐，并隔断了病菌的传播途径，保障了就餐过程中的卫生。以吃鱼为例，西方人在鱼烹制前先将鱼分为多块而后进行加工，而国人则将整条鱼呈上饭桌，大家一起吃，在鱼肉中挑、拨、夹菜的过程中，很容易传播甲肝、结核等病菌，因此，我们有必要借鉴和学习西方国家的饮食方式，在筷子使用的基础上，以公筷的方式取代传统的夹菜方法，提倡卫生、节俭的饮食理念。

3. 饮食内容的差异

受地理环境、文化背景的影响，中西方饮食内容存在巨大的差异，主要表现为饮食对象和节日饮食习俗的差异。首先，我国是农业大国，饮食以素食为主，主食多为大米和小麦，只有在节日和祭祀时才会食用肉类，随着生产力的提高，虽然我国餐桌上的肉类比例不断提高，但是，仍以素食为主。而西方国家则以畜牧业为主，主食多为肉类，素食只是起到辅助的作用。其次，受传统文化和宗教因素的影响，中西方节日饮食文化也存在的较大的差异，例如，我国春节要吃水饺、元宵时要吃汤圆、中秋时要吃月饼，多以面食为主，饮食内容较为统一。西方国家的节日饮食则存在着较大的差异，以圣诞节为例，英语系国家主菜是火鸡或烤鸭，而在北欧或中欧则以鱼为主食。除了食材的差异，西方人的餐桌上必不可少的是甜品，以复活节为例，法国的家庭以甜味水果或坚果的蛋形巧克力招待孩子，在美国则以兔子形状的蛋糕招待孩子。此外，饮食内容的差异还体现在饮品上，我国以茶为主，对茶及水的品质要求较高，并形成了独特的茶道文化。西方国家则以咖啡为主，不局限于餐桌，也适用于工作中，能够起到提升醒脑的作用，可以说咖啡在西方国家具有十分重要的作用，是日常生活中必不可少的重要组成部分。随着时代的发展，茶与咖啡随着东西方文化的交融开始普及，越来越多的国人开始饮用咖啡，外国人也开始品尝茶，甚至在茶的基础上进行创新，例如，曾风靡英国皇室的英式奶茶，是在茶里加上鲜乳和砂糖。对饮食内容差异的认识，有助于避免跨文化交流时的“文化冲突”，从而在和谐、愉悦的环境中沟通与交流。

4. 烹饪方式的差异

我国饮食文化中的“色、香、味”需要靠精湛的烹饪技巧实现，在我国，烹饪被视为一种艺术，其技艺技巧繁杂多样，仅常见的就有煎、炒、蒸、炸、溜、焖、烧、炖、煨、涮、煮等。食材的搭配方式更是种类繁多，通过多种烹饪方式的搭配，使食材呈现色香味俱佳的最终状态。在烹饪过程中，不仅要追求食材在味道上的合理搭配，还注重火候的掌握，使用小火、中火还是大火都十分的讲究。除此之外，对食材的雕刻、刀工要求也极为严格，我国饮食文化中的刀工可分为切、削、剁、劈、拍、旋、刮等，在菜品上桌前，还结合食材的造型及盛器的差异，将菜品摆为惟妙惟肖的创意造型，真正实现“色、香、味”的和谐统一。另外，我国饮食文化受个人主观因素的影响较大，缺乏统一、规范的烹饪流程，不同人烹制的菜品味道存在着较大的差异。在西方国家，其烹饪技巧相对简单，多以烤、炸、煮为主，注重烹饪过程中食物营养的保留。同时，西方人烹饪的时间观念极强，烹制时间、辅料的分量和温度的控制较为规范和标准，以美式快餐为例，肯德基的炸薯条、炸鸡腿的操作统一，因此，在全世界范围内，吃到的味道几乎一致。在东西方文化交融的时代背景下，西方饮食文化中的标准化、统一化特点，对我国饮食文化传播而言，也具有一定的借鉴价值。

5. 饮食礼仪的差异

在不同的文化背景下，中西方饮食礼仪也存在着较大的差异，为了更好地进行跨文化交际，了解一些中西方饮食礼仪方面的差异也是十分必要的。首先，饮食氛围的差异。受传统文化思想的影响，中国饮食文化追求欢快、热闹的饮食环境，多数地方酒桌上都热热闹闹，部分地区甚至以猜拳行令助兴，体现出其乐融融的欢乐气氛。而如主人和客人不谈话，则被认为场面气氛冷清，是不礼貌的表现。在西方人看来，安静、优雅的用餐环境，在进餐时大声说话或大口吃饭是不礼貌的表现，以英国为例，英国人在进食时较为安静，将在餐桌上说笑或发出奇怪的声音视为粗鲁的行为；其次，在用餐礼仪上，中国饮食文化讲求谦让，对用餐时的礼仪极为重视。例如，讲究座次和上菜的顺序，座次以年长者为尊，按年龄或辈分依次排开，先上凉菜，后上热菜、主菜，然后上点心和汤，最后上水果。从西方国家来看，西方国家的餐桌均为长条形，主人会让客人坐在主宾位，在座次的排列上，主要有英美和法式两种方式。英美座次排列方式是男女主人分别坐于餐桌的两端，男、女客人分别坐于主人的左侧或右侧，法式排列方式是男女主人居中对坐，男、女客人分别坐于女、男主人一侧。上菜顺序上，西方国家依次上头菜、汤、水果、酒水和主食，最后上甜点和咖啡。由此可见，中西方饮食礼仪存在的较大的差异，我们应了解饮食文化差异，避免不合礼仪的行为。

四、中西方饮食文化的发展趋势

随着时代的发展，中、西方饮食通过传播和融合，使中西方饮食文化呈现新的特点，具体表现为以下两个方面。

1. 西方饮食文化在中国的传播与发展

近年来，西方饮食文化在中国快速传播，西餐的快捷、方便和营养成为共识，麦当劳、肯德基、必胜客等快餐店深受中国人民的喜爱，并通过对快餐的口味进行了改良，使其更加符合国人的饮食口味。同时，各式各样的咖啡店、西式高档餐厅遍布各地，相对于嘈杂的中餐厅，高档的西餐厅具有雅致、和谐的就餐气氛，越来越受到国人的青睐，并逐渐从成功人士向普通大众发展。在此背景下，我国西式高档餐厅数量不断增加，以内地城市长沙为例，正宗的美式餐厅就有5家，人们可以吃到正宗的黑松露鲜虾饭、迷迭香饭、蛤蜊汤。可见，西方饮食文化在中国发展迅速。形成这种现象的原因主要有三种：一是西餐快餐文化更加符合现代社会生活节奏，能够节省大量的就餐时间，提高生活和工作效率；二是随着中国人民的节俭、健康的饮食文化意识的不断增强，对自然、健康的西餐饮食文化认知水平和认可度不断提高；三是随着中西方经贸、文化的交流，越来越多的外国人在国内居住和工作，国人出国旅游、学习和工作经历不断丰富，促进了中西方饮食文化的交流和发展。

2. 中国饮食文化在西方的传播与发展

中国饮食文化自清朝传播至西方国家，至今已有上百年的历史，最初以价格低廉吸引西方人。随着世界经济的全球化，中国饮食以其独特的文化特征征服着世界人民的味蕾，在西方国家饮食结构中占有重要地位。以美国为例，中式风味与墨西哥风味、意大利风味并列为美国的三大饮食风味。据调查研究，93%的美国人吃过中餐，其中10~13岁孩子中有39%喜欢中餐，而喜欢美国菜的孩子仅有9%，由此可见，中餐在西方国家的受欢迎程度。中餐在西方国家发展过程中，在坚持自身“色、香、味”的基础上，为了适应西方国家的多元化需求，中餐不断汲取和借鉴其他民族的饮食文化元素，如日式料理、印度咖喱、意大利面点等，不断探索和创新烹饪方式，实现了中西方口味的结合，能够满足不同层次的需求，提升了自身的文化品位，促进了中国饮食文化在西方国家的继承和发展。

第三节 中餐企业的发展方向

中餐作为中国文化最具代表性的载体之一，也成为中国文化“走出去”的重要部分。随着中国综合国力及国际影响力的逐步攀升，中餐业也成为中国经济“走出去”、参与世界经济共同体发展的重要领域，众多国内知名餐饮企业、餐饮品牌“走出去”，大力拓展海外餐饮服务市场。下文我们将基于“文化力”相关理论，通过阐释中餐文化内涵体系、探究中华饮食文化力内容架构，并以加强饮食文化交流推广为重点，以增强海外中餐人才文化力为保障，以构筑出海中餐企业的文化力为支撑，构建“文化力”推动下的中餐企业海外发展机制。

一、中餐文化国际化路径

中餐文化根植于中国历史文化的土壤之中，建立在农业文明的基础之上，中餐作为中国文化最具代表性的载体之一，也成为中国文化“走出去”的重要部分，由于饮食文化天然的集社会与自然于一身的双重属性，中餐更可成为加快中国文化全球传播步伐的先锋。

世界范围内中餐的传播与发展主要有两大途径：一是自18世纪以来，华人华侨远渡重洋，在异国他乡谋生定居，开中餐馆售卖饭食是他们海外生存最重要的方式，中餐文化也随之大规模传入世界各国，对当地饮食文化与社会生活产生了深远影响；二是21世纪以来，随着中国综合国力及国际影响力的逐步攀升，中餐业也成为中国经济“走出去”参与世界经济共同体发展的重要的领域，众多国内知名餐饮企业、餐饮品牌实施国际化发展战略，大力拓展海外餐饮服务市场，是展示中国现代餐饮服务企业与品牌的重大举措。

2017年，国务院审议通过了《关于加强和改进中外人文交流工作的若干意见》，指出要丰富和拓展人文交流的内涵和领域，打造人文交流国际知名品牌。坚持走出去和引进来双向发力，重点支持中医药、美食、节日民俗等中华传统文化代表性项目走出去。因此，作为美食“走出去”的核心力量，中餐企业在海外的发展将对继续提升中华民族的全球影响力，增强国家文化软实力起到重要的推动作用。纵观世界各国美食文化的国际化推广历程，我们可以找到一些成功的案例，从美国汉堡到日本寿司再到韩国泡菜，这些食物既化身为国家文化形象的认知符号，更带动了此种餐饮形态的全球化发展，这是一种精神与物质的双赢。然而，当下的中餐企业在“走出去”实践过程中，存在着对跨文化背景下中餐传播阻碍认识不足，对中餐文化物质层面与精神层面的整体认知尚浅，对中餐文化传播的内容、方式与手段研究不够等问题。因此，我们尚需要借助“文化力”相关理论，理解中餐文化内涵体系和中华饮食文化力的内容架构，探寻新时代文化力思维下中餐企业“走出去”的发展机制。

二、中餐文化体系与中华饮食文化力

在中餐文化体系里，对中餐最精炼的描述是“中国风味的餐食菜肴”，它是中国饮食文化的具象化体现，更是代表中国文化的重要符号。所谓文化符号，是指代表一国文化的突出而具高度影响力的象征形式系统。因此，对“中餐文化”指代意义的强调，大多产生在跨文化交流的场域中，这是用来同他国、他民族餐食体系进行区别，包含有两层含义。第一是随华人移民世界各国而产生的国外华人餐饮形式，主要是指国外的华人中餐厅饮食消费和家庭饮食行为；第二是随国内餐饮业繁荣而形成的知名品牌“走出去”进行海外发展战略，主要是指国内中餐的国际化发展。中餐文化，广义言之，是人们在制作、消费中国风味的餐食菜肴过程中创造出的精神文明成果与物质文明成果的总和。中餐文化的内涵丰富，包含有原料、技艺与馔肴、器具、礼仪习俗、养生思想等。

中餐文化体系至少包括以下几个重要组成部分。

（1）中餐的饮食原料文化　食物原料是美食文化中最基础的组成部分，一切饮食活动都必须围绕原料开展。中国以农业立国，中国人在开拓食料资源方面，无论农、林、牧、渔业，自古以来都走在世界前列，培育出无数优质的食材品种，同时也发明创造出许多特制食品，驰名全球。

（2）中餐的烹饪馔肴文化　烹饪是将可食性原料用适当的方法加工成为食用成品的活动，烹饪文化是在人类饮食生产加工中产生的，是一种生产文化。中餐的烹饪与烹调有自身独有的特点，从各种专用食料的生产或选购，到屠宰、切割、配伍和烹制，还融会了饲养检疫、物理化学、解剖等技术，烹饪技艺是提高人类体质和促进创造智慧的重要物质手段。

（3）中餐的饮食器具文化　美食文化从起源到发展，都离不开器具的发明和进步，色彩纷呈的美食器具是中华美食文化的重要组成，其外形、装饰、规模、工艺技术等都与艺术发展、民族习惯、哲学观念和政治制度密切关联。

（4）中餐的习俗礼仪文化　美食礼俗是人类饮食生活中的社会性规定和约定俗成的社会行为，是诸多风俗中最活跃、最持久、最有特色、最具群众性的一个分支，它既是构成人类饮食生活的基本要素，也对民族心理和性格的形成有着潜移默化的巨大影响。

（5）中餐的饮食养生文化　饮食是人体从外界吸取赖以生存的营养与能量的主要途径，通过饮食实现驱除疾病、康健身体的功效，由此而产生了食疗食养文化。

（6）中餐的饮食景观文化　饮食文化的形成发展与各种人文景观、文化现象、特殊的历史事件及其发生地等内容紧密联系在一起，使之成为多姿多彩的文化景观。建筑装饰艺术、家具图案艺术、音乐书画艺术等，多种艺术门类构成了中餐厅的景观环境文化，更是中国文化的形象化、系统化呈现。

文化在人类文明成果中最具持久价值，一个民族的文化传统是在历史的演进中逐步沉淀与确立的，最能够稳定体现本民族相互认同的内容。日本学者池田大作认为，“文化具有超越时间、超越国境的强韧力量。而且，独特而优秀的民族文化能触发一切人的心，感铭肺腑，因而蕴涵着全球普遍性”。名和太郎在《经济与文化》一书中首次使用了“文化力”概念，他认为“日本文化属于异质文明，这其中好的部分肯定会传遍世界”，并列举了茶道、四喜饭、拉面等日本料理文化在欧美国家的风行。1993 年，王沪宁受约瑟夫·奈（Joseph S Nyer）的启发，指出文化是一种力量，是国家实力的组成，只有当一种文化广泛传播时才会产生强大的力量。贾春峰、黄文良在《关于“文化力”的对话》中阐述了“文化力”内涵，贾春峰认为，“文化力是相对于经济力和政治力而言的，包含有智力因素、精神力量、文化网络三要素，以及优秀的传统文化和传统美德。对于整个经济与社会进步来说，文化力是一种强大的内在驱动力”；黄文良还提及了“文化能”，“文化力是文化能量的释放和表现，其直接结果是推动经济社会的发展”。而高占祥在池田大作先生“文化力”基础上，提出了“文化先导力”理念，文化先导力在于经济的相互交融中，经过内化，已经升华为软实力的核心，经过传承，发挥着文化对经济的引领作用，经过能动的反哺作用，使自身的精神力转化为物质的推动力。

饮食文化是一个国家和民族物质文明和精神文明的标尺，也是一个民族文化本质特征的集中体现。饮食文化作为文化的重要组成部分，具有物质与精神的双重属性，在经济与社会发展、跨文化交流中能展现巨大张力，可称为“饮食文化力”。中国饮食文化在华人的文化传承与文化认同，以及传播中华文化方面都曾发挥了不可替代的重要作用。进入 21 世纪，中餐文化体系经过转换逐步形成了中华饮食文化力，对当代西方世界具有重要借鉴和启示意义。中餐企业海外发展必然要借助于文化先行，以中华饮食文化力所包含的饮食文化生产力、饮食文化向导力、饮食文化内聚力和饮食文化外引力为基础，重视饮食文化交流和推广，将文化力转变为发展力，实现经济全球化背景下中国餐饮业的创新发展。

饮食文化生产力，是指人们在饮食活动中形成的，在社会发展到一定阶段上与物质生产力互参互入、互融互动并逐渐在其中占有主导地位而去改造自然与社会（包括人自身）的总能力。中华饮食文化生产力包含有“食以养生”的价值体系、绵延数千年的悠久历史、精益求精的烹饪技术、丰富多彩的菜式品种等内涵，滋养着生生不息的华夏民族。

饮食文化向导力，是指优秀饮食文化体现出的引领力和感召力。饮食是人类共同的基本生理需求，饮食文化在所有文化形态中最具存在感，也成为跨文化交流中最重要的符号之一。所谓美食无国界，中餐作为传播中国饮食文化最好的载体，在世界各地落地生根，在中国文化世界传播中发挥着向导的作用，各国人民通过中餐了解中国文化，认识中国，构建各自心目中的“中国形象”。

饮食文化内聚力，是指饮食文化体现出的聚合力和向心力。对于数千万海外华人而言，他们把中餐带到世界各地，将中国饮食文化的光辉照耀全球，使华人群体自身经由中餐建立起民族认同感，凝聚起海内外中华民族强大的精神动力。

饮食文化外引力，是指本国饮食文化在世界范围内对他国人民产生的影响力。中餐所体现出的独特品质和文化个性使其在世界各国人们心目中产生着重要的影响力，他们对中餐的接受程度越高，说明中国文化的向外辐射影响就越强。

基于以上对饮食文化力内涵的剖析，我们应以文化先导为前提，以加强饮食文化交流推广为重点，以增强海外中餐人才文化力为保障，以构筑中餐企业文化力为支撑，构建“文化力”推动下的中餐企业海外发展机制。

三、中餐企业国际化发展四大战略

海外中餐业已走过两百年的发展历程，中餐更成为世界许多国家餐饮业的重要组成部分，建立在此基础上的中餐国际化发展，应当是我们中国人主动“走出去”，向世界展示数千年优秀中餐文化和数千万餐饮从业者智慧结晶的伟大壮举。我们有理由相信，通过以中餐文化体系为根基、以中华饮食文化力为内核，为“走出去”中餐企业赋能，能够实现全球经济一体化背景下中国餐饮业的创新发展。中餐企业国际化发展至少有四大战略可循。

1. 高层次的饮食文化交流战略

中餐承载着源远流长、博大精深的中国饮食文化，当代中餐更是体现着以饮食为主题的中国人当代生活美学的展示；在此基础上，我们认为，中餐企业需求海外发展之路本身就是繁荣、富强、自信的中国形象和软实力的展示。提升国家软实力是开展人文交流的理论发展逻辑，打造命运共同体则是开展人文交流的实践发展逻辑。从世界各国的现状来看，饮食文化的交流早已成为国家行为。泰国政府近年致力在世界各地推广泰国料理，2006 年就提出了“泰国：世界的厨房（Thailand Kitchen to the World）”的口号，泰国是第一个有计划地输出饮食文化的亚洲国家。韩国利用“韩食世界化促进团”等团体不遗余力地推动实施“韩餐世界化推进战略”，认为韩餐世界化能产生一系列积极效应，如“增进地球村对韩国的认知，传播韩国文化，改善韩国国家形象”等。人文交流将在推进中餐“走出去”发展中发挥举足轻重的作用，同时，餐饮业已经成为世界经济一体化的一个重要的领域。无论从餐饮文化交流的角度，还是从企业发展的角度，国内外餐饮行业都应该加强交流与合作，共同获得更加长足的发展和进步，国家层面建立高层次饮食文化交流机制，促进中华饮食文化在更高的平台、以更好的方式、面对更广泛的人群进行交流传播。

2. 高频率的文化推广战略

众所周知，食物和饮食是文化的基石，是民族特性最可靠的象征。以中餐为核心的中国饮食文化力在全世界的发展需要高频率文化推广机制的推动。所谓高频率，主要是指中餐的海外推广必须在单位时间内尽可能多地组织企业、人员、协会、机构等，走出去进行广泛、迅速的交流。近年来，我国逐步推进中华饮食文化走出去，在各类各级国际外交平台上展示中国美食的独特魅力。如 2015 年开始，中国烹饪协会在法国巴黎主办了“2015 中国非遗美食走进联合国教科文组织”活动；2017 年在纽约主办了“中国美食走进联合国总部”活动，这些活动中，中国烹饪大师奉献了丰富的菜品、精湛的技艺，分享中国美食文化，展示中国餐饮行业数千万从业者共同努力的发展成果，实现了中国美食的全球共享。

我国于 1991 年批准成立了“世界中餐业联合会”，这是一个世界性中餐业促进组织，由全球各个国家和地区从事中餐服务活动、中餐教育研究、中餐管理咨询及餐饮相关产业的企事业单位、社会团体和个人组成。世界中餐业联合会是全球最大的中餐业推广组织，组织了系列品牌活动，生动讲述中国美食文化故事。但上述交流活动的周期性和长期性不足，极大影响了推广效果。餐饮企业应当主动适应新形势，持续聚焦中华饮食文化的特殊载体，持续聚焦推进中餐走出去、中华文化走出去。既立足一域，又放眼全局，坚持创新引领，积极推动理念、制度、机制、方法创新，不断提高中华饮食文化信息化、数字化、智能化和专业化水平。高频率的文化推广将使中餐成为体现中国特色文化的代表性媒介，也成为外国友人与中国和中国文化结缘的重要元素。应构建以网络数字传播规范、移动互联网传播服务规范、电子商务文化传输规范、中华饮食文化遗产保护、中餐企业的知识产权保护等符合国际规范、遵循所在国法律政策、适宜当地文化的饮食文化海外传播规范体系，为中华饮食文化融入当地文化、嵌入驻在国的生活方式提供科学、规范的文化传播支撑。

3. 高水平的人才培养战略

中餐企业要走向世界，需要突破传统技术力单向的人才培养机制，转向融合技术力、文化力和生态力三位一体的多向度、高水平人才培养机制。中餐国际化人才应包含：烹饪技术人才、经营管理人才、法律人才等，熟悉所在国社会人文、饮食习惯、熟练掌握所在国官方语言等更是中餐国际化之路中人才的基本要求。目前，我国中餐国际化人才培养的渠道和力度还远远不能满足行业企业发展的需求，以技术人才为例，我国的烹饪技术本科人才每年的招生指标不足千人，因此拓宽中餐国际化人才的培养渠道，引入行业、企业、院校、科研院所的力量投入到中餐国际化人才的培养机制中；或者吸引海外中餐业者、中餐烹饪爱好者到国内学习培训，培养出更多、更适合中餐国际化发展的人才是当务之急。

可借鉴日本农林水产省与日本烹饪与饮食文化人力资源发展委员会（AYA HAMASUNA）合作推出的“厨师培养计划”，实施“海外中餐业者或中餐烹饪爱好者培养机制”。该计划可针对强烈希望在中国学习中餐制作的非中国大厨，该培训课程可涵盖中文语言训练和基础烹饪技艺培训，随后可在国内的知名餐饮企业进行实战训练，共计6~8个月的时间。该计划的目的是：诚邀希望学习正宗中餐烹饪知识和技能的学员加入这项课程，从而在全球推广博大精深的中华烹饪饮食文化和精制食材。

4. 高效率的企业孵化战略

纵观国内中餐企业海外三十多年的发展历程，其中不乏成功立足、逐渐壮大的案例，但更多的是折戟沙场、黯然落幕的教训。国内品牌餐饮企业大多以特色著称，因此食材和独有技术是开店成功的关键。在进入海外市场的过程中，由于时常遇到食材、人才、设备等输出的政策障碍，严重影响了国内品牌餐饮企业的海外拓展步伐。企业赴海外市场开店面临较多问题，难度较大，单个企业难以解决，如全聚德、海底捞等知名品牌餐饮企业在海外发展中都遇到过原料受限、用工受限、税务法律情况了解不清、食品安全保障不到位等，进而导致发展受挫的情况。因此，对于有意愿“走出去”，进行国际化发展的餐饮企业应建立一套高效率的企业孵化机制。一是企业要具有国际化的发展理念，从企业运作、人才培养和行业规则环境等方面积极借鉴国际成功理念和模式，在思路上与国际接轨。二是国际化的发展水平和环境。企业首先要努力达到国际化的要求，即必备的基础条件，在众多经营情况良好、品牌发展成熟的企业中进行重点孵化，聚合产业资源及开放社会资源，联合相关职能部门、协会、金融机构等进行培育和扶持。

我国应建立包括外交、商务、金融、教育等政府职能部门和相关民间机构合作联动的机制，共同支持和推动国内餐饮品牌的国际化发展战略。如金融部门可率先在发展基础好、前景好的国家建立办事处，带领国内银行实施低息贷款，给“走出去”企业提供资金支持；商务部门要充分发挥桥梁作用，打通中国食材、调味品等输入海外的渠道；行业协会要扮演好立交桥的角色，帮助有意开中餐厅的外国人寻觅中国餐饮品牌合作伙伴，为海外的中餐厅提供原材料、餐具、厨房设备等采购渠道。

参考文献

［1］ 朱志国. 中国饮食的历史文化特征［J］. 开封教育学院学报，2017，37（08）：225-226.

［2］ 王学泰. 中国饮食文化简史［M］. 北京：中华书局，2010.

［3］ 伽羽中. 浅谈中西方饮食文化的差异及发展趋势［J］. 海外英语，2019（01）：149-150.

［4］ 李兴玲. 论中西方饮食文化差异［J］. 科技资讯，2019，17（10）：209-210.

［5］ 刘军丽. 从文化力到发展力：中餐企业“走出去”动力与机制探索［J］. 四川旅游学院学报，2019（05）：14-18.

［6］ 谢定源. 中国饮食文化［M］. 杭州：浙江大学出版社，2008.

CHAPTER 5

第五章 美味的生物学及营养学

我们前面简要介绍了美食通过视觉、嗅觉、味觉、触觉等人体感知系统打动消费者的基本生理基础。本章内容我们将详细描述一下美味形成的生物学基础，以及我们的口味是如何形成的。所谓反思，就是对思考过程的再思考，在这里，我们特指对人类选择美食这套感知系统的再思考：喜欢吃什么真的是源于我们的主观意识吗？一种食物好不好吃，真的是取决于它尝起来是什么味道吗？那我们又是如何形成对味道的好恶的呢？在这一章里，我们会了解到，饮食偏好上的选择更多取决于特定环境中，这种食物能不能高效地带给人们营养以及生态上的好处。人类的口味更多不是由文化和价值观预先决定的，而是与自然环境、气候以及生产方式等因素密切相关。解答口味之谜的钥匙，也许就藏在对营养、生态的收支效益的分析中，让我们慢慢展开地图，一起来探寻这枚钥匙的踪迹。

第一节　美味偏好的形成与进化

每当我们谈到进化，似乎总是绕不过一个人，他就是《物种起源》的作者达尔文。根据他的自然选择理论，一个人或许可以在这个世界上存活很多年，但他却不一定能将变异的特征传给下一代。而如果某个生物个体，他繁衍后代的能力比其他人强，那么他的变异基因被遗传下来的可能性就越大。说白了，就是繁衍才是生存的必要前提，没有了繁衍，一切都是空谈。对人类而言，在漫长的进化历史中，生存问题反复地出现在一代又一代人身上，例如，气候恶劣、食物短缺、突发疾病、寄生虫等。因此，我们的祖先必须先成功地解决这些难题，才能顺利地活下去并有机会繁衍自己的后代。可以说，生存是人类进化中的第一大难题。生存问题对人类心理的进化，主要产生了三个方面的影响。第一，对食物的选择和偏好。第二，对居住环境的选择和偏好。第三，为了躲避疾病威胁而产生厌恶情绪。我们这里仅从进化心理学的角度对食物选择的偏好性进行剖析。

俗话说得好，民以食为天，如果没有食物，没有水，任谁都没法生存。在远古时期，生存环境比较恶劣，毫不夸张地说，只要是醒着，动物们大部分的时间都在寻找食物。那种急迫感可不比今天，如果现在你饿了，可以随便去楼下的饭店或超市买点吃的，或者拿起手机订个外卖。但换成远古时代，我们的祖先面临的情况就不一样了，对他们而言，最紧迫的问题是如何能获取足够的能量和营养，来解决生存大计。研究发现，在坦桑尼亚的一个原始部落，蜜蜂是最受欢迎的食物，注意这些原始人是直接吃蜜蜂，现代人吃的才是蜂蜜。因为相比其他食物，蜜蜂富含的糖分和热量更高。这样的饮食选择可以满足人类身体最基本的营养和能量需求。直到今天，现代人依旧喜欢吃甜食，如巧克力、蛋糕、冰淇淋这些食品，虽然这些甜食的糖分和能量已经超过了我们身体的需求，但它却能舒缓情绪，有很好的减压效果。这其中多少还是有祖先们在进化过程中遗留下的基因偏好在起作用。

同时，进化学者还认为，原始人类为了能够更好地狩猎，对肉食的消耗量要远比其他灵长类动物多得多。例如，在远古的狩猎社会，黑猩猩食用的肉类只占他们食物总量的4%，而人类却要占到20%~40%。遇到狩猎旺季，甚至会达到90%。而到今天，虽然我们都知道食用大量的肉类和动物脂肪并不是很健康，但人们还是对美味的肉食难以抗拒。这是因为在进化过程对肉类特有的营养需求已经根深蒂固，化作了如今的口舌之欲。所以说，正是因为我们的祖先当初为了解决温饱问题，顺利生存下去，才慢慢进化出了后来人们对甜食和肉类的饮食偏好，比起生理需要，更是一种心理需求。

一、美味进化史中的“五顿饭”

美国记者约翰·麦奎德（John McQuaid）在《品尝的科学》一书中提到了在考古发现找出的对于地球生命最重要的五顿饭。这五顿饭的时间从约5亿年前，跨到100万年前，且都是地球生命演化史上的重要转折点。这些转折达成的结果至今留在人类身上，形成了我们现在对食物气味、味道、色彩的最原始的基本认知。因此，不论一个人的口味是如何培养起来的，一个味道都能勾起久远记忆中的原始冲动。我们下面就这最重要的五顿饭看看美味的进化史，这也算是对于“吃”这件事情的见证。

地球生命的“第一口饭”是在一块化石上发现的。这块化石上留有三叶虫的运动痕迹，三叶虫是距今5亿年前寒武纪时期的一种动物，在三叶虫留下的痕迹旁边，还有一个弯弯曲曲的痕迹。地质学家马克·麦克梅纳明（Mark McMenamin）推断，另外的那道痕迹是一只更小的蠕虫状生物想要钻进泥巴里的证据，而三叶虫则是在挖洞找吃的。这块化石是目前已经知道的，与吃有关的最古老的化石，也是地球生命第一顿饭的证据。可惜的是，在那个时代，味道是不存在的，三叶虫的味觉和嗅觉还没有区分开来，“吃”只是一个生物体包裹住另一个生物体而已。

在“第一口饭”的3000万年之后，有一种身体像鳗鱼，但嘴巴像吸盘的无颌鳗鱼出现了。它们依靠追踪腐败的气味在海洋中找食物，一旦找到了生物的腐尸，就开始狼吞虎咽。从闻到吃，可见，无颌鳗鱼的嗅觉和味觉已经开始分工了，但这第二顿饭的味道是怎样的，谁也没法回答。

在第三顿饭来临之前，火山爆发了，岩浆毁坏了土地，火山灰遮住了阳光，酸雨侵蚀了地面，导致了大规模的生物灭绝，寒武纪的终结迎来了侏罗纪时代。但是第三顿饭说的不是我们熟知的恐龙，而是躲在阴暗处和洞穴中的一种哺乳动物，科学家称它们为摩尔根兽（图5-1），它们很小，比人的手指还要短一点，有长长的口鼻部，有双关节的下颚还有毛皮，靠吃白蚁和那些比它们小的哺乳动物为食。大家都知道，与冷血动物不一样，哺乳动物需要能量来维持体温，不仅如此，躲避恐龙和捕食动物会消耗它们更多

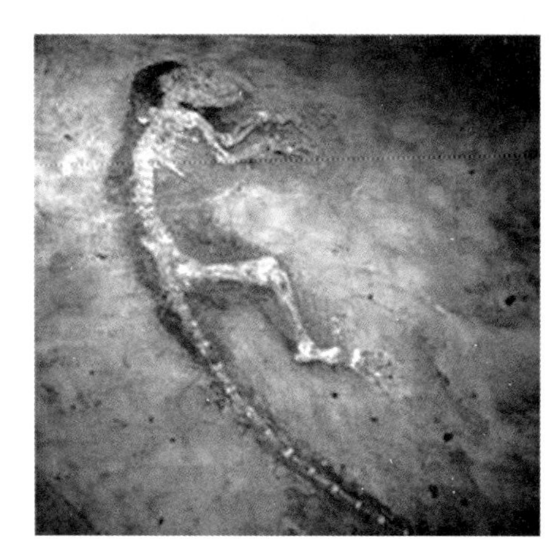
图 5-1 摩尔根兽的化石

的能量，但无论从体积还是力量上来说，它们都不是爬行动物的对手，所以，这些哺乳动物需要学会用策略来帮助它们获取食物，躲避天敌。

科学家认为，新的大脑构造就是在这个时期演化出来的，大脑的进化让它们学会了记忆，还有使用策略。动物学家通过对摩尔根兽头骨的扫描证实了这个猜想。所以，第三顿饭的样子很可能是这样的，在寻找白蚁的路上，摩尔根兽一边用嗅觉和视觉探测周围的环境，一边凭借记忆绕开那些捕食动物，一路上还吃下了腐烂在树干底下的幼虫和那些比它还小的哺乳动物。

在早期时代，吃东西只是为了填饱肚子，不用挨饿，但随着进化，吃不再是单纯的吃，更重要的还有吃东西时口腔中的感受，那种美妙的味道，还有味道所引起的愉悦感。对于第三餐的味道怎么样，我们还是不知道，但是因为大脑的进化，从第三餐开始，吃绝对不再是单纯的吃而已了。

第四顿饭除了有很明确的味道，它还是二维平面向三维空间的转变。大约在 2000 万年前，生活在丛林的猴子一直靠着乏味的叶子、苦味的树根来过活，直到它们爬上树枝，眼前出现了红褐色的东西，然后这些猴子用手指抓住、捏碎了红褐色的果实，果汁流得满手都是。其中有一只猴子在树枝上蹲了下来，咬了一口果子，那种芬芳的酸甜，混杂着树根的苦味在嘴巴中扩散开来。科学家在这种猴子的视网膜上发现了第三组视锥细胞，就是这种细胞让哺乳动物不只能看见单调的灰色，还能看到更丰富多彩的颜色，他们相信，正是视觉上的演化，才让灵长目动物能够更好地辨认出成熟的果实，吃到更好吃的食物。

最后的一顿饭，也可以说，正是这顿饭改变了人类的饮食习性，让人们不再以素食为生，而开始能把肉类作为主食。这顿饭的关键就在于火。为什么火会让食物变得好吃呢？科学家经过研究发现，高温会引发一连串的化学反应，让肉类肌肉纤维中的蛋白质断裂，然后在重新排列的过程中结成团块，使肉质变嫩，接着还有一系列风味的结合，鲜味和甜味的碰撞等。这五顿饭，不仅是品尝的进化史，还是整个生物的演进史。

二、我们大脑中的味道图像

饮食习惯所涉及方面比较广，例如，吃东西的频率、偏好，甚至你喜欢一个人吃，还是与家人、朋友一起吃等。要说这些习惯里对健康影响最大的，肯定是饮食的偏好性。就仿佛一幅“味道图像”，勾画出我们的饮食偏好在大脑中的样子。要想搞明白饮食偏好的成因，我们就得说说这个“味道图像”。

1. 食欲不等同于饥饿

在谈这个问题之前，我们先得明确一件事，食欲和饥饿可是两回事。我们来看这样一个场景，下午 4 点，你去便利店想买一瓶水，午饭已经吃完一段时间，离晚饭还有几个小时，你一点都不饿，可便利店货架上的食物好像还是会引诱你，结账的时候，你的饮料旁边还多了一盒草莓蛋糕。你买草莓蛋糕不是因为你需要它填饱肚子，而是因为草莓蛋糕勾起了你的食欲。今天大部分人其实都很少会处于特别饥饿的状态。有一项美国的调查研究指出，在1977—2006年，美国人吃东西的时间间隔缩短了将近1/4。在两餐之间不饿的时候，他们会吃各种零食。相信你也同意，不光美国人是这样，我们自己大概也是如此吧！所以说，更多的时候，决定我们选择吃什么、不吃什么的，不是饥饿，而是食欲。

很多营养学观念会让我们觉得，这种排除饥饿影响之后的食欲会成为健康饮食的障碍。很多人都抵御不了炸鸡、蛋糕等甜的、高热量食品的诱惑，这是狩猎时代留在人类基因里的“漏洞”。但是，这个说法有一个问题，它解释不了为什么有的人会迷恋苦味，也解释不了为什么有的人可以对炸鸡视而不见，却抵御不了黄瓜清爽口感的诱惑。你发现了吗，产生食欲的原因其实是你对食物味道的反应。换而言之，食欲是我们对于某些味道的渴望。

2. 味道是一种综合感觉

我们一般会觉得，味道来自味觉，但实际上，味道是一种综合感觉，它包括味觉、嗅觉、温度、口感等。你可以想象一下，你端着一杯刚刚做好的、热气腾腾、飘着香气的美式咖啡，你喝了一口，你的鼻子最先接收到信号，你感受到了咖啡的香气。然后，你的舌头尝到了咖啡的苦味，感受到了它的温度还有丝滑的口感。这个过程调动了你的嗅觉、味觉、触觉等多方面的感官。所有这些感官的信号综合在一起，在大脑里继续编码，形成了你对咖啡味道的完整记忆。如果你喜欢上了咖啡，这个记忆还会在未来不断会勾起你对咖啡的食欲。

事实上，“味道”这个概念不是客观存在的，就像颜色不是客观存在的。味道是我们在大脑里创造的对食物的主观印象，这就是“味道图像”。你的大脑接收到咖啡传递的视觉、嗅觉、味觉等各种信号之后，前额叶皮质这个大脑功能区会进一步处理这些信号。你会强化它的一些特征，忽视另一些特征，再把各种信号综合起来，抽象成独属于你的味道图像。这就像当你看某个东西的时候，你不可能看清这个东西的每个角度的每个细节，你必然会强化一些特征，又忽视另一些特征，才能把这个东西抽象成你大脑里的视觉图像。当你再喝咖啡的时候，味道图像就能帮你识别出这个食物。所以，就算闭上眼睛，你也知道你刚才喝下的是美式咖啡。它也决定了下一次，你会不会喜欢咖啡。

3. 味道图像的形成

所以说，记住各种食物的味道可不是美食家的特异功能，它是人的基本认知能力，是人用身体和周围的世界互动的方式。你可能想象不到，从胎儿阶段，我们就开始记忆味道了。怀孕十三周的时候，胎儿的味蕾就发育成熟了，这时候，胎儿还没有皮下脂肪，肺部也没有张开，但是他已经可以吞咽了，也能吃出味道，而且会记住羊水里的味道。科学家还发现，爱吃茴香的妈妈生下的宝宝，就会对茴香表现出明显的喜欢。如果闻到茴香的味道，甚至会伸出舌头做出舔的动作。他们记得羊水里茴香的味道，而且显然很喜欢这个味道。

从胎儿的时候，我们吃过的每一种食物都在参与绘制我们大脑里的味道图像。味道图像决定了我们对食物的反应和偏好，不管是喜欢，还是厌恶。那么，形成味道图像的关键因素是什么呢？有研究表明，在味道图像形成过程中的关键因素，其实是嗅觉，而不是味觉。这可能有些颠覆我们的认知，我们都能想象，如果没有了味觉肯定是食不知味，但是你可能想不到，嗅觉受到损伤，人也一样没办法享受食物的美味。曾有案例显示那些不幸因为损伤了大脑里嗅觉感知部分的人会丧失品尝味道的能力，甚至会产生相反的感受。这些人的味觉没有受损，但是完好的味觉反而给他们带来痛苦。例如，感觉到芥末、肉桂这些香料带来的刺痛感，但是因为没有嗅觉来中和这种感觉，这些本来让人喜欢的香料，都给人以非常讨厌的感受。更科学的解释是：和嗅觉相比，人对味觉的感知其实很简单。我们的基本味觉就四种，酸甜苦咸。虽然不同的人对味觉的感知会有细微的差异，但是总体来说是比较一致的，我们生来都喜欢甜，讨厌酸和苦，对咸没有明显的偏好。我们能够记住咖啡味，能闭着眼睛就吃出这是红烧肉还是糖醋里脊，光有这些简单的味觉肯定不够，这里面其实都有大量嗅觉的功劳。其实，举个简单的例子我们就能理解了。当我们感冒鼻塞时，往往会觉得吃什么都没胃口，平时感觉很美味的食物，此刻尝起来也是索然无味，大概就是这个道理了。

人的嗅觉其实很强大的。过去我们都觉得，人的鼻子肯定没有狗鼻子灵。但近期的研究告诉我们，人虽然没有警犬那种追踪气味的能力，但是对气味的辨别能力非常强，能辨别大概 1 万多种气味。我们能辨别出红酒里的莓果香、茶叶里的兰花香，甚至能够辨别同一种芳香物质的不同浓度。有一种芳香物质称为硫代松油醇，很多人都能分辨出，它在浓度低的时候闻起来像热带水果；浓度较高的时候像葡萄柚；浓度更高的时候就是一种恶臭味。我们能辨别这么多气味，是因为我们的基因里有大量的嗅觉受体基因。它是人类数量最大基因组，有 1000 多个，占到了全部基因的 5%。正是因为有了强大的嗅觉，我们才能记住那么多种食物的不同味道，绘制出大脑里复杂的味道图像。

4. 味道图像的重要性

味道图像对人来说非常重要，它不光决定了我们的食欲，也是我们自我认知的重要组成部分。这也能从嗅觉的原理中找到解释。嗅觉和大脑的互动是在无意识层面上发生的。在所有的感官里，嗅觉是唯一能够与大脑的中枢神经直接互动的感官。视觉、听觉、触觉，这些感官接收的信息都需要经过复杂的旅程才能抵达大脑，但是气味的信息从盘子到鼻子，然后就直接传达到大脑了。所以，一旦嗅觉受到损伤，味道图像就不能发挥作用了，这样的话，人不光会没有食欲，连人格都会受到影响。有一个患者在一次车祸之后丧失了嗅觉，在她看来，丧失嗅觉已经影响了她的生活。她本来很喜欢举办晚宴，丧失嗅觉之后，那些精致的饭菜对她来说毫无意义，她没办法再去享受食物带来的快感。每顿饭都在残酷地提醒她，她失去了什么。对这种后天丧失嗅觉的人来说，他们会觉得他们和过去的自己之间有一种重要的联系被切断了。你的世界有特定的味道，你已经习惯了生活中的这些味道，一旦失去他们，你就会开始问，我是谁？这大概就是为什么在《追寻逝去的时光里》，普鲁斯特只是用小玛德琳蛋糕沾了一下茶水，就能够打开时光隧道，回到逝去的美好时光；这也大概就是为什么乡愁可以通过一顿家乡的美食来被神奇治愈的原因吧。

三、我们头脑中味道图像的巨大差异

从上面的例子，我们可以看出，感知味道的能力天生就与生存需求紧密相关。这方

面能力的获得或丧失，影响的可不是一种高级的文化体验乐趣的改变，而可能是直接改变命运。但是，我们头脑中的味道图像却存在着巨大的差异。如在味道中，鲜味是一种评价体系反差特别大的味道，最典型的例子就是瑞典的臭鲱鱼，大家如果感兴趣可以在视频网站找到很多国家的好奇少年挑战试吃臭鲱鱼的片段，有些孩子当场就吐了，这个绝不是装的。可是这种味道对瑞典人来说，有些人闻了确实是食欲大开的。这个差别，就是人们对鲜味评价的差异。

专用的鲜味剂是 110 年前才开始出现的，那个时候日本帝国大学的研究员池田菊苗认真观察了妻子给他炖的海带汤，当时这汤熬得太久了，汤都干了，在海带上就挂着棕色的晶体，他就尝了尝，有一种说不出的浓缩的好味道。他把这晶体带到实验室一分析，是谷氨酸根的各种晶体。他后续又在很多的食物里发现了谷氨酸，于是就给这个东西命名为味素。味素 1908 年传入中国，改名味精。相比其他味道的专用调料来说，鲜味剂已经是出现非常晚了。

5000 年前，人类祖先就开始利用海盐给食物调味，4000 年前，埃及人就成规模地人工饲养蜂蜜，为的就是那甜甜的糖。可是味精竟然到了 110 年前才出现。谷氨酸盐，就是这味精之所以发现得很晚，是因为谷氨酸根很少单独地存在，它们都是结合在蛋白质的长链里，只有在消化酶和水存在的时候才会游离出来。组成蛋白质的氨基酸一共 20 种，但出乎大家意料的是，其中只有 2 种有鲜味，它们是谷氨酸和天冬氨酸，其他的氨基酸大都是苦味、酸味和甜味。

一个地区的食材在进入现代社会之前，基本就是由当地的地理条件和气候决定的。这两样又都是长期保持稳定的，所以这个地区的传统味道也就是这里人会高度评价的味道。世界其他地区的人无一例外地认为，臭鲱鱼的气味绝对是浓烈的臭气，而瑞典人的大脑仍然告诉他们，这是美味。

谷氨酸不只存在于肉类的蛋白中，植物蛋白也会有谷氨酸，谷氨酸一旦溶于水，就会出现鲜味。我们做汤经常会利用上面的规律，虽然植物里的蛋白往往含量不高，但是因为植物蛋白在味道上是有优势的，它的谷氨酸分解的比例特别高。你想对于鸡胸脯这种肉类来说，煮出来的水中一般只能分解掉肌肉中 1%的谷氨酸。但是加入番茄煮过之后，所有的谷氨酸会有 10%分解出来。所以，这就是为什么番茄是很多火锅底料必备的食材。

让臭鲱鱼如此臭的原因，并不是谷氨酸或者其他氨基酸，因为谷氨酸的味道闻起来总是非常好的。之所以很多发酵的食物那么臭，是因为有了核苷酸的参与。核苷酸是组成遗传物质的重要元素，但是在食物中，我们不管那么多，都会统统地吃下去。做调味料的核苷酸主要是鸟苷酸，当谷氨酸与鸟苷酸以 1：1 的比例混合之后，鲜味是单独使用的谷氨酸的 30 倍。这种味道如果不经过稀释扩散，直接闻起来就是刺鼻的。

瑞典人已经很适应这些味道了，把这类刺激定义为香，而其他地区的人从没有接触过这种强烈的刺激，所以本能的反应就是捏住鼻子扭过头。在气味上，我们又一次看到了不同文化下，对同一种味道截然相反的两种评价。米其林在 2020 年公布的年度指南中，一些传统的老北京小吃，如豆汁儿、爆肚、卤煮，登上了米其林北京地区的平价美食榜单。这个榜单一公布，就引发了很多网友的吐槽。中国的顶级厨艺大师董振祥就评论说，这些北京美食的特点是“逐臭”，也就是我们常说的“闻起来臭，吃起来香”，但是逐臭其实是历史上特定阶段，人们因为没有选择而形成的一种味觉偏好。因此，董振祥认为，米其林的榜单没有重视这种变化，他们对中国美食的印象，仍然停留在过去。如果你真的在中国生活个几个月，那你肯定很容易看到，餐饮行业的变化得用“日新月异”来形容。由此可见，我们大脑中美味地图的发展也是一个逐步进化的过程，其背后的深层机制，我们将在下一节具体讨论。

四、口味关乎命运

我们上面说到味道图像的巨大差异，有的时候，这种截然相反的偏好性，如果追溯到很早之前，甚至都不是在评价上不同了，而是会造成命运上的不同。在 2010 年的时候，华大基因公布了大熊猫的全基因组数据，这里就有一个让人惊讶的结果：因为大熊猫体内竟然不含有能降解纤维素的基因，也就是说大熊猫这个物种已经出现了好几百万年了，但是这么长的时间以来，作为主食的竹子，大熊猫竟然不能自己消化，而只能靠肠道的微生物先帮助分解，才能被继续吸收。而且对于哺乳类动物来说，有一个重要的识别鲜味的受体基因称为 Tas1r1，在大熊猫的身上已经失去功能了。这个时间点发生在 400 万年前，和之前考古证据里得出的大熊猫从肉食转成素食的时间点完全重合。

根据这些事实，人们就推断，大熊猫的命运大约是这样的：在 800 万年前，这个物种出现了，当时它是一种以肉食为主的杂食性动物；但是在 400 万年前，有一小部分大熊猫失去了尝鲜的能力，它们对鲜味就没有感觉了，于是肉就失去了诱惑力，熊猫就开始“瞎吃”，肉在日常饮食中占比越来越少。但是幸好，它们还没有失去品尝甜味的基因。所以，依靠吃那些含糖量比较高的竹子，熊猫能够获得足够的热量，得以存活下来。此时不巧赶上了气候变化，大量的动物死亡，那些仍然以肉食为主的大熊猫因为食物不足而被淘汰了，而不太爱吃肉，总爱啃甜竹子的大熊猫就这样被大自然筛选出来，活到了今天。

所以，我们可以猜测，是口味上的偏好改变了大熊猫的命运。口味上的偏好也决定了不少动物的习性，例如，虎、狮、豹，甚至家猫，它们都是 Tas1r2 这个专门感受甜味的基因失去了功能，所以只有肉里的鲜味能勾起它们的食欲。有些人可能会说，我们家的猫就喜欢舔冰棍，其实猫只是喜欢奶油浓腻的感觉，或者是喜欢那凉凉的温度，它们的基因决定了猫绝对尝不出甜味。这种识别不出甜味的基因，在哺乳类动物身上其实很罕见。

因为大部分的哺乳类动物都是杂食性的，哪怕是那些身强体壮的阿拉斯加灰熊，也只是在鲑鱼洄游到河中产卵的那几天，能把肉吃个痛快。它们在一年中，如果按照重量算，一半以上的食物都是植物。在春天青黄不接的时候，甚至还大口地吃草来充饥。所以，糖具有可以产生脑中刺激性奖励的能力，与谷氨酸也能产生刺激性奖励的能力一样，对大部分哺乳类动物来说也是很重要的。因为食物总是很稀缺的资源，人类在饮食上的偏好性也无外乎于此。

第二节　饮食文化背后的生物经济学考量

人们对于食物口味的偏爱，会受到文化因素的强烈影响，而这背后其实还藏有一条经济规律，那就是它吃起来划不划算。那些能以最有效的方式给我们补充营养的食物往往就会显得更“好吃”。“吃”是人类永恒的主题，我们中的很多人现在动不动就以“吃货”自居，中国自古以来也常讲“民以食为天”。但具体到吃什么，不同民族的食谱可就千差万别了。你有没有想过，同样是人，为什么这个世界上的不同民族在饮食习惯上有那么大的差别？例如，蛆虫、老鼠这些我们想想就觉得恶心、更别提张嘴吃的东西，在有的民族那里却属于美味？一种食物被某种文化所青睐，到了另一种文化里却成为禁忌，这又是为什么？一个民族爱吃什么，不爱吃什么，为什么吃又为什么不吃，这些看似不起眼的问题，想要给出一个系统合理的解释也许还真不那么简单。

实际上，人类的口味不是由文化和价值观预先决定的，而是与自然环境、气候以及生产方式等因素密切相关。因此，解答口味之谜的钥匙，就藏在对营养、生态的收支效益的分析中。在《好吃》这本书里，美国著名文化人类学家马文·哈里斯（Marvin Harris）拿我们能想到的大部分驯养动物、昆虫甚至人类自己作为例子，试图证明，人们为了获得等量营养的食物所付出的代价越少，这种食物就会越合乎人的胃口；反之，为一种食物付出的代价越高，这种食物就越不好吃。下面通过几个现实案例来看看这些基于生物经济学的考量是如何影响不同文化条件的饮食偏好的。

一、人类无肉不欢的秘密

肉类和蔬菜，如果为了缓解饥饿，我们本能地更愿意选择哪种食物？对于这个问题，答案恐怕显而易见。当我们做出类似选择的时候，会发现对于肉食的渴望已经深刻地镌刻在了我们的基因里，即便是那些坚定的素食主义者，也需要培养格外强大的内心和定力，来抗拒肉食的诱惑。

从原始狩猎部落到现代工业化国家，人类不论社会发展程度如何，都会显示出类似的肉食偏好。有充分的数据表明，随着一个国家人均收入水平的提高，肉食在整个国家食品消费中的比重也会直线上升。例如，第二次世界大战后日本经济腾飞的1961—1971年，日本人食用动物蛋白的数量升高了37%，而植物蛋白的消费则下降了3%。同时，通过对50多个国家的研究发现，高收入阶层从动物性食品中摄取脂肪、蛋白质和热量要比低收入阶层多得多。可以说，我们人类真的是一有机会就要吃肉的。在人类的食谱中，动物性食物和植物性食物所扮演的角色也是完全不同。在几乎所有人类社会当中，肉食都拥有比植物性食品高得多的地位。肉食是身份的象征，是社交的媒介。在古代人们祭祀、出征要烹羊宰牛，今天我们结婚、请客也要大排筵宴。人类学家研究的每一个部落或者村落社会，都会用分享肉食的办法来加强社会纽带，巩固同乡和亲族关系。

那么，为什么人类是对肉、而不是植物如此厚爱呢？要知道作为杂食性动物，人类可是什么都吃的，食材的选择范围十分广泛，比较不同文化提供的食谱也会发现，肉类和植物在食物结构中的比率也极为多变，这说明人类对于肉食的偏爱并不像食肉动物那样，是天生的或是没得选。人类无肉不欢的原因其实只有两个字，那就是“经济”。肉食的特殊地位，源于它能比植物更高效地满足人类对于营养的需求。同样单位的熟食，肉类比大多数植物性食品都含有更多、更优质的蛋白质。像我们吃的肉、鱼、禽类和乳制品，富含了我们身体所需的维生素和矿物质，而所有这些都是植物性食物所稀缺的。简单来说，就是吃肉比吃素更容易喂饱自己，也更容易让自己吃好。肉食在营养效率上的这个特点，使它成了最受我们青睐的食物。

二、昆虫饮食为什么无法成为主流

我们再把目光从我们餐桌上常见的动物性食品转移到那些生活在我们身边却从来想不到要吃它们的动物身上。来看看上述对于口味偏好的分析在诸如昆虫、宠物甚至人身上是否还依然适用。对于这样一个问题，我们仍然用同样的分析思路。抛开我们听说把昆虫当作食物时的恶心、把宠物当作食物时的愤怒，单纯出于理性的角度，我们还是需要承认，一切形式的肉类对于人类都是具有营养价值的，从这个意义上讲，所谓的饮食禁忌从来都是相对的。也许你会觉得吃昆虫的人不正常，觉得吃宠物的人残忍。但纵观人类历史，对于这些另类食材的享用其实一直贯穿在整个的人类历史中。

以昆虫为例，我们不吃虫子不是因为它们脏并且让人恶心，但是，人类历史上，几乎世界各个角落的人类都有吃昆虫的记录，直到最近，大多数的人类文化至少认为有一些昆虫是好吃的。远的不说，进入我们中餐的食材就有蚕蛹、蝉、豆虫、蚂蚱还有蜜蜂。那么，既然吃昆虫曾经是或者仍然是数百种文化都认可的一种进食方式，它为什么仍然会被许多西方人所厌恶呢？

问题的答案，恐怕还得从考察吃昆虫或其他小动物所付出的代价与所得到的收益的比值入手。尽管昆虫是地球上最多的生物，并且富含蛋白质和脂肪，但这里面有一个热量回报率的问题。简单来说，由于单个昆虫的体积一般都比较小，所以同样为了填饱肚子、获取相同的热量，需要收集许多许多的昆虫才能抵得上一只猪、一头牛、羊这样的大型牲畜带给我们的热量。而收集这些昆虫所消耗的热量，则要高于饲养家畜的热量损耗。收支情况一比较就很容易理解，为什么在人类进入农业社会之后，昆虫充其量只能算人类食品仓库里的候补营养源了。

同样的分析思路也可以放在宠物甚至人类自己身上。例如，西方人不吃狗肉，并不是因为狗天生就讨人喜爱，而是因为作为宠物和生活伙伴的狗比作为肉食的狗能够给人提供更多的价值。相比之下，吃狗肉的文化一般都缺乏大量可供选择的动物食物来源，狗活着的时候所提供的服务不足以超过它们死后所提供的肉食的价值。

因此，所有这些食物偏好或禁忌的原因都是源于一种“投入——产出分析”，即食用这些作为食材是否是一件划算的事情。更值得一提的是如上的分析方法，科学界也称为“文化唯物主义”，大意是说我们的主观文化其实都可以找到客观的根源，就像解答人类的口味之谜的钥匙，就藏在对营养、生态的收支效益所进行的分析中一样。表面上是好吃不好吃的感受，骨子里却是经济不经济的考量，决定我们口味的是经济基础而不是上层建筑，是物质资料的生产方式而不是观念和意识形态。我们经常会觉得，我们的口味是一种特别主观的东西，但实际上，我们的口味甚至是我们的观念、思维往往都是被框定在一种文化习惯之内。我们笃信自己的传统，认为传统成就了我们的独特性，但实际上这些文化传统、观念都是随着自然以及社会环境的改变而改变的。明白了这一点，我们才能更好地形成看待人类不同的饮食观念、传统和文化。

第三节　美味与营养的关联与反思

人类在拥有了农业技术之后，依然保持着看见什么就想吃什么的原始冲动，我们可以把这个称为“瘾”。这种瘾后来形成了各种文化，例如，美食文化、烹调文化。换一种方式理解，就是我们应该在厨房里怎么做，才能更多地刺激多巴胺的分泌呢？这种瘾后来甚至加强到即便肚子还饱着，也很难通过进食实现多巴胺分泌产生愉悦感了，那我们还是拼命地去琢磨，有没有什么新的技术可以突破这种生理上的约束呢？让我们在吃饱的状态下依然可以体验进食的快感呢？现代的食品工业最新的技术，很多都是构建在这个假设之上的。那么，我们如何培养健康的饮食习惯呢？在食品工业高速发展、膳食变得越来越方便的今天，我们正在面临哪些来自身体内在和外在的诱惑呢？我们真的能够抵御这些诱惑吗？

一、我们是如何被美味操控的

盐、糖和脂肪这三种常见的食物成分。我们现在都知道，这三种东西吃多了，对健康非常不好。也许你曾经对薯片、比萨等垃圾食品欲罢不能；也许你因为不能成功减重而觉得是运动量不够，又或者是自责自控力不足。其实，这事可能还真不能怪你。为了吸引更多的消费者，为了提高经济收益，食品公司在产品中加入了远超出健康标准的糖分、盐分和脂肪。而且根据相关研究，习惯了吃加工食品的人想戒掉零食，就和戒毒的难度差不多。

1. 我们为什么会沉迷于加工食品

加工食品的范围非常大，那些添加了很多化学配方的食品，基本都在加工食品的范围里。添加了什么化学配方呢？例如，为了让食品更好吃，人们会添加人工甜味剂；为了让食品保存的时间更长，人们就会添加防腐剂。如饼干、方便面、薯片，它们都是加工食品。数据表明，美国人摄入的食品有三分之二都是加工食品，这已经是一个年销售量高达 1 万亿美元的行业。同时，人群中过度肥胖的比例也大幅上升。

加工食品商们让消费者摆脱不掉加工食品诱惑的秘诀，就在于这三种成分：盐、糖和脂肪。因为这三种成分最能刺激人类的味觉，而味觉对人们选择食物有着根本性的影响。有一本专门研究成瘾机制的书名为《上瘾五百年》，里面提到什么叫作上瘾：上瘾就是化学分子刺激，让人身体产生了更多诱发快感的神经传导素。上瘾会让人有幸福感和解脱感，这和美味的食物带给我们的感觉相同。食品同样能激发大脑皮层的兴奋，让人上瘾。食品公司的研究员们曾经总结出了一条关于“理想零食”的公式。消费者买零食，肯定会受到很多因素的影响，例如，购买方不方便、价格实不实惠、食品是不是健康。但研究者发现，味道最能刺激消费者购买，只要提升风味，购买量就会上升。

就拿很多健身达人最看重的指标“含糖量”来说，人类对甜味非常敏感。研究人员就发现我们口腔的所有部位，包括上颚，都嗜甜如命。大脑对糖的反应和对可卡因的反应一样，甜食代表着能量，能带给人兴奋感和愉悦。甚至可以说，人类的历史是嗜甜的历史。所以，食品商自然很喜欢往食物中添加糖分了。糖不仅能直接吸引食物消费者，还能让他们吃得更多，帮商家卖出更多商品。不过，食品当中的含糖量也不是越多越好。可口可乐公司就找到了一个糖分的“极乐点”。他们花费了大量的资金和精力做实验，最后发现，如果甜度超过了这个极乐点，人反而会感觉很腻，就会影响饮料的销量。因为人的大脑虽然更喜欢甜，但也更容易对强烈浓郁的味道感到疲劳，就会抑制对这种味道的渴望。这个最佳平衡点就是糖分的极乐点，按照这个比例调配好的可乐，不仅能让你感到令人愉悦的甜味，而且喝完后嘴中不会留下任何不好的味道，只会让你更加想喝。

甜味对于小孩子们的诱惑力，比对成年人更强。有研究者发现，偏爱甜味可能是一种“习得性行为”，意思是说，童年吃加工食品多的小孩，长大之后，也会更爱甜食，终其一生都无法摆脱对加工食品的渴望。所以，在给孩子们做的零食里，加工食品商们往往都会添加更多的糖分。

此外，喝无糖饮料的效果可能也没有想象的那么好，因为就算饮料中不含糖，也会诱发我们对甜食的渴望，让我们摄入更多的食物，这样一来还是会导致肥胖。而且，无糖饮料当中的代糖还会欺骗人的新陈代谢系统，让身体以为自己已经吃了糖，诱发身体分泌胰岛素，从而储存更多的脂肪，这一点特别值得注意。

脂肪和糖一样，也能刺激大脑，但是它更像一种麻醉剂，可以屏蔽食物里不好的味道，让食物的口感变得更柔和。加工食品行业还找到了让糖和脂肪协调作用的办法。他们发现，多加一点点糖时，多脂奶油会更美味。而且，脂肪隐藏得很深，很多饼干、薯片、蛋糕和派中，包括士力架和 MM 豆，其中一多半的能量其实都是脂肪提供的。但是消费者却不会认为这些是油腻的食品，最多只会对其中的糖分保持警觉。而且更糟糕的是，无糖饮料当中的代糖还可以当作糖类的替代品，而脂肪是不可替代的。雀巢的一位食品科学家，就曾经试图用其他化学品来替代干酪。但是他很快就意识到，干酪中脂肪发挥的口感是化学品替代不了的。人们迷恋的是干酪酱汁独特的口感，它既像蜜糖般黏稠，又像花生黄油般浓郁。脂肪可以促进进食，在它对大脑的麻醉作用下，人们完全吃得停不下来。而且，脂肪没有“极乐点”，食物里的脂肪含量越高，消费者的味蕾就越喜欢。

说完了糖和脂肪，我们再来看看盐。这个成分更容易令人放松警惕，毕竟，盐不会引起肥胖。但它对健康的影响也不容小视，由于钠的作用，摄入大量盐容易引起高血压。根据统计，现在有超过四分之一的美国人都有高血压。为了让人们少吃盐，健康部门的官员还曾经发起过一项运动，希望人们挪走美国餐桌上常见的盐罐。但他们最终却发现，这些盐罐对人们摄入钠的贡献大约只有 6%，其实超过四分之三的盐分摄入都来自加工食品。番茄酱、比萨和速溶蔬菜汤里都含有大量的盐，甚至在给糖尿病人生产的低糖低脂的食品中，都含有大量的盐。

为什么加工行业也同样青睐盐呢？盐强大的吸引力一度让科学家非常费解，毕竟糖和脂肪来自动物和植物，包含了生命活动所需要的热量，而盐只是矿物质而已。虽然钠对人的生命是必需的，但是大多数人其实只需要摄入少量的钠就足够了。而现实的情况是，美国人每天摄入的盐，要比人体需要的高出十倍乃至二十倍。后来科学家发现，问题的答案还是要回到味道，咸味也会引发大脑的快感。适当的咸度可以提升从培根、薯片到干酪、泡茶等所有食品的吸引力。中国厨师当中不就有这样一句名言吗？盐是味中仙，盐放对了，这道菜的味道差不了。

除了增加吸引力，盐还可以作为“修复剂”，用来掩盖食物里不好的味道。加工食品常用盐来掩盖怪味。处理这种怪味最有效的方法之一就是加入新鲜调料，但草本植物价格昂贵，所以加工商选择了更便宜的盐。乐事薯片有一任健康总监，曾经想用静电吸附的方法减少盐的用量，这样确实能生产出低盐薯片，但是却需要额外的成本支出。盐太便宜了，直接撒上去用量容易偏大，但是成本足够低。你看，加工行业青睐糖、脂肪和盐，就是因为这几种成分能给人带来无与伦比的诱惑力。面对超市里激烈的竞争，食品商们不得不保持低成本和高吸引力的风味，而保证味觉吸引力最容易的做法，就是不断加大盐糖脂的剂量、加强刺激。

2. 我们是如何吃下过量糖和脂肪的

其实我们都知道过量摄入糖、盐和脂肪的危害。所以为了让我们放松警惕，一些食品加工企业尝试了各种五花八门的营销手段，让我们在不知不觉中吃下了更多的加工食品，陷入甜蜜柔软的陷阱之中。在这方面，可口可乐公司可谓是营销典范。可口可乐的营销人员发现，可乐消费符合“二八定律”，就是世界上 80%的可乐，被 20%的重度使用者消费。所以，他们采用各种办法，培育可口可乐的重度使用者。例如，他们发现，相比中老年，青年人更容易建立起长期的品牌忠诚度，所以他们就投放了大量针对年轻人的广告。虽然可口可乐承诺了不会在 12 岁以下的儿童观众节目里打过多的广告，但他们对 12 岁以上的小消费者，那广告可谓铺天盖地、穷追猛打。他们的广告策略还区分不同的人群。例如，他们在发现非裔美国人更爱甜味更浓的饮料之后，他们也策划了一些更针对非裔美国人的广告。除了在广告上下功夫之外，本地销售人员还会研究超市货架摆放、商场布置，为可口可乐选择最佳的位置。他们会在街头门店进行推广，激发人们的购买偏好。可口可乐去到巴西后，为了符合当地贫民区的要求，甚至了推出了一种全新的、更便宜的小包装可乐。统计发现，从 1980 年以来，可口可乐的销量开始飙升，一同飙升的还有美国的肥胖率。汽水含糖量高，又有大包装，是引起肥胖病最重要的原因。

在消费者心中打品牌战当然是一种方法，还有很多食品公司用的是另一种营销方式，你一定也很熟悉。那就是把产品和“健康”绑定起来，做和“健康”有关的形象营销。例如，水果一直是健康的象征，顺带着连果汁也被划入了健康食品的阵营。但其实很多果味汽水根本不含水果，而某些所谓“纯天然”的浓缩果汁，真正的果汁含量也少到可怜。一瓶里大概只有两汤勺，还不到配方的 5%。这么一点果汁，最后却成了营销中打造健康形象的重点。而且，就算这份果汁真的是水果榨出来的，营养也没有水果那么高。在果汁浓缩汁的制作过程中，加工工人会先给水果去皮，这就去除了水果里大部分的有益纤维和维生素；再从果肉中提取果汁，又会让水果失去更多的纤维。他们还要添加去除苦味的化合物，通过混合来调节甜味，最后再蒸发掉果汁内的水分。最后得到的浓缩果汁基本上就是糖，纤维少得可怜。但是，由于食品公司的营销，“果汁是健康饮料”已经深入人心。很多人为了保证健康放弃汽水而喝果汁，但他们想不到，这样的生活方式同样会让他们发胖。

再例如，“低脂牛乳”这个产品，由于脂肪的公众名声一直不好，脂肪这个词出现在食品上也很不讨人喜欢。在20世纪70年代，美国牛乳的销量一度锐减，就是因为人们担心牛乳中含有的脂肪会带来过高的能量。那该怎么办呢？乳制品业发明了“低脂牛乳”这个概念，化解了危机。这种低脂牛乳的包装上，还会打上“2%”的标签。很多人看到这个标签，就认为这是说明牛乳中98%的脂肪都被去除了。但其实这个“2%”，就是一个营销策略。因为全脂牛乳中的脂肪含量是3%，低脂牛乳只降低了1%而已。

为了让自己家的产品销量更好，食品商甚至会赞助那些对自己有利的研究。例如，家乐氏的糖霜燕麦片，就在2008年初推出了一个广告，广告告诉大家：一项临床研究显示，早餐吃糖霜迷你燕麦片的孩子，他们的注意力都提高了近20%。但是，这个临床研究其实是家乐氏公司自己支付资金做的。而且回看这个实验的真实数据，也只有七分之一的孩子的注意力程度提高了18%。但在被告发、勒令下线之前，这个广告已经帮助糖霜燕麦片占有了很大一部分的市场份额。还有另一些食品加工业积极创造出的、看似更健康的食品，例如，酸乳、高纤饼干，但这些食品是不是真的健康还要打上一个问号。我们就这么一直被加工食品深深诱惑，不能自拔。

3. 我们还能够抵抗住美味的诱惑吗

既然大家都知道，吃多了糖、盐和脂肪对身体不好，那食品公司这么多，难道就没有一家真正的“良心企业”，带头做一些真正健康的食品吗？其实，生产趣多多和乐之的卡夫公司，还真的曾经有过减少产品脂肪含量的尝试。他们想看看能不能既解决人们肥胖问题，还能保证自己公司产品的销量。

这个尝试可不容易，因为脂肪之于食品加工业，正如尼古丁之于烟草，很难戒掉。卡夫特地成立了健康和营销专家小组，研制了更健康的产品。他们尝试往里面加入健康的搭配，如新鲜胡萝卜，还推出过低脂配方的午餐。就算做了这么多，也没达到卡夫公司想看到的效果。例如，新鲜的果蔬实在难以保存，低脂配方的午餐口味没那么好。要知道，加入过量的盐、糖和脂肪不仅可以增加食物的诱惑力，还可以让食品储存期变长，更有利于销售。这些健康食品因为销量惨淡，很快就停止生产了。所以卡夫公司内部对这项工作有疑惑，觉得这种做法影响了食品的销售。

更重要的是，美国食品行业巨头一直受到华尔街的影响。金主们对企业的账面数字非常看重，不允许企业利润下滑。食品生产商们也不想冒着触怒金主的危险自我改革。一旦生产健康食品，销量就下滑，这让良心企业怎么活下去呢。看来，想要改变这个情况，光靠食品公司是不行的。既然这样，那就得靠外部的力量，如政府管制。其实，在公共健康领域，早就有很多控制加工食品滥用盐糖脂的努力了。在有些地方，控制盐糖脂的政策已经获得了成功，如芬兰。自20世纪80年代以来，芬兰为了应对心脑血管疾病，开始降低国民对盐的消费量。他们利用公共教育，大力宣传过量食用盐的害处，并要求食品商在高盐食品上醒目地标注出“高含盐量”，效果很显著。2007年，芬兰人均盐消耗量降低了1/3。

但是政府不一定总是站在公共健康这边，出于对国家经济发展和平衡的考虑，政府有时也会做出一些对公共健康不利的选择。例如，干酪在美国的推广，在我们的印象中，美国人非常喜欢吃干酪，但其实美国人在所有菜肴中添加干酪，并不是历时已久的习惯，而完全是被广告培养的。在这个过程中，政府带来的影响就非常大。在加工干酪发明之前，干酪不易保存，销售也比较困难，美国人对干酪的消费量并没有像现在这么庞大。那干酪的消费量是怎么上升的呢？来自生产过剩的乳品业。他们受到政策保护，不用担心竞争和滞销，所以有着巨大的产能。而公众对健康日益关心，制造者生产了许多脱脂乳，脱脂乳多余的乳脂就被用于制造干酪。为了卖出更多乳制品，政府就一直鼓励公众消费乳制品，如牛乳和干酪的消费，而对乳制品可能造成肥胖的危险却一笔带过。为了卖出更多的干酪，生产商们还疯狂增加干酪的应用场景，如吃抓饭和意面时有不同的干酪。原本是零食的干酪，一跃成为美国人必不可少的厨房调料。

同样的情况还发生在美国的牛肉加工业。干酪和红肉在人体内囤积饱和脂肪，容易引起胆固醇过高、糖尿病。但美国农业部健康中心隐藏了这个提醒，毫不犹豫地和食品业站在了同一战线。牛肉加工商们还联合起来发起了“代扣会费”项目，所有的供应商都提供一部分资金，用于对政府部门进行集体游说。在游说下，美国农业部一直都帮着加工商说话。联邦政府对糖也非常宽容，甚至免除了食物中糖的最高限量，也没有强制要求那些生产厂家公布它们产品的含糖量。在这种情况下，维护公共健康的公共力量，既没有足够的资金，也缺乏政府的支持，当然也就没办法和强大的食品加工商对抗。例如，联邦贸易委员会就曾经发现，很多早餐谷物含糖量在50%以上，但食品公司却打着“健康食品”的招牌售卖着这款产品。发现了这个情况后，联邦贸易委员会还曾经试图禁止它面向儿童的食品广告，但受到了来自食品公司、广告商、电视网络代表的抵抗。这是一个强大的行业游说团体，他们动用了高达1600万美元的资金，推翻了委员会的提案。早餐谷物的广告商依靠强大的政治游说资源取得了胜利，早餐谷物依然作为一种“健康”的食物被大量购买。

加工食品的流行，其实也有着现代的经济和社会因素。可口可乐和卡夫的高管们，吃东西都非常注意，都会尽量避免吃下自己公司的食品和饮料，而是维持着健康的生活方式。因为新鲜健康的食材不仅价格更贵，而且获得的难度更高，所以越是生活在社会底层的人，越容易依恋加工食品提供的不健康但方便而廉价的味觉刺激。食品加工商有盐、糖和脂肪，但我们有选择的权利，这才是最强大的力量。毕竟我们可以决定自己吃什么，也可以决定自己吃多少。例如，盐，人对盐的渴望可以很容易地逆转。只要进行低盐饮食一段时间，人们口腔味蕾就可以重新恢复敏感。这时，人只需要一点点的盐就可以感受到愉悦。这样，人们也可以重新审视过去的饮食，吃下了多少没有必要又有害健康的盐。

二、如何勾画健康的味道图像

我们前面曾介绍了味道图像是自我认知的重要部分，也是让人产生食欲的重要原因。从这个观点出发，我们也就能理解所谓培养健康饮食习惯的方法，就是要管理自己的食欲，主动画好你大脑里的味道图像。

1. 环境影响味道图像的形成

你可能听说过“凡是好吃的都不健康”。那么，喜欢吃不健康的东西是人的天性吗？我们认为不是的。每个人大脑里的味道图像是很不一样的。天性当然是一方面的原因，有的人天生对苦味比较敏感，有的人乳糖不耐，这都与基因有关。但是，如果与你出生后累积的对食物的经验相比，天性的影响可能没有你经常和谁一起吃饭，或者你是哪儿的人重要。换句话说，环境对我们大脑中味道图像的勾画可能更重要。例如，当代社会肥胖的问题这么严重，大家普遍觉得健康饮食如此困难，是因为我们面对的食物供给环境不够健康。甚至有人说，你想在超市货架上选出健康的食物，可能要忽略到90%的东西。这个比例可能有点夸张，但是每天都面对大量不健康的食物，确实是我们目前面临的真实饮食环境。

很多人从小就生活在这样的环境里，在不健康的食物里选择喜欢吃什么，不喜欢吃什么，形成的饮食习惯怎么会健康呢？在这样的环境里形成的味道图像，会让人对不健康的食物有食欲，也没什么好奇怪的吧。假设一个人饮食习惯不健康，在这样的饮食环境里，他想要改变也会非常困难。改变饮食习惯的障碍太多了。除了货架上不健康的食品在诱惑他，还有心理的、文化的、经济的和生活环境的各种因素。例如，这个人下定决心要多吃新鲜蔬菜，但是这种决心经常因为家里没有蔬菜这第一个障碍，就土崩瓦解了。就算他买回了青菜，如果他不会做青菜，菜就很可能会在冰箱里放到烂掉。他还可能遇到家人的阻力，如果他不是家里做饭的那个人，就算他知道青菜和橄榄油的各种好处，其实也没什么用。更可怕的是，他懂得的那些健康饮食观念，有时候还会起到反效果。例如，就有这么一位营养师，她根据自己多年的临床经验得出了一个悲观的结论：不管她给的饮食建议初衷多么好，大多数建议不只没用，还会起反作用。营养师一般会建议患者：你为什么不用更小的盘子呢？你有没有想过吃苹果代替巧克力棒？如果你能细嚼慢咽可能会有帮助。在这位营养师看来，这都是亲切的、说服性的废话。她发现，患者对这种建议的反应一般都是“你说的对，但是……”，例如，你说的对，但是我们公司的食堂没有苹果；你说的对，但是我太忙了，没办法细嚼慢咽。

在这个问题上，家长、朋友、营养师，还有很多专业机构都在犯同样的错误。为什么好的建议反而没用呢？因为这些建议从来都只关注对不对，没有关注食物的味道和我们吃它们的感受。在作者看来，不关注食物的味道和吃的感受，其实白白浪费了培养健康饮食习惯的大好机会。想要坚持一辈子都吃得健康，前提是你自己想吃那些健康的食物，你得对健康的食物有食欲。食欲，也可以说是人想吃的动机。只有找到内在动机才能提高真正我们的行动力。这个道理，放在培养饮食习惯上也一样。前面提到的那位营养师就发现，如果他们能从谈话中帮患者找到自己想改变饮食习惯的内在动机，然后鼓励他们，就能明显地提高治疗效果。

2. 如何构建健康的味道图像

接下来，要做的就想办法增强对健康食物的食欲。具体方法当然有很多，例如有一种很好操作的方法称为感官教育。简单来说就是主动改变饮食环境，让接触、品尝健康的食物，然后在这里面选择喜欢吃的东西。如果尝试100种健康食物，相信总会有一些是你喜欢的。多吃那些你喜欢的健康食物，你大脑里的味道图像就随之会变化，你的饮食习惯就越来越健康了。

为什么这种方法有效呢？因为我们和食物互动的过程，并不只是吃这么简单，它可以分成5个维度：感觉、反应、偏好、选择、营养。我们就拿西蓝花来举个例子。你吃西蓝花，你会感觉到它的颜色、气味、口感等，然后你会对这些特征产生独特的反应，可能觉得好吃，也可能觉得恶心。你的反应有很多原因，包括你对苦味是不是敏感，还有烹饪方法，甚至你是被迫的还是主动的。反应会造成偏好，好吃会让你喜欢它，被迫会让你讨厌它，或者你根本就无所谓。偏好会决定了你对西蓝花有没有食欲，你会不会定期选择吃西蓝花。最后才是营养，会不会定期吃西蓝花，决定了你能不能获得西蓝花带来的营养优势，包括叶酸、纤维、维生素 C 和钙等。

我们只有经过前四个维度，才能让吃或者不吃西蓝花成为你饮食习惯的一部分，而不是因为最后一个维度营养，再反过来强迫自己吃西蓝花。所以，如果你让自己重新体验前四个维度，就有机会改变你对这种食物的偏好。一些欧洲国家很早就在探索这种方法了。它最早出现在法国，20 世纪，一个法国医生在法国小学开设了一种品尝教育课，这个课程会从训练五种感觉开始，让孩子体会各种食物的美好，课程结束的时候，他们会举办一场盛大的法式大餐宴会。

近年来，很多欧洲国家都开始运用类似的教育方法。芬兰就是一个很成功的案例。21 世纪初的时候，芬兰人发现他们国家的儿童肥胖的比例很高，接近 10%，而邻国挪威和瑞典都在 5%左右。这给整个国家敲了一个警钟。老师们认为，这是因为孩子们的饮食习惯普遍不好，他们喜欢吃的东西很多都不健康。从 2009 年开始，芬兰政府花了很多钱在国内的幼儿园开始一个称为 Sapere 的食品教育课程，就是一种感官教育课。这个课程也可以看作是一场改变儿童口味的大型实验。

幼儿园首先会列出一个教学菜单，保证整个菜单上的食物都是健康的，然后鼓励孩子与这些食物玩，用感觉去探索它们，感受黑麦薄脆饼的坚硬，吃起来的噼啪声，感受桃子的柔软绒毛，或者蔓越莓的酸味。这种探索意识就会延伸到他们吃午餐的时候，他们会更愿意探索餐桌上的健康食物，也就更有可能喜欢上这些健康食物。这个课程的结果很理想。老师发现，孩子们对食物的态度彻底改变了。他们不再觉得甜菜根很恶心，反而会着迷甜菜根怎么把煮菜的水变成紫色。孩子们越来越清楚自己吃了什么，也更敢尝试陌生的食物。更重要的是，整个国家儿童肥胖比例真的降低了。

由此可见，感官教育能彻底改变饮食习惯。它不只是教孩子学习吃哪种蔬菜，而是培养一种对饮食的态度。拥有这种态度的人会喜欢复杂的味道，更容易接受多样化的食物，对高糖、高盐、高脂的垃圾食品上瘾的程度会比较低。这个方法对大人也同样有用。瑞典就有一个针对老年人的成人版 Sapere 计划。一开始，很多老人都排斥。但是坚持了 3 个月以后，参与者都说，他们学会了很多东西，做饭也更有意思了，甚至喜欢上了很多一辈子都不吃的东西。

因此，重塑我们对食物的感官体验就可以改变我们大脑里的味道图像，改变我们的食欲，开始健康的饮食。这并不是让人一定要吃某一些食物，而是在健康的食物范围之内，随意选择自己喜欢吃的东西。作为杂食动物，我们有一个了不起的能力，就是能改变自己的食欲，就算是耄耋老人也有这种能力。我们每个人的大脑里都有一张从胎儿时期就开始绘制的味道图像，这张图决定了我们的食欲，决定了我们的饮食习惯。想要健康饮食，你需要改变大脑里的味道图像。最直接的方法，就是重塑自己对健康食物的感官体验。

第四节　重新定义的美食学

当我们讨论了关于美食的方方面面以后，似乎有必要开始重新定义美食。在我们继续讨论吃东西的日常行为之前，也许必须重新建立一个框架，从中找出常见的因素，包含着美食学的多样性，诸如生物学、文化、地理、宗教以及生产层面等。美食学是关于一个人吃东西时所有合乎逻辑的知识，它使做选择变得容易，也让我们了解何谓品质。美食学能让我们体验接受教育的快乐，并能快乐地学习。当人们吃东西时，也就产生了一种文化，所以说，美食学就是一种文化，它既是有形的，也是无形的。选择是人类的权利，所以美食学也关乎选择的自由。美食学具有创造性而非破坏性，所以美食学本身就是教育。美食学让我们有机会过更好的生活，使用既有的资源，并刺激我们改善生存状态。所以，美食学也是一门研究幸福的科学。借由全球共通且最直接的“语言”——食物，借由人类的普遍认同，美食学也展现出和平外交最有力的一面。这些多维度的考量能够让我们重新思考、重新定义美食学。

一、现代食品加工业的变迁

人类与动物之间最大的不同，在于人类懂得用火烹煮食物，其他动物只是单纯地把存在于大自然中的东西直接当作食物。发现如何使用火（以及其他准备食物的方法），让食物成为文化进程当中的第一步。火对于原料的影响首先是物理及化学反应。原料要事先经过处理才能食用、保存和运输，并尽可能让吃的人感到快乐。经过几个世纪的摸索，控制火的方法终于通过简单的烹饪展现出来，同时科学技术的进步也催生出一些新发明。工业化一开始，对于那些在工厂工作、没有时间做饭的人而言，他们的营养需求改变了（当时的工作时间更长，很难想象我们现在竟然还抱怨没有时间煮饭）。

当工业化开始带动食品工业的发展以后，人们开始过度依赖由化学原料生产出的即食食物。人们的新需求和食品科技的新发现，让食品工业不断地扩张，但后来化学原料的使用越来越随意，导致食品安全丑闻频发，甚至新疾病也不断产生。人们的饮食开始缺乏营养价值，口味也开始变得单调。食品工业使用化学原料的黄金时代是 19 世纪后半叶，那段时间许多发明如雨后春笋般出现。瑞士朱利亚斯·美极（Julius Maggi）发明了干燥汤包和汤块；德国尤斯图斯·冯·李比希（Justus von Liebig）男爵发明了肉汁（他同时也是化肥的发明人）；法国伊波利特·米格·穆列斯（Hipplyte Mège-Mouriès）发明了食用氢化植物油。同时期的发明还有可口可乐、口香糖、菠萝罐头等。姑且不讨论这些发明先锋是否知道他们自己的发明多有革命性，但他们确实推动了工业化食品生产的浪潮，也预言了后来农业技术工业化的趋势。

至于现代食品、现代的新发明更是撼动了所有种类的食物，甚至先进到可以重现传统菜肴，包括世界各地饮食文化的特色（至少卖家是这么宣称的）。在超市里，你可以买到冷冻墨西哥酱比萨，或是只要放到平底锅里加热就可以吃的墨西哥特色菜、西班牙什锦饭、来自世界各地的汤包，还有其他的发明，例如，巧克力点心、薯片、加工过的干酪切片等。这些发明是食品工业的缩影，包装上色彩抢眼的商标甚至比里面的东西更重要，产品本身不论是在视觉、嗅觉还是味觉上，都和食材本身天然的样子没有任何相似之处。

尽管这些发明最初只是为了满足那些在工厂工作的家庭的实际需求，但事实上，最后结果却完全颠覆了食物处理的规则。更多新的食物处理方法被发明出来，如脱水、冷冻干燥、急速冷冻等，这些都是非自然的方式。而为了平衡这些非自然的食物处理方式，相应地，也必须发明额外的方式，以便让食物原料到最后还能有一些与它们原始模样相似的地方，能让我们回想其原始味道。事实上，大自然里没有一种东西像快餐店供应的鸡块，它们的外观形状完全是人造的，尝起来根本不像是鸡肉。这些肉来源于大批量生产的农产品加工厂，加工方式是一系列的生产线，从绞肉、消毒，到勾芡、加入乳化剂和稳定剂，最后冷冻起来。这些生产线也是添加化学原料的地方，人们可以从无到有地“再造”食物，创造出口味、香气，甚至鸡肉的假纹理。这些人工及所谓天然食品，其成分中的添加剂非常多。美国编剧埃里克·施洛瑟（Eric Schlosser）在他的《快餐帝国》一书中曾有这样一段描述：人类能成功地从产品中分离出味道，也能够随意地把这些味道组合起来。在食物生产的工业化模式下，生产食品的过程对原料及其原始特性丝毫没有尊重。由于人们可以随意在实验室里重制与食品相同的外观及口味，因此食物的成分表变得更加难以理解。

化学及物理学也是现代美食学的一部分，因为他们能协助重现原味。不可否认的是，“味道”和“原料”这两个饮食元素之间关系密切。化学和物理这两门科学虽然制造出许多让人无法理解的东西，但解铃还须系铃人，它们也能以可持续的原则，帮助我们整合工业化的食品生产，阻止生产对健康有害的物质，帮助我们揭开滥用食品设计的人的面纱，清楚解释从鸡到鸡块的过程，告诉我们食物中到底含有什么，让我们避免继续被蒙骗。

这两门科学让人类拥有了自由分解或重组食物的能力，同样地，它们也能让我们回归自然、回归原始口味、研究传统的保存加工食物的技巧，找回食物应有的尊严。我们甚至可以利用这两门科学进行改善研究，激发食物所有的潜力。如果化学能为美食学所利用——就像食品加工业曾经神不知鬼不觉地利用化学一样，当食物的准备过程与其自然特质牢不可破地结合在一起时，化学将为我们带来健康、知识及味觉享受。

二、现代美食学中的人类学与社会学

研究美食学如果没有采用人类学的观点，将会忽略食物的深奥所指，忽略日常饮食是一个不断发展的连续体，只把它视为一组固定的规则，忽视了文化认同的内涵。

社会学研究的是人和团体的社会生活，以及社会现象（如不同社会与文化之间的认同、交流问题，认同是如何形成的，以及从美食学的观点来说不同的社会展现什么样的饮食）。因此它能为美食学提供大量有用的数据资料及分析工具，而它本身也能以美食为基础进行研究。

人类学和社会学让我们了解人类做选择时的复杂程度。以历史的观点而言，研究人类社会彼此的交流或社会冲突等，可以协助定义美食学及食物系统，帮助我们了解社会现状。人类学和社会学让我们了解人类为求生存、适应环境与周遭环境和谐共存的方法。鉴于现今世上发生的事情，这两门学科让我们重新评估传统知识及技能。人类学和社会学也能告诉我们为什么有些人特别喜欢某些食物，并提醒我们一些早已被人类遗忘的基本定律。

即便是杂食动物，也不会什么都吃。有些食物根本不值得费心制造或准备，有些食物有比较便宜或更有营养的替代品，而为了某些食物，我们可能必须放弃其他更有益处的食物。营养成本和益处之间有着基本的平衡，通常人们喜欢吃的食物，会比人们不喜欢吃的那些食物含有更多的热量、蛋白质、维生素或矿物质等营养成分。但也可能是出于其他成本效益的考量，我们想食用某种食物，而不考虑食物的营养价值。有些食物具有很高的营养价值，却因为需要花很多时间烹饪，使得人们不想食用；或者，某种食物因为会对土壤、动物、植物或环境造成不良影响而被放弃。

人类学及社会学是互相依赖的，也是美食学的相关领域。从这两种学问中加深了解食物系统、营养学的历史以及特定文化传承下来的食物生产加工知识。

三、烹饪才是美食学的心脏

烹饪是指烹煮、准备及保存食物。同时烹饪也包含并表达一个人的文化涵养，它是一个群体的传统及自我认知所在，它比语言更能作为沟通的桥梁，吃别人的食物要比说别人的语言更直接、容易，所以烹饪是文化交流及融合的最好方式。但现在却发生了戏剧性的改变，即使在家里，工业化也带来了冲击，全球化带来更多的商品交流，饭店的餐饮部能处理更大的需求。这样看来，大家对于日常美食艺术被换成金钱模式还会感到意外吗？在富裕的发达国家，人们更加不常使用厨房，大家只买煮好的食物即可，无论是打包外带餐点、在快餐店用餐，还是在奢华的餐厅里享受新式的烹调方法。社会传统的变革已经让身处西方工业化世界的不同背景的人都远离了厨房。

即使是美食家，现在也都逐渐遗弃了厨房，大厨佩雷戈里诺·阿图西在撰写他的烹饪经典大作《厨房里的科学以及吃得好的艺术》时，与助理马利耶塔花了好几年时间待在厨房里，尝试他所搜集的每一道食谱。但这位美食家最后还是变成了一位评论家、一位评审。他走到餐厅里，甚至都没到厨房里走动一下，就直接对最后的料理成品下判断，而这成品是在厨房里经过长时间复杂程序处理后的成果。鉴赏美食，除了品尝，我们还需要知道这些烹饪技巧的优点，知道它们应受的尊重，也需要知道如果我们要评论一道菜，必须把这些全都考虑进去。所以我们需要和餐厅的主厨及其团队成员碰面，也需要到厨房参观一下他们工作的情况。片面地讲，我们可能会说烹饪已死，但事实上，问题只在于如何重新获得仍然存在的知识及技能，以及如何学习、维护并复制它们而已。

现今的全球化造就了许多标准化、工业化的产品，是普通人就可以唾手可得的，这样的所谓进步也导致我们的饮食习惯变坏，也就是大家都食用不注重美食价值而大量生产的食物。如果我们真的想比较好地去品鉴美食，也许都必须先从本地食物开始，让自己沉浸于非全球化的氛围下。当全球都偏好标准化的烹饪方式时，新变化也同时产生，那就是强调烹饪技巧及方法的重要性，让大家重新找回这些技巧。举例来说，配合产地特性的烹饪方式，这点在烹饪历史上来看，属于新近的发明。从文化角度来看，当世界变得越来越标准化，原生食物就越来越有吸引力和重要性。

虽然有人宣称烹饪已死，但它仍是我们主要的营养来源，是人类自我认知及文化的存续证明，是许多个体重复着相同的动作并借此沟通的一种文化。不管人们相距多远，各地方的人都重复着相同的烹饪行为，将食材混合，发明新菜式，共同分享回忆及认同感。

烹饪是美食学的心脏，它会不断地演化，唯一能威胁它的便是我们的放弃，而那对于人类文明将是极为残酷的行为，我们绝对无法承受。我们必须找回烹饪原有的尊严，使其成为科学研究的主题。美食家以及其他人都必须回到烹饪这个原点——就让我们从自己做起。即使我们没办法学到实用的烹饪技术，也至少要学到理论的重要性，了解那些无法估量的无价文化。要知道，如果没有烹饪，就不可能谈美食了。著名主厨艾伦·杜卡斯（Alain Ducasse）给美食的定义就是："美食是当你看到一样产品时，你会尊重它的原始口味，尊重那些栽种、培育或发明它的人，并使用正确的方法处理它，在正确的时间烹调，使用正确的配料。美食向每个人清楚地传达这些信息，这样我们才能感谢大自然赐予我们这些美好的东西，美食就是对产品本身的尊重。"

第五节　现代人的平衡膳食标准

我们面对美食的反应是感性的，是我们内在基因做出的一系列反应，而由于基因进化的速度很慢，因此，正如营养学家夏萌在《你是你吃出来》一书中所说的："我们活在快餐当道的世界，身体却困在了石器时代"。基因关注的是自身的延续，而并不关注其宿主的诉求，如健康长寿。而我们谈到营养这个话题时，大体上指代的都是对健康、长寿、无病无灾的期待。

一、平衡膳食与健康的关系

当代最困扰我们的健康问题就是各种代谢综合征及慢性疾病。实际上，慢病患病时间较长，这就是给了我们修复自己细胞的机会，也就是说我们可以有时间找出细胞损伤的原因，去除损伤因素，再加上有针对性地补充细胞修复成分，身体就会越来越健康。换句话说，在细胞损伤程度还不到无可挽回的情况下，慢病是可以预防和治愈的。而营养的均衡就是让我们细胞得以修复的关键。我们常说的"不能偏食，要注意膳食的搭配"就是要做到摄入营养的均衡。每一种食物都含有自己独特的营养素，但都不全面。只有通过进食多种食物，适当搭配，平衡膳食，才能让身体获得所需的全部营养。这些营养，从临床医学角度准确地描述，称为七大营养素，包括①碳水化合物（又称为糖类，包括葡萄糖、果糖、麦芽糖、淀粉等）。②蛋白质（基本组成单位分为必需氨基酸和非必需氨基酸）。③脂类（分为脂肪和类脂，脂肪又称甘油三酯，分为必需脂肪酸和非必需脂肪酸，类脂包括磷脂、胆固醇、胆固醇脂、糖脂）。④维生素（分为脂溶性维生素和水溶性维生素）。⑤矿物质（分为常量元素和微量元素）。⑥膳食纤维（分为可溶性膳食纤维和不可溶性膳食纤维）。⑦水。

准确地说，平衡膳食就是指选择的食物能满足成人和儿童对能量及各种营养素的需求。这里的需求是指人每一天的输出，包括为细胞新陈代谢提供能量，为新生细胞更新提供结构原料，为人体新陈代谢提供媒介，维持肠道细菌均衡等。这些都要消耗各种营养素，如维生素、蛋白质、脂肪等。搞清楚消耗量，以此作为每一天摄入食物的标准，并且坚持完成自己应该达到的营养平衡，这个人就是健康的。

二、不健康膳食的底层逻辑

我们现代人面临的最大问题就是：我们已经不需要消耗大量的体力就能获得足够的能量补给，而我们那个还停留在“石器时代”的基因并没有看到这个变化。对于每天运动较少，但是获取食物又非常方便的现代人而言，也许最适合的膳食标准应该是“低能量密度，高营养密度”。所谓能量密度，指的是单位体积中所含的提供给细胞的能量有多少。例如，馒头和油煎馒头比，肯定后者能量密度大。所谓营养密度，指的是单位体积中所含的营养素有多少。例如，馒头和饺子都含有碳水化合物，饺子里有肉、油和蔬菜，在能量密度和营养密度上都超过馒头。一碗米饭里基本上就只有碳水化合物和少量植物蛋白，缺乏大多数营养素。我们把这种只有能量而没有其他营养素的食物称作空能量食物，例如，白米粥、甜饮料、白面馒头和大米饭。

最符合低能量、高营养这一标准的膳食结构，就是地中海膳食结构（关于地中海膳食结构的具体组成相关文献多有报道，本书不再赘述）。多年的临床研究也证实，这是预防高血压、高血脂、糖尿病等现代慢病最有效的饮食方式。澳大利亚研究人员一项历时 10 年的研究表明，传统地中海式饮食的确可以避免患心脏病的风险。他们调查了不同来源地人群的饮食类型与心脏病死亡率之间的关系，发现最常吃传统地中海式食品的人，比很少吃地中海式食品的人死于心血管病的风险要低 30%。一项来自希腊的研究显示，地中海式饮食还可能降低患糖尿病的风险，特别是同时伴有心脏疾病风险的情况。研究人员还分析了 19 项来自不同国家，数据采集超过 16.2 万人的相关研究。分析显示，与其他饮食相比，富含鱼类、坚果、蔬菜和水果的地中海式饮食，可以使人们患糖尿病的风险减少 21%。对于患有心脏病的高危人群，地中海式饮食可以使人们患糖尿病的风险减少 27%。

有人提出特定的地域因素如遗传、环境和生活方式可能会影响研究结果，但综合结果表明，地中海式饮食对欧洲人和非洲人同样可以降低糖尿病风险。也就是说，排除了环境因素、遗传因素、生活方式因素，单从饮食上注意，地中海式饮食也照样对预防疾病有效。美国后来又连续几年做了这方面的对比研究，发现地中海式饮食可以减缓老年痴呆症病情的恶化，可使痴呆患者的死亡风险减少 73%。《神经病学文献》发表的一项研究报告称，地中海式饮食可以保护大脑免受血管损伤，降低发生中风和记忆力减退的风险。另外，许多研究还显示地中海式饮食可以起到预防乳腺癌的作用，可以减少 30% 的乳腺癌发病率。

第六节 小 结

本章我们从生物进化的角度阐释了饮食偏好性的原因，我们了解到了对热量的追逐是数万年前就刻入我们基因里的，而所谓的脂肪堆积也是人类这个物种穿越了那么多的饥荒后仍能够延续到今天的原因。我们以为美食的美味是自身主观决定的，而实际上，这背后都是数万年进化的结果，是让人类这个物种得以存续的结果。所以，当再次反思美味和营养这对概念时，我们也许能够更加理性地进行判断。当运用营养学的理性思考去反观由基因所驱动的美味体验时，我们应当知道，这种感性不是理性的敌人，它也是身体的一部分。

例如，我们都觉得苹果和鸡蛋好吃，这是因为，其中有利于生存的糖和蛋白质。尽管每个人的口味不同，但能引起我们食欲的，说到底都不外乎这些基础营养物质。但是，你可能很难想象，对幼年的考拉来说，最美味的食物之一是成年考拉的粪便。这是因为，考拉的主要食物是桉树叶，而桉树叶是有毒的。成年考拉的消化系统里，有一种能分解毒素的微生物。但幼年的考拉没有，它们只能通过母亲的粪便来补充。而这类事没在人类身上发生，即使一个人的意志力再强，他也不可能强迫自己对粪便产生食欲。因为通过千百万年的进化，我们的大脑里已经被刻录进了一条信息，那就是，粪便里有大量对生存有害的细菌，千万不要碰。所以说，选择吃什么，什么好吃，都是通过千百万年的进化，刻录在我们基因中的美食密码。除此之外，运用膳食和营养还可以促进心理健康。研究表明，食品不只是提供能量，它还能照顾我们的心情，虽然这一切其实也都在基因的概念范畴之内。

接下来的章节，我们将讨论如何运用心理学、市场营销、设计思维等手段激发人们的消费欲望，因为食品创新设计的最终诉求是销量，获得更加丰厚的利润，从而达成商业目的。虽然本章内容从不同角度“揭示”了食品企业为了提高销量所采用的种种手段。我希望读者最好不要用好或坏来简单粗暴地进行评价。因为我们上文也提到，凡人都有选择自己喜爱食物的权利和自由，只要这种选择并不至伤害他人。而把营养因素考虑进来，让食物在美味与营养之间“达成和解”，这本身也是新时代背景下进行食品创新设计的重要一环。锤子也罢、钉子也罢，对人类而言都是一种工具，即便它们之间会需要发生碰撞，但我们也不需要抱以偏见。

参考文献

[1] 比·威尔逊. 第一口：饮食习惯的真相［M］. 唐海娇译. 北京：生活·读书·新知三联书店，2019.

[2] 卡尔洛·佩特里尼. 慢食，慢生活［M］. 林欣怡，陈玉凤，袁嫒译. 北京：中信出版集团，2017.

[3] 约翰·麦奎德. 品尝的科学［M］. 林东翰，张琼懿，甘锡安译. 北京：北京联合出版公司，2017.

[4] 迈克尔·莫斯. 盐糖脂：食品巨头是如何操纵我们的［M］. 张佳安译. 北京：中信出版集团，2015.

[5] 马文·哈里斯. 好吃：食物与文化之谜［M］. 叶舒宪，户晓辉译. 济南：山东画报出版社，2001.

[6] 夏萌. 你是你吃出来的［M］. 南昌：江西科学技术出版社，2017.

CHAPTER 6

第六章

食品消费行业的创新

美国前国务卿基辛格曾说过：谁控制了粮食，就控制了人类。所以，不想被控制，我们就需要看清食品行业未来的发展趋势。近 100 年来，随着农业及食品行业科学技术的不断提升，人类的生活方式正发生着几千年未遇之大变革。自 1909 年德国化学家弗里茨·哈伯（Fritz Haber）用氮和氢制成了氨，然后用这种方法制造出了化肥，这项发明解决了全世界三分之一人口的吃饭问题。第二次世界大战之后，随着化肥和杂交育种等技术的不断发展、推广和应用，农业得到快速发展，世界人口也从 25 亿增长到了现在的 76 亿。但是联合国新发布的相关报告显示，截至 2017 年，全球长期食物不足的人口数仍有 8.15 亿人。另外，营养不良也正在成为普遍现象。全球每 4 个 5 岁以下的孩子里，就有 1 个孩子发育迟缓。同时，还有养分摄入不足、热量摄入过多和因为有害物质的长时间积累导致的营养不良等问题。随着社会的不均衡发展，虽然不少地区的“吃得饱”问题还没有解决，但是很多地区的主要问题已经变成了“吃得过好”。要怎么解决“吃得饱”和“吃得过好”这个双重难题呢？这是目前食品行业面临的一个大问题。

近年来，全球食品巨头走马换将频有发生，前不久，福布斯新闻刊登了一篇文章，说的是在过去的两年里，有 18 家大型食品制造商或零售商已经更替或者打算更替其 CEO。这其中包括美国糖果巨头亿滋国际的 CEO、可口可乐公司的全球总裁、雀巢的 CEO，还有刚被亚马逊收购的美国有机食品连锁超市 Whole Foods 的联合 CEO，以及世界第六大食品公司通用磨坊的 CEO 等。在如此短的时间内看到众多食品巨头大权更替是一个非常罕见的现象。其中很重要的一个原因就是：这些食品巨头公司正面临着前所未有的压力。年轻的消费者对于传统的食物产品逐渐失去兴趣，他们追求更加自然的食物，尽量避开含有人造色素、调味剂或保鲜剂的产品……更糟糕的是，无论食品巨头如何重新设计食品配方，似乎都不能打动年轻消费者们的心，因为消费者们已经不再像以前那样信任传统食品巨头了。而且有人认为，这些老一辈 CEO 们对于旧的理念和文化过于熟悉，他们很难从根本上做出改变和创新。对于食品巨头们来说，如何把产品销售出去成了一个新的问题。这一波卸任的 CEO 经历过食品行业最风光的日子，那时候成功的法则基本上就是简单地依赖于工业制造和广告营销的规模效应，同时享受着人口增长的红利。但是，这套商业模式在今天已经失效，为了争夺市场，它们甚至不得不打起了价格战。

据统计，2009—2015 年，北美最大的 25 家食品和饮料公司失去了大约 180 亿美元的市场份额，主要是被众多新崛起的主打天然和健康诉求或者更有特色的小众品牌抢走了。例如，1866 年成立的通用磨坊在 2017 财年第一季度的财报就非常难看：它的净销售额下降了 7%，跌到了 39 亿美元，这其中很大一部分原因是他们最重要的产品之一——酸乳销量下降了 15%。市场被谁抢走了呢？根据市场研究公司的调查，希腊酸乳抢走了他们在美国的市场。希腊酸乳去除了乳清，口感和美国市场上一般的酸乳有些不同，不过一个更重要的原因是，它比传统酸乳的蛋白质含量高，而碳水化合物较少，所以非常迎合注重健康的消费者人群。2007 年，希腊酸乳只占美国市场的 1%，但是短短 10 年，这个数字已经超过了 50%，而且还在以 5%的速度增长。这个事实告诉我们，食品行业正在发生巨大的变化，消费者的需求正在从追求品牌、口感转向追求健康、特色，这一消费升级的趋势，正在改变食品行业的格局。

由此可见，用户新需求倒逼着传统的食品巨头做出转变，这种转变背后的驱动，不是传统的工业制造或者过时的广告营销模式，而是基于科技、基于个性化需求、基于对消费者充分的尊重。食品行业的传统巨头们曾经引以为傲的优势现在正在被逐步拉平，食品行业的从业者们也正面临更多的机遇。因此，本书将从这一章开始，从分析食品行业发展的新趋势开始，对消费心理学、设计思维、互联网商业模式等多角度进行分析，期待在瞬息万变的新消费环境下，为食品的创新设计和创新企业获得细分市场优势提供一些参考。

第一节　食品行业创新发展概述

一个产品也罢，一个企业也罢，在其发展过程都会经历一系列的非连续性。什么是非连续性呢？所谓连续性就是未来趋势会延续过去的发展，按照既定趋势发展下去。而所谓非连续性就是指未来的发展趋势不再符合过去发展方向的假设，从而形成一种非连续性的发展路线。能否跨越非连续性发展，是产品或企业衰败的第一因。巨头企业因为深陷旧有的模式之中，同时也因为增长的需要而不愿放弃这部分利润，使得难以跨越连续性。而今天的食品行业正在发生由于消费升级带来的不连续性跳跃，这是创业者进入的好时机。那么未来面临着哪些新机会呢？

一、消费者需求的转变

目前食品行业的变化来自于消费升级，把握好消费者的新需求是初创企业的第一关。举个例子，我们上面提到了美国的通用磨坊公司被希腊酸乳挤占了市场，其中一家最主要的竞争对手 Chobani，它走的就是这样一条路。由于现在消费者的重心开始向健康偏移，2005 年成立的 Chobani 在最初就看准了这一趋势，并将自己塑造成健康饮食的形象迎合年轻群体的需求。一方面，Chobani 声称市面上其他酸乳大多含有不健康的添加剂，不断让大众知道希腊酸乳的营养价值；另一方面，Chobani 对于技术本身非常看重，他们在产品推出之前，曾经测试了几百种不同的方案，使用不同的细菌、不同的温度对牛乳进行发酵，最终才确定了生产配方。在之后的 10 多年中，Chobani 开发出了更多不同口味的酸乳来满足多变的市场需求。

在营销上，Chobani 并没有选择像其他食品巨头一样铺天盖地地打广告，而是将重点放在了商品包装上。因为希腊酸乳的质地非常浓稠，Chobani 的创始人哈姆迪·乌鲁卡亚（Hamdi Ulukaya）做了一种 95mm 圆孔欧式的杯子（图 6-1），这样更适合浓稠的酸乳。这种包装仅制造一个模具就花了 25 万美元。但乌鲁卡亚认为这是值得的，他曾经说："我想让喝酸乳的人有一个非常好的体验。因此我花了非常多的时间打磨每一个细节"。对细节的追求让 Chobani 拥有了一大批回头客，而且他们非常乐意将这种酸乳推荐给朋友。当下的年轻消费群体的一个特点恰恰就是，越来越看重朋友的推荐和口碑，而不再轻易相信传统的广告，这批回头客成了 Chobani 早期推广的主力军。到了 2009 年年中，Chobani 的酸乳一周的销量已经达到了 20 万箱。良好的口感、健康的配方、正确的营销策略加在一起，使得 Chobani 的市场占有率从 2005 年的 1%上升到了今天的 25%，年收入达到 20 亿美元。Chobani 最值得创业者学习的一点就是，把握住消费市场的大趋势和消费者的需求，然后把产品做到极致。

图 6-1　Chobani 低脂希腊酸乳

二、找准细分领域，对食品供应链进行升级

随着顾客对口味的不断追求，以及他们想要吃到更健康食品的愿望，食品工业正在迅速转变策略。这一轮的变化一个最大的特点就是：它是由技术驱动的，而传统食品巨头一直以来多在广告及营销渠道上下功夫，研发投入水平比较低。根据普华永道的数据显示，2016 年食品行业公司的研发成本仅占总成本的 3%，远落后于医疗、电子计算机及汽车产业，这就意味着拥有更新技术的创新企业具有更强的竞争力。这一点也可以从大公司近年来的布局上看出来，2011—2015 年，大型食品公司被小型竞争者抢走了 180 亿美元的市场份额。面对势头正盛的创业公司，传统食品企业不再正面硬扛，而是追随科技行业的潮流，通过收购或投资初创企业的方法找寻新出路。例如，做碳酸饮料起家的可口可乐开始押宝非汽水类品牌，接连买下了 Zico 椰子水、Gold Peak 茶饮料、Suja Life 果汁等饮料品牌的部分或全部股权。通用磨坊公司仅在 2017 年就投资了 Rhythm Superfoods、Purely Elizabeth、Farmhouse Culture、D´s Naturals 等品牌。百事今年成立了欧洲孵化器 Nutrition Greenhouse，选中了 8 家初创企业项目，主要集中在海藻蛋白、桦树汁等新兴健康食品领域。其他大型食品公司也都纷纷加入到了这场"军备竞赛"中来。不难看出，健康、多元化、科技正成为备受关注的新趋势，而对于创业公司来说，找到自己最擅长的细分领域，凭借技术优势和健康的理念站稳脚跟，也是一条可行之道。

这里我们还要特别介绍一家名为 Habit 的公司，它们正在尝试利用数据实现餐饮的定制化。Habit 号称是世界上第一家个性化营养公司。我们都知道，每个人的体质是不同的，不同的食物适合不同的人，如果你想要补充身体内所欠缺的营养，就要看看什么食物最适合你的身体。Habit 推出了一款测试工具，消费者只需按照说明一步步完成空腹血液抽样，将样本寄给 Habit，他们就会给出一份 DNA 的各种营养方面的生物标记物的分析报告。接下来，Habit 会根据用户的个人喜好和生活行为习惯给出个性化的食谱推荐，最后，Habit 还会把所需的食材处理好，和食谱一起送货上门。个性定制化的营养服务目前已经成为市场的一个新热点，越来越多的食品巨头已经意识到了这一热点，并且通过投资或收购开始布局这个新兴市场，而营养定制化的方式也各有不同，个人健康追踪、DNA 测试、能量计算等技术手段正在不断涌现。

由此可见，没有传统的产业，只有传统的企业。食品这个看似传统、缺乏创新的产业，现在正在被技术实力强的创新小企业颠覆，谁能更好地结合技术和市场需求，未来谁可能就是大赢家。

三、食品行业面临的创新机遇

1. 新品牌层出不穷

在互联网推动下，一些充分利用流量红利的新品牌获得了史上最快的成长速度。在新兴品牌和各类网红产品的竞争之下，为稳固原有市场地位，各大传统头部品牌也纷纷发力，频频出新，以大健康为主题的食品功能性市场创新呈现出一片生机勃勃的景象。但同时，新品牌的生命周期也在缩短，大量品牌起来得很快，但去得也特别快。如何让消费者记住，让新兴品牌有持续价值沉淀，成为越来越多用户心中真正有意义的品牌，这是未来需要重点关注的机遇与挑战。

商业成功的关键，是产品要在顾客心中变得与众不同，也就是常说的定位很重要。在这个品牌生命周期无限缩短的年代，能否找准产品定位实现错位竞争是决定新兴品牌能否长久生存的关键。“元気森林”可以算是国产饮料的一匹黑马。品牌主打“零糖、零脂、零卡”的定位，以 90 后、95 后为主要目标群体，包装设计简单清爽，符合年轻人审美，上市三年，品牌估值 40 亿。创办两年，年销售额超过 3 亿。另外一个发展速度更快，成长更“凶猛”，这就是有网红汽水制造机的品牌——汉口二厂（图 6-2），其发展也令人咂舌。人总有种怀旧情怀，记忆深处或是童年的记忆不仅不会消散，反而随着时间推移而历久弥新。汉口二厂的成功与他们看准消费人群的这个情怀分不开，这也是找准定位的成功案例。

图 6-2　汉口二厂系列网红汽水

“愿意为颜值买单”永远是针对女性消费者的必杀技，口服美容产品近年来也十分火热。而且，除了年轻女性，购买口服美容产品的男性人群也在增加。根据天猫数据，2018 年男性群体购买美妆产品人数异军突起，这也侧面反映男性开始关注个人形象、注重颜值。身材和脸蛋当然需要兼顾。清爽的水给消费者一种“更少负担”“轻盈”的感受。例如，汝乐胶原蛋白水的走红也正符合这一点要求。该产品提出“轻补给”概念，定位初入职场的年轻女性，上市三个月，产品售出 30 万瓶。

近年来，在“色香味”领域的创新也层出不穷。例如，这两年大热的“咸蛋黄口味”。众多食品企业都推出了咸蛋黄相关产品，如必胜客推出的咸蛋黄比萨、奶盖和冰淇淋系列；乐乐茶推出咸蛋黄吐司；罗森售卖的网红双蛋黄雪糕；蒙牛推出咸蛋黄牛乳，还有乐纯和新希望推出的咸蛋黄酸乳等。咸蛋黄口味已经变成当之无愧的“网红口味”。90 后、95 后逐渐成为消费主力。他们乐意尝新，榴莲、螺蛳粉等别具一格的臭味也成了过去一年消费者喜爱的网红。榴莲算得上是一种让爱者痴狂，厌恶者避之不及的水果。如今榴莲做成的产品很多，榴莲口味产品也相继面市，例如，新疆天润乳业股份有限公司推出的榴莲酸乳——“耍榴芒了”，又例如，榴莲味螺蛳粉等。除此之外，由于城市工作压力大，熬夜加班现象极其普遍，为了迎合市场需求，咖啡味也成为近年来的大热门口味。

2. 新渠道催生新模式

2019 年直播异军突起，据统计，2019 年的双十一，仅淘宝直播就贡献了 200 亿元的销售额，有 10 个直播间破亿元，双十一开场 1h，淘宝直播引导的成交额已经超越 2018 年双十一全天的直播成交额，这里面当然少不了李佳琦和薇娅贡献的销售额。2019 年薇娅双十一期间直播的成交额超过 27 亿元，超过 2018 年全年销售总额。受直播影响，消费者已经不再是“需要什么，买什么”，而转变成“主播推荐什么，买什么”了。直播的发展，大大缩短了消费者与商品之间的距离。消费者与产品之间路径缩短的同时，也是对产品供应链反应速度的极大考验：若想卖好商品，企业必须升级供应链，以应对消费者更大的变数。对于行业而言，产品创新和供应链升级是一个相互影响促进的改变，刺激产品创新周期提速。

2017 年年底，印度经济型连锁酒店 OYO 以“零加盟费”的独有轻加盟模式进入中国，一年半时间，国内已经上线 10000 家酒店和 50 万间客房。尽管这家公司进入中国后争议不断，但“OYO 速度”却启发市场出现了一种新的模式——翻牌代运营。翻牌代运营是指针对某个分散且具有改造空间的行业，为单体门店输出品牌、供应链、运营、软件服务化（Software as a Service，SaaS，提供商为企业搭建信息化所需要的所有网络基础设施及软件、硬件运作平台，并负责所有前期的实施、后期的维护等一系列服务，企业无须购买软硬件、建设机房、招聘 IT 人员，可通过互联网使用信息系统）和互联网能力等，其本质上就是对行业的重塑。目前，中国线下商业模式仍以“个体单店”形式为主，我国餐饮连锁化率为 5%，而美国是 30%；我国汽车后市场连锁化率不超过 6%，而美国则超过 80%；我国美容机构是 3%，美国则是 48%；我国 600 多万家夫妻老婆店更是贡献了零售渠道 40%的出货量。如何在存量经济中寻找新机会，将是未来几年内的一个重要命题。“餐饮 OYO”以及成为资本重点关注的行业，如饭一萌、食先行、吃托邦、新火林等多家公司已获得投资。

3. 新消费群体的出现带来巨大市场潜力

根据凯度消费者指数数据显示，“小镇青年”和“银发一族”是两类未来消费潜力巨大的人群。相较于都市青年，小镇青年一般更多空闲时间和金钱。根据《2019小镇青年报告》显示，30%小镇青年实现了有车、有房和经济独立；另外，相比于城市青年两三个小时的通勤时间和“996”的工作时间，小镇青年也拥有更多的可支配时间。同时，银发一族也是绝对不容忽视的消费力量。根据国家统计局最新数据显示，截至2018年，我国60周岁及以上人口约2.49亿，约占总人口的18%。根据联合国预测，到2035年，中国老年人将高达28.5%，超过3.4亿，大约每4人中就有一个老年人。这类人群比其他人群更加关注健康，现在很多60岁以上老人有退休金和儿女补贴，拥有较强购买力，愿意为健康买单。与此同时，老年健康产品的消费者也不乏来自买来孝敬长辈的晚辈。

此外，家里有小孩的“宝贝一家”花销往往也会更多。无论是宝贝父母还是家中老人都是婴幼儿相关产品的潜在消费者，当然也包括宝贝自己。有小孩的家庭愿意花更多钱在小孩身上。市场上儿童产品很多，具有功能性且健康零糖的儿童产品更符合家长需求。他们愿意花更高价格为宣称健康的儿童产品买单。包装也是儿童类产品需要重点关注的。例如，菌钥去年推出的轻目益生菌发酵胡萝卜汁饮料打造独立的IP形象“轻小目”(胡萝卜卡通形象，图6-3)，更加贴近儿童视角，上市后获得很多小朋友的喜爱。

图6-3　轻目益生菌发酵胡萝卜汁饮料

四、中国特色的供应链模式

2019年年底，商务部公布的数据显示，2019年全年我国社会消费品零售总额预计为41.1万亿元，同比增长8%，全年预计消费贡献率在60%以上，连续6年成为经济增长第一拉动力。随着消费规模的持续扩张，很快我国就将超越美国成为全球第一大消费市场。一旦变成了第一，就意味着在未来相当长的时间周期里，中国都会是第一，因为我们的绝对体量足够大，年复合增长率也还可以。历史上从来没有任何一个国家，出现过十几亿人同时经历一个消费周期的情况。结果就是，全世界最大的消费市场和最全的供应链，这两件事情在同一时间、同一地点发生了。这应该是中国特有的经济现象，在经济学和历史上几乎没有发生过。随之而来的将会是驱动众多消费品牌和消费模式的兴起。对于消费企业来说，这是巨大的机会。

但同时，我们还看到了一些不可思议的现象，尤其是在2019年，有很多全球性的零售企业正在缩减其在中国的业务，甚至撤离中国市场，包括家乐福、麦德龙、亚马逊等。这些零售业巨头为什么杀遍全球却搞不定中国呢？这是因为全球性的零售企业原来最大优势就是：能在全球范围内整合资源来满足某个地区个性化需求。这是一个非常有竞争力的能力，而且一旦形成，它的规模和网络效应都很好。但不好意思，在过去的10年里，这个模式在中国不太好用。因为只有中国，所有的需求都可以用当地的供应链来解决，我们称之为“短供应链”。也就是说，当最大的消费市场和最全的供应链这两个要素凑齐了的时候，会有一个非常特殊的结果：全世界只有中国不需要绕长的供应链。我们知道，不管是管理决策还是供应链，凡是绕长了，效率都不会好。因此，我们看到，过去十年做短供应链商业模式的企业基本上都起来了。例如，淘宝，就是这两端连接起来，最容易连的方法就是做很多条通路的短链路。

还有一点不得不提的重要特色就是中国目前面临的“消费升级”，且与此同时遇上了“数字化”（移动互联网的普及）的推波助澜。我们把这些因素放在一起描述，就是在供需两端都是最全最大的基础上，加上了得以全面普及的移动互联网的数字化工具，还赶上了用户端在生活必需品被满足以后的真正意义上的升级——这大概就是今天中国消费的样子。所有与消费相关的，不管是产品还是服务，合理或者不合理的现象、商业模式，放到这个框架里，基本上都能想清楚。

诸如为什么近年来崛起很多零食类品牌如三只松鼠、良品铺子等都没有自己的工厂呢？这是因为他们最核心的竞争力其实是：直接触达消费者。这也是在目前中国全产业链非常成熟和完整的背景所形成的特色，也就是说，因为中国有太多做得好的工厂，而且都是为全世界消费升级做代工的，当你能用最短的时间知道消费者要什么，就能用最快的效率来生产。所以，凡是具备了这种竞争力的企业，近年来都发展得很好。这个竞争力就是把“消费者需求”翻译到中国最好的供应商上，未来重要的不是“怎么做”，而是“做什么”。

五、消费升级带来的品类机会

中国的消费升级大概是2010—2011年开始的。所谓的消费升级，就是把基本的吃饱穿暖解决掉之后，要解决精神需求和体验需求，让人们的体验和感受更好。因此，进入消费升级之后，最大的变化就是，一个品类好不好会更加凸显出来。在消费升级的背景下，通过互联网手段去做存量升级是一种思路，但存量市场的竞争都是你死我活，你的份额多了就意味着有人的份额少了。在存量市场里竞争就意味着要显著地把升级做好，才有可能在存量博弈中取得优势。相比存量市场，还有另一类机会是属于增量市场，去关注那些让人的感受变好的非必需品。任何消费品都具有多重属性，食品也不例外，除了果腹的基础属性之外，还具有社交等高级属性。当存量市场里的竞争日趋白热化的时候，那些非刚需属性的品类也许才是好品类。例如，2012年之前，我们绝大多数喝的都是白开水或者桶装纯净水和瓶装纯净水，从2015年开始，我们又能看见一个典型的迁移，那就是从纯净水到矿泉水。现在有一堆品牌都出了一种称为气泡水的产品。就喝水这件事，过去7年，消费者的用户习惯已经来回跃迁了三四次。今后是否会像美国一样，流行什么椰子水、维生素水也未可知。喝酒也是如此，其实不是因为酒有多好喝，而是我们想让自己和这桌上的人都高兴一下、放松一下。所谓更高层次的食品属性，就是要满足越来越多的精神感受上的需求。

开发食品的社交属性就需要让产品与消费者充分互动。例如，用微博和粉丝互动、发布信息，因为微博可以非常好地和用户进行文字、图像、视频的互动，如果微博凑巧又是目标消费人群付出时间最多的媒介，这两个因素合在一起就能发挥重要作用。近来最占用户时间的毫无疑问是短视频，其通过利用吃播等方式结合短视频来展现的产品，取得了很好的市场效果。所以说，当具备了供应链基础的同时，加上用户消费升级带来的年轻化和大众化趋势，最后还赶上了短视频的红利，很多食品品类的升级就这么发生了。

例如，一个新兴的品牌——三顿半咖啡（图6-4），2019年，它在双十一的销量就超越了雀巢，成为天猫细分品类的第一名。“三顿半”的产品有个特点，就是通过工艺的改进，把咖啡粉的可溶性增强了很多，所以不需要用热水冲调，与果汁、可乐、雪碧、牛乳等各种各样的饮品都可以互溶；而且在包装设计上也做得十分新鲜。这两件事的好处是都很容易形象化，所以可以借助到这波传播的红利。所以说，消费升级中的数字化，就是把广告和销售变成了一件事，现在对于消费企业来说，最难的是还需要把内容和广告变成一件事。也就是说，除了挑对品类，还要想怎么把产品变得适合在占用户时间最多的媒体类型中展现出来。

图6-4　三顿半咖啡

六、具有中国特色的流量机会

近年来，在争夺流量的战争中诞生了很多个热词，例如，小程序电商、社交电商、私域流量等。这些新概念都可以理解为解决流量问题的方法论。但是回到本质，零售的模式从来就没有变过，那就是解决供需关系和供应链效率。要解决的流量问题其实只有一件事：任何的流量红利本质上都是在用户时间分配发生显著转移的时候，在转移对象上出现的。因为所有人的总变量当中，唯一不能增加的就是一天的时间。很多与流量相关的商业模式，都是为了争夺消费者一天不变的24h。因为一天的时间是有限的，花在某件事情上，就不能去干别的事了。只要用户的时间分配发生了转移，在转移的对象上就都会有流量红利。它可能是个群、公众号、短视频、电视剧等，只要发生转移就都有作用。说白了就是用户开始把时间分配到某种新的事情上，但这件事还没有被充分地商业化，这就是流量机会。

举个例子，大概从2015年开始，我们周围的年轻朋友们在追剧的时候，是不是发现国产剧的比例在显著提高？以前大家几乎只追美剧，或者是追韩剧。这就是在用户时间分配上的转移？这样的转移会产生什么样的经济效果呢？它在转移刚刚发生的时候，商业价值还没有被充分兑现。当时三只松鼠做电视剧《欢乐颂》的植入，价格约是几十万元加每天给剧组提供一箱零食。其产生的流量红利效果大家都有目共睹，后来这个渠道很多食品企业都看到了，当大家都去做植入、广告价格涨上来的时候，这个红利就所剩无几了。所以，这种流量红利往往是来得快、去得也快，把握时机非常重要。那么，这种流量的转移有章可循吗？

我们可以回顾一下流量转移的历史，2011年时我们在媒体上花时间最多的应该是微博。当时所有人坐下来都是在用智能手机查看那50条信息，微博上最先被关注的号是谁？不是“大V”，而是“十万个冷笑话”之类的内容，因为无论是从时间还是新奇的角度，“抖机灵”都是最适合用短文字的形态来展现的。我们今天看微博，看的是什么呢？估计已经主要是新闻热点事件和一些你关心的娱乐八卦或明星了。2012年下半年之后，我们的时间开始迅速向微信朋友圈转移，因为朋友圈的效率更高，微博那50条信息里有30条可能在讲同一件事情。从2012年下半年开始，微信里诞生一个有趣商业载体：微信公众号。在我们发现朋友圈营养不够的时候，突然发现所有能写文章的人都扑过来，通过公众号要写东西给你看。而时至今日，你还关注几个公众号？可能留下来的基本都是某些专业领域的专业内容，时不时可能会看一些权威的真实性报道，以及一点精神诉求上有共鸣的东西。从2018年开始，大家的时间又开始大量地分配到了短视频上，短视频里什么内容最先火起来的？而现在短视频内容是否也同样开始从娱乐化走向理性和专业化了呢？从这个发展脉络，我们大概可以看得出，我们的媒体消费时间不会停留在短视频这类东西上，流量转移的故事还会继续讲下去。

近年来还有一个著名的商业模式称为网红电商，这个模式刚出来的时候，也是吃到了用户时间分配转移红利。但为什么这件事没变成大事呢？虽然每次大的时间分配转移，都会有人能因为红利而得到规模。但消费者需求的变化和持续性，一定都是从不知道什么是好的，到买大家觉得好或者信任的人推荐的东西，再到自己知道什么是好的。没有人会只停留在第一或第二阶段，不管是什么样的消费者，只要买一类东西买多了，就会变成懂的人。这也是为什么这些偏导购业务的公司每一波流量转移时都会出现，但是每一波都只是昙花一现。中国消费者也开始变成熟了，他们可以相信某个网红对化妆品很了解，但也许很难同时相信她也是个懂锅的专家。所以，对于创业者而言，所有的流量红利都可以应用，但最终要解决的一定不是阶段性的红利问题，而是对消费者来说，企业究竟创造了什么样的价值或担负了怎样的社会责任。

七、技术和供应链上的升级才是长期价值

我们上面讲到了三顿半咖啡的案例，很多人觉得三顿半是品牌和营销做得好，但其实没人注意到，它其实解决了速溶咖啡最痛苦的两件事：第一是必须要有搅拌棒，第二是必须要热水。为了把棍和热水拿掉，他们在生产工艺上做了大量的工作，才让它的溶解性达到现在的程度，并且口味的还原度也变好很多，这是它能在前台做好传播的前提。

例如，三只松鼠，它是从流量、定位做到中台、后台。现在三只松鼠把它最核心的一些供应链上的企业请到一起，在安徽建立了一个园区。厂房和地都准备好，生产商投入机器设备就行了。它为什么要这样？因为三只松鼠现在集中在华东地区开店，所有华东地区的线下店和线上数据实时进入一个系统，这个系统是园区里所有人共享，所有人根据这一份数据来做自己的销售预测、生产排期等。另外，这个园区里做了一套物流系统，它希望这个园区里所有厂商生产出来的所有产品，归集到统一的仓库里，再按照预测和实时订单发走。这两件事情如果做成了，就意味着生产端的库存可以被降到极低，这对厂家来说肯定是个巨大的好处。同时，因为做了预测和排期，可以把上架的周期缩短到极限，例如，他们还想做的一件事是，把所有在线下货架售卖的商品保质期都缩到4周以内，这件事是极具中国特色的，全世界都很难有这样的效率。

中国利用供应链、需求和中间消费升级的数据化这三个环，做出了全世界罕有，而且是效率最高的零售现象。不只是三只松鼠创造过，周黑鸭、桃李面包也都创造过。原来我们吃卤制品只有两种可能性，要么是买街边小店现做的，要么就是去超市买袋装带防腐剂、两个月以上保质期的。而周黑鸭用便宜而且稳定的工业化的方式来生产，但同时想办法，在新鲜程度上做到和街边小店现做的一样。他们花了很大的成本和两年的时间把成型的工艺做出来，2014 年的时候，它用充氮气的锁鲜装和密封等工艺，把保质期做到了 3~5d。所以周黑鸭经营的全是直营店，而且在全国开非常多的工厂，因为它需要就近生产，把当天生产的鸭脖子按照直营店里面缺货情况和销售预测进行补货。

桃李面包也是一样，原来我们吃面包要么是买附近现场烘焙的，要么就吃超市里的曼可顿（大概一个半月以上的保质期）。而桃李面包要做 5~7d 保鲜期的面包，并且尽量不含防腐剂。所以它也是把产能放到全国各地，每个地区辐射周围 100km，每天早上4 点半生产完就出货，保证 6 点半之前能把面包放到各个零售终端的货架上，并且把保质期剩 3d 还没有卖掉的面包统统回收处理掉。这种百分之百供应链效率的工业化后台，商品流转率最高的中台，用户体验度最好的前台，也是全世界都做不了事情。但这几件事，在中国的食品领域都做到了极致。

所以说，我们在前台和中台看见的所有机会都是短期的，最后所有的长期竞争优势都只能是技术以及供应链的升级。但这不代表着一个创业者，一上来就要做到极致的供应链效率和差异化的技术。例如，三顿半就是先做了供应链的改变，才有了前台的机会；但三只松鼠一直到今天才回过头来，重整供应链的效率。一个先做后台，一个先做前台，但最终的结果是一样的。很多时候，我们看见的都是前台光鲜的企业，但这些企业中有很多都是先把后台做好了，才使得它变成了前台所展示的那个样子。

第二节　全球食品、饮料发展趋势

一、本土中小企业的异军突起

近年来，我国食品饮料市场最可喜的一个变化就是众多新兴国货品牌在不同品类中迅速崛起。这个趋势让很多国际食品巨头企业都措手不及。根据尼尔森零售研究数据，在中国快消品整体线下厂商中，国际排名前十巨头们的销售增幅明显低于排名前十本土快消品牌，而本土排名前十的快消品牌又略弱于本土中小型厂商的销售增幅。虽然本土中小品牌保持了更高速的增长，但是，面对消费者多样化的需求，尝到流量红利甜头的新崛起的网红品牌也不能小视。因为目前中国市场已不是简单的消费升级或消费降级，而是动态的消费分层、消费多级化走向。

埃森哲全球 CMO（首席营销官）调研结果也显示，58%的中国 CMO 认为大品牌正在对消费者失去吸引力，66%的中国企业面临新进入者的竞争压力。其中 14%认为，相比行业龙头企业而言，众多蝼蚁型竞争对手更为可怕。埃森哲通过市场研究发现，从中国制造到中国质造，有三大因素形成的合力推动了中国新兴品牌的崛起，那便是：消费者群体的变化、数字化和资本推动下的商业模式转变。我们最直接的感受就是，众多新兴国货品牌通过线上渠道对大品牌发起的挑战与冲击。例如，汽水界的黑马元气森林，品牌销售额排名超越了可口可乐、百事可乐；国货三顿半，获得咖啡品类销量第一，打破了雀巢在速溶咖啡领域战无不胜的神话；问世仅一年半的王饱饱，夺得淘宝麦片品类头筹、冲调品类第五名，并迅速完成了数千万元的 A 轮融资。在巨头们不再掌握绝对话语权、新兴品牌灵巧切入并蚕食市场的时局之下，中国食品饮料市场的波动更为迅速、市场份额更为零碎，未来的竞争将更为复杂、微妙。而其背后的内在逻辑非常值得思考和认真研究。

二、不同消费人群的差异化诉求正在重新定义市场

互联网的发展，生产效率、物流的提升，使市场运行机制中的人、货、场都发生了变化。今天的商业逻辑，已转向以人为中心，消费者不仅只是产品的使用者，而更像是“生产合作者”，对产品提供直接的偏好意见、诉求甚至方案。毫不夸张地讲，一个需直面消费者（direct-to-customer，DTC）的时代已然来临。这就需要我们针对不同人群及其生活实际所需，研发和投放更精准满足其个性化需求的产品。

例如，面对工作压力和“过劳肥”隐患，需要咖啡续命、减糖饮料的都市青年，在即饮咖啡、无糖饮料的销量占比指数就很高；而“有钱有闲”的小镇青年，在红酒、洋酒的享乐体验型消费中，其销量占比指数更高。我们前面也提到，银发一族也是一股不可忽视的消费力量。2018 年老年家庭食品饮料年支出已超过 1600 亿元，2019 年中国银发一族（>50 岁以上）的人口比例约 32%，预计 2030 年将达到 40%。目前，这个族群已呈现老当益壮、追求品质和享受生活的趋势。而 90 后和 95 后的消费习惯及消费潜力

更加值得剖析。根据国家统计局、中国消费趋势指数信息，中国目前的90后形成了近3000亿消费市场。60%的90后更关注“我的想法”，而非别人或社会的规范。他们习惯于在互联网环境下搜集信息、比较、购买及分享产品。他们有着强烈的自我认同感，习惯通过研究、分析形成自己的判断。他们对于食品饮料消费，更看重与众不同、互动体验等情感需求，也更乐于接纳、包容不同的观念与现象，对于新品牌的好奇心和接受度相对更高。中国食品饮料消费市场，正被这种消费群体的差异化悄然改变着、重塑着。食品企业需要深刻理解自己主要服务的对象人群后，有针对性地挖掘其内在需求，并逐步落实到产品设计、生产和营销环节中。

三、产品创新的发力点层出不穷

尼尔森调查数据显示，在中国快消市场上每年会出现超过20000款新品，其市场份额占增长额的46%，但平均存活期不到18个月。由此可见，中国市场的新品活跃度很高，但竞争惨烈。从消费群体层面，年轻一代正引领着食品创新潮流，根据包装食品线上消费数据，18~30岁的消费者占比达到47%。从溢价层面，根据2019年尼尔森全球消费升级研究报告显示，亚太地区消费者对于带有高质量/质量认证和指标（56%）、更强功能/更加表现（52%）、有机/天然成分（50%）等属性的产品，愿意付出高于平均水平的价格。我们下面对这些食品创新的主要发力点进行一个大致的梳理。

1. 健康与环保概念成为主流

面对大健康风潮，品牌通过减糖减脂等生产技术创新，尽力平衡着“味蕾享受”与“健康”两大诉求。那些潜在的或已经发生的生产技术革新，正为消费者提供更多选项，也代表着食品创新的方向。如近期大卖的植物基产品等，这些产品从蛋白质来源入手，为乳糖不耐人群、环保人士、素食者及好奇尝鲜消费者，提供了更多的动物基替代品。凯度消费者指数的研究报告 *Who Cares Who Does*？中显示，69%的中国受访消费者声称正尝试减糖产品。减糖、减脂产品，正为食品饮料的品类细化提供新的契机。饮料也进入了减糖时代，根据凯度消费指数数据，无糖、低糖饮料在2019年的销量增长了13%，远高于饮料总体0.6%的增长率。碳酸饮料也正在挑战着“不健康”的标签，如“快乐肥宅水”的代表企业可口可乐，在中国市场也推出了0糖+纤维碳酸饮料，获得了不错的市场表现。

尼尔森全球食品成分趋势显示，83%的中国消费者主动通过调节饮食来预防健康疾病，82%的中国消费者愿意花更多的钱来购买不含不良成分的食品饮料，这两个数据均高于全球平均值、并位列全球各国首位。根据尼尔森快消品数据，2019年上半年，自带健康元素的品类，如麦片、包装水、酸乳/乳酸菌饮料，增长率分别为11.2%、7.4%及3.5%。

值得关注的是，不同年龄段的中国消费者对“健康”有着不同的追求，例如，更关注皮肤健康、体重、仪表的90后，更关心营养搭配的80后，更重视身体机能、器官健康的70后。鉴于中国消费者与生俱来并日渐加强的“求生欲”，企业可从天然原料、绿色/有机认证、营养成分等角度切入，通过改良或研发新品，使其产品向健康靠近。同时针对不同年龄层消费者的关注点，运用对应的健康宣称语言，进行更准确、高效的沟通。

同时，报告也显示，半数以上的中国消费者关注“可持续性”，并已开始从环保观望派，向环保信念派、环保行动派转变。中国消费者对于“可持续性”的关注，较多是源于对自身健康的担忧。42%的中国消费者认为，生产厂商应该对环保负更多责任。那些愿意持续推动包装环保化的食品巨头甚至中型企业往往获得了更多的消费者认同。这些在环保方面付诸实践的过程其实也是生产企业与消费者之间的一次次富有温度的对话及互动的过程，是一种卓有成效的消费者沟通模式。

2. 通过跨界和场景重新定义产品

这是一个脑洞大开、跨界或出奇迹的时代，企业与消费者都对此乐此不疲。从口味、品类到营销的跨界，将持续发酵。就口味而言，从限定口味到猎奇、混搭，到地方文化特色，口味上的创新不断刺激着我们的味蕾和消费欲望。工业化的包装食品饮料也借助着“餐饮”元素，通过与餐饮企业的合作，激发着消费群体的记忆点，在引发共鸣的同时也将此转化为消费动力。例如，香港知名餐饮连锁品牌“满记甜品”和日本知名零食品牌“百力滋”强强联手，进行甜品和零食的完美组合，推出的联名口味新品（图6-5）。而100Audio版权音乐授权平台还为该联名新品广告提供了版权音乐产品。

图6-5 满记甜品+百力滋联名新品

由此可见，包装食品饮料产品，并非只能出现在货架上，或仅开袋即食、开瓶即饮。与餐饮的搭配，或可激发出更多的创意、助力分享。在产品品类上，品牌用跨品类的形式创造交叉新品以及新产品线，在扩大经营领域、吸引相关品类消费群体的同时，也正在为不同领域带来新的机会和竞争。例如，碳酸饮料+咖啡（图6-6），这两个千亿级市场的碰撞，或许会激发出越来越多的火花。

增加对产品应用的场景理解，也是一种重要的跨界思考模式。只有通过具体的场景，才有可能契合消费者越来越碎片化的需求。从某种程度上，基于具体场景的产品改良，比颠覆式创新更有效。颠覆式的创新需要足够的资源与足够新、基数足够大的信息，而更多企业需要关注的是切入微场景的微创新，激发消费者或尚未意识到的需求。

结合场景的营销，正在为大小品牌提供更多机会。如农夫山泉针对包装水的饮用场景和适用人群，形成了基础款、家用款、运动款、高档宴席款、生肖款、婴儿水、中老年水等系列产品矩阵，从而使得其包装水销售额同比增长 18%。重新定义产品，也能够延伸产品使用场景、增加其价值溢出的机会。例如，Oatly 燕麦饮进军中国时，就是通过入驻精品咖啡店进行消费者渗透，从而获得了一大批咖啡师、瑜伽老师、白领粉丝等消费人群。

图 6-6　农夫山泉“炭仌”碳酸咖啡

对于消费场景的理解需要我们考虑消费者在使用产品的每一个细节，如配送也是不可忽视的一环。近年来，O2O 正打通着最后一公里，打破着实体零售的限制。凯度消费者指数数据显示，截至 2019 年 8 月，一半以上的上线城市家庭使用过 O2O 配送服务，且快消品的单次购买金额比非配送购物多 45%。中国的外卖服务发展迅速，据公开数据显示，53%的销售来自居住环境以外。特别对于体积、质量偏高的食品饮料品类就更是如此。凯度消费者指数户外样组显示，截至 2019 年 9 月，在户外市场的饮品与零食品类，配送服务的市场份额为 6%。因此，企业在分销渠道方面，可根据自身产品的特点来进一步推动渠道的细化。

3. 成熟企业依旧可以通过创新焕发活力

通过上面的介绍，我们不难看出，产品的创新应该从消费者需求和痛点出发，从主攻年龄段的特点出发，有生命力的创新源于用心观察。靠某一个优势品牌甚至某一个拳头产品，长时间内占据大部分市场、满足消费者心智的规模化消费时代已逝。在新消费趋势下，大型成熟企业须在流动和细分的消费环境中，敏锐地捕捉消费需求变化及个性化情感诉求，动态调整和部署市场增长战略。

对于大型成熟企业而言，需能够构建部署新创意、新流程和新技术的数字化基础设施，将响应式的创新融入各个流程，从预测、响应到落实消费者需求，一以贯之。同时，可借鉴互联网思维，建立内部创新机制，例如，互联网巨头“小前台大中台”的改造经验就非常值得借鉴。引入全新品牌、开展突破式创新都需要企业付出大量的资金和风险投入。然而，创新并不等于要惊天动地。从市场实践中看，从平凡到不凡，也许只是对某一个细节的在意即可达成。因此，成熟企业依旧可以在日常运作中，利用小而美的敏捷创新，如IP联名等方式，以小博大、提高营销效率。同时，成熟企业还需要在企业文化上给予创新者适当的激励及试错的机会。

消费者对品牌和服务的期待日益增强，大型成熟企业致力于线上线下一体化的渠道构建的同时，更应关注与消费者交互的每个环节，提供尽量一致的、关联度高的产品及服务体验。与新兴品牌相比，成熟企业的优势在于拥有更大量的数据，可借助数字技术，将智能分析嵌入渠道和营销体系，实现消费数据价值的同时，维护并提升消费者对品牌的信任度。越来越成熟的人工智能技术，可以为数据分析和消费者洞察提供更细化的服务，让产品更加个性化、并做到实时满足，这将是未来竞争的主基调。无论对于企业还是个人，学习的能力、开放的心态，是在创新过程中值得持续关注并不断提升的。

4. 产品包装上的创新

根据尼尔森公司脑神经科学研究的结果显示，消费者的购物决策时间仅3~7s，且64%的消费者仅基于包装来决策是否选择尝试新品。例如，相对于尖锐线条而言，人脑更偏好于柔美曲线；而透明包装便于产品预览、呈现产品质地；拥有强烈色彩对比的设计可在货架上或网页列表中帮助产品快速脱颖而出。从企业收益角度来看，包装投资的回报率高于广告50倍。产品包装的高颜值除了在展现与售卖阶段具有突出表现之外，在引发分享、二次传播等方面的优势也非常明显。虚拟与真实的交叉，构成了当今年轻人复杂且微妙的新潮流，并辐射到食品行业中，不少企业常会疑惑：为什么网红成了新生代消费者心中的美学教主？怎么做才能让品牌显得更潮呢？如何让食品包装击中年轻人飘忽不定的心？我们有必要一起看看在食品包装设计方面的几点重要趋势。

（1）产品包装体现了消费者自我表达的诉求　逆流而行的自信年轻一族往往会拒绝传统的套路，他们不再一致追求“阳春白雪”，有时候土到极致也成了一种时尚。这其中的本质就是年轻人渴望和凸显与众不同的自我。在错位感这一趋势中，我们用看似并无相关的潮流商品创造了一个土味时尚的市集——“土味”不再是一个贬义词，更多的是代表着追求自我、自信与真实。在这一波国潮的流行中，老品牌纷纷做出跨感官的尝试。例如，美加净与大白兔奶糖跨界合作推出的奶糖味润唇膏。除了外观包装上沿用大白兔奶糖的经典包装风格，奶糖棒和润唇膏在形状、使用者的唇部感受上也尽力做到相通。而且奶糖味作为润唇膏的味道，不仅合情合理还很有吸引力，最终预售引爆社交网络，一秒钟售罄。旺旺也和美妆品牌自然堂联合推出了“雪饼”气垫粉底。气垫外壳沿用了旺旺雪饼一样的表面图案，产品包装也和雪饼包装高度相似，让使用者在撕开塑料包装袋的时候产生错觉。不走传统套路，就是品牌与年轻人沟通的最好方式。最近不少食品行业的品牌做出了新奇好玩的跨界彩妆产品，带来了味觉和嗅觉上的强烈新奇感，加速了分享到朋友圈的冲动。例如，“土味”的街头熟食卤水品牌周黑鸭变成了谜尚礼盒的表情包主角；燕麦品牌桂格邀请玛丽黛佳联名推出抹茶、豆沙主题的圣诞礼盒，可以化出“舔脸抹茶妆”的健康美妆产品等。愿不愿意把产品拍照分享出来，开始作为包装设计的一个标准而存在。社交网络的崛起，引发大家回归关注文字本身，文字的力量更加彰显包装主题。消费者甚至会仅因为包装而把商品买下来，并作为一个礼物送给别人——包装增加了产品的社交性和话题感。

（2）产品包装体现出社会责任感　快递和外卖引发了公众对塑料危机的担忧，在享受便利的同时，堆积在消费者门口的包装垃圾已经无法令人忽视。为了减轻罪恶感和获得平静，人们希望材料再造、善待自然。因此，在快递、外卖等行业的包装产品中会出现更多的“环保”创新设计。越来越多的企业表明自己对“环境友好的可持续性”负有责任，需要成为一个可持续企业来为整个社会环境创造更多价值。在中国，星巴克已向消费者推广无吸管的措施，包括2020年前将使用生物可分解材料制作的吸管，以及使用无吸管杯盖，让使用者不用吸管的特别设计杯盖等。Emma Sicher 的生态友好设计项目“from peel to peel”用食物垃圾、菌株等再生材料代替了塑料包装袋，颜色从水果中直接提取，与塑料包装有明显的差异。这种强调可回收、零废弃的包装，可以和湿垃圾一起扔，很符合中国城市垃圾分类的潮流。除了包装材料，环保意识增强的趋势也体现在视觉设计上，让产品包装从视觉上给人以环保、生态的感受，带来与别的材质不同的视觉印象。例如，在 Dieline 选出的 50 佳包装中，有一个纸瓶计划（the paper bottle），它由瑞典的纸浆制造品牌 Billerud Korsnäs 发起，并与其他设计及技术公司合作，开发出一种适用于多种产品生产的纸瓶子，主要用来装碳酸饮料。瓶子除了采用可以完全降解的纸浆材料之外，其表面的纹理是在模仿云杉和松树，这是纸浆的材料来源。这样，无论里面装的是什么饮料，这些树枝图案都能来给消费者一个低调的、环保的视觉信息。臻品植萃新希望礼盒采用100%回收纸与薰衣草草籽混合纸浆，经模具两段式自动热压而成。底部 water me 的位置特别放置百日菊种子，目的是为了当包装使用完毕，种子经浇水发芽、移入土壤长出百日菊，纸张则自然分解回归土壤。薰衣草草籽散布的盒面，在视觉上自带一种可回收材料的信息，可吸引环保爱好者的目光。

（3）产品包装体现了新生代在审美上的复古　如今是网红经济的时代。在中国，集主播、销售、设计师、代言人为一体的新一代的网红已经演化成生活美学新教主，通过直播、社交网络的形式，为网民提供便捷的消费清单。听从生活美学教主的意见，新中产阶级正在崇尚一种像购物清单一样精明、克制、精致的审美，他们更偏爱有细节、有故事、有内涵的包装设计。年轻人对传统文化有浓厚的兴趣。CBNData 报告显示原创文创已成为文艺 90 后的新宠，例如，以故宫为代表的博物院文创尤其火热，90 后消费占比快速提升，近年来，90 后博物馆类文创消费规模增幅超过 2 倍。农夫山泉故宫限量版，以康雍乾三代帝王人物画像以及嫔妃为背景，配上贴合人物历史背景的文案。工笔画像的线条体现了精细化的审美取向，灰色调、低饱和度的色彩让画面看起来素雅、舒服，以细节丰富了视觉效果，吻合了文案内心独白的细腻画风。而“网红品牌”喜茶的店面的设计让人想起种茶的山丘，同时也创造了陌生人之间坐下来喝茶、休息、偶遇的公共空间。除了传统厚重的茶叶包装以外，高档茶叶正从视觉上更新换代，成为更易被年轻人接受的包装。例如，TWG tea 就是这样的品牌，在文字细节上模仿刺绣、工笔的精细感。在羊舍“浮生”系列中，设计师提取了四种具有代表性的传统杯型并应用在双层玻璃杯上。当茶注入其中时，四种杯型轮廓瞬间显现，仿佛轻盈地悬浮于半空，营造了“浮生若梦”的意境。来自透明玻璃茶杯的颜色，让人联想到茶、咖啡等在清醒状态品尝的饮品，透明质感让它犹如社交网络的复古滤镜，低沉、收敛、安静、温暖，在中高端产品中的使用，使其比黑色更有差异化和识别性。

实际上，产品包装的流行趋势也是瞬息万变。食品并不是单独存在的产品，每年社会、经济、政治、文化、科技和设计等各方面的变化和新事物，都会影响消费者的生活方式和审美偏好，并引领食品包装设计的潮流变迁。只有通过多维度的研究与分析，我们才可以窥探到未来的轮廓，以前瞻的视野，在不断摸索中迎合消费者的精神需求。

第三节　创新食品设计领域关键技术

食品产业的变革动力主要是满足需求和消费升级，即吃得饱和吃得好两个方面。但是随着人民生活水平的提高，更大的机会来自于吃得好，也就是说，从关注食品安全的同时更加关心食品营养与健康的需求。而要满足这个市场需求，科技是必不可少的，但科技的应用又是一把双刃剑，那些今天看来会导致我们肥胖的“十恶不赦”的科技应用曾经也是接近人们热量不足的重要技术。随着科技在食品行业的广泛应用，我们期待着消费者对食品科技运用的顾虑越来越少，对科技改造过的食品的接受程度越来越高，希望有一天，很多我们今天存在的顾虑都会最终被遗忘掉。食品行业虽然经常被视为传统产业，但其实一直都是科技拉动的，未来食品产业的发展，很多都需要也只能靠科技提升的手段解决。我们上文提到，食品行业正在经历一场由消费升级带来的大变革，这种转变背后的驱动不是传统的食品巨头企业所擅长的工业制造或者广告营销，而是基于科技，这恰恰是我们所说的由科技突破引起的不连续性，这是创业者进入的最好时机。然而消费者大都不懂这些技术，他们需要的是符合自己需求的，可以感知的产品。因此，创业者不能只想着要用理性的技术去打动用户，而要更多考虑美味的口感、低廉的价格，健康的理念等在消费者更能感知和接受的观念上下功夫。科技企业的发展就像顺水行舟，大方向要正确，但细节上要不断调整以适应市场。诚然科技是创新企业建立竞争壁垒的基础，然而很多新技术刚刚进入应用领域的时候往往是不完备的，科技企业要做的就是，找到一个尚不完善的科技突破，从各个方面提升效率、降低成本，使得这项科技的效能被十倍百倍地发挥出来。下面我们一起来看看几个近年来比较热门的食品创新技术，我们的目的不是介绍这些技术本身，而更多地是想和大家一起来分享这些创新技术诞生的背景以及推广应用背后的故事。

一、食物保鲜储运领域的新技术

很多人以为解决粮食危机的唯一办法就是生产更多食物。支持这个观点的人往往忽略了一个问题，那就是，在我们生活的这个时代，食物的有效利用率并不高。以今天的美国为例，每年种植出来的食物中大概有四成永远到不了餐桌。其中两成的食物是在农产品的贮藏、包装和物流的过程中损耗掉的。接着，到了销售环节，商家又不得不把那些卖相不好、保质期接近的食物处理掉。最后当食物进入千家万户时，又可能因为冰箱不够好、忘了吃等原因，而被丢掉。总之，一个生产能力强大的国家，不一定能100%有效利用它所创造出来的食物资源。其本质原因就是：现代社会对于饮食的需求复杂多变，而食品却无法长时间储存保鲜。在这些被损耗的食物中，水果和蔬菜的比重超过了一半，因为水果和蔬菜对储存保鲜的要求更高。例如，智利出产的蓝莓，走完采摘、包装、冷藏运输、海关等流程，最终进入美国超市，大概需要 30d。再例如，墨西哥出产的牛油果，漂洋过海走进天猫网店也需要 30d 左右。尽管全世界都为食品保鲜物流网络操碎了心，也想尽了各种办法，但是像蓝莓、牛油果这样的新鲜水果，它们的保鲜时间远远赶不上 30d。在食品工业比较发达国家的超市里面，我们会发现新鲜蔬菜（例如，西蓝花、豌豆等）的价格比起速冻产品的价格贵 3~5 倍，这就是因为在果蔬保鲜上耗费的成本比较高。因此，能够把蔬菜水果的保鲜时间再多延长一些的技术值得我们关注，我们下面介绍几个在该领域的重要创新。

1. 从食品废弃物中提取保鲜物质

首先是一家位于美国加利福尼亚州的创业公司 Apeel，这个公司名字的意思是“一层水果的皮”。其核心技术就是通过减缓果蔬的呼吸过程来延长保鲜时间。我们知道，采摘下来的果蔬会继续进行呼吸活动，这个过程中，它们会不断地被氧化并且流失水分。Apeel 公司就想办法从水果废弃材料，例如，从香蕉皮和葡萄皮中提取出特殊的脂类物质。把这些混合脂类喷洒到蔬菜水果表面后，会形成一张看不见的保护膜，这样就能隔绝果蔬和外界的交流，从而锁住水分，减缓果蔬的氧化过程，保证它们可以长时间维持最佳形态和口感。不过这里还有一个问题，那就是每种食物的呼吸速率是不同的，例如，西蓝花和草莓的呼吸活动就比苹果和橙子快得多。而且，它们各自的表皮特征不同，所以，需要的保护膜也不大一样。为了解决这些问题，Apeel 公司已经推出了名为 Edipeel 的一系列产品，为一些水果提供独特的保鲜配方。据说，即使没有低温冷藏，它们的产品也能把一些果蔬的保鲜时间延长 2~5 倍。这家公司的成长历程也很值得一说。它的创始人 James Rogers 是加州大学圣巴巴拉分校材料学专业的博士，专攻高分子物理学。早在 2012 年，他就突发奇想，能不能像在金属表面镀上一层薄膜那样，也给水果加上一层薄膜来防止腐烂呢？于是他和朋友开始了尝试，当年这个项目在他们大学的创业大赛上获得了第一名。后来他们团队又利用梅琳达·盖茨基金会提供的资金，开发出可以延长木薯储藏时间的保鲜剂。这对缺少冰箱的非洲家庭来说非常有帮助。成立了 Apeel 公司后，他们给自己定了一个宣传口号——“用食物来保鲜食物”。因为 Apeel 的产品不是人工合成的化学物质，而是来自丢弃的植物材料，例如，香蕉的果皮等。这样不但做到了废物利用，而且保证了产品的绿色安全。基于技术和环保两方面的巨大优势，Apeel 一路走来获得了很多著名风险投资的青睐。它的产品 Edipeel 先是通过了美国食品药品监督管理局 FDA 的审核，继而又获得了美国农业部的认证，这意味着，Edipeel 可以用在有机食品的生产和销售过程中。目前，Apeel 已经和加利福尼亚州的一些农场、零售商展开合作，希望用“生物表皮”代替传统的“水果打蜡”保鲜措施。同时它也积极研发针对更多果蔬的保鲜配方，特别是那些经济价值高却容易腐烂的农产品。

2. 浆果的保鲜

同样是延长果蔬保鲜时间，另一家美国创业公司 Hazel Technologies 选择了不同的技术手段。这家初创公司的第一个产品名为 Berry Brite，这是一款针对浆果的保鲜剂，例如，草莓、黑莓、葡萄等。Berry Brite 的外形是一个咖啡调糖包大小的纸袋，里面装着某些特殊植物精油的混合物。这个保鲜剂用起来也非常简单，你只需要把这个小纸袋放到装有浆果的容器里，具有抑菌效果的植物精油就会慢慢地挥发释放出来，这样就能抑制容器内细菌和真菌的生长。Berry Brite 可以在三周内，把低温贮藏下浆果发生腐烂的概率减少 90%，保鲜时间平均延长一倍。这家公司还有另一个产品，称为 Fruit Brite。也是类似的包装，不过里面含有的是一种称为 1-甲基环丙烯的化学物质。这种化学物质早在 2002 年开始在美国使用的时候，就得到了美国环境保护局也 EPA 的认证，后来又获得了 FDA 授予的“安全无害”标识。虽然它已经进入市场 15 年了，但在普通家庭保存果蔬的领域应用较少。和 Berry Brite 一样，Fruit Brite 的使用方法也是放在装有水果的容器内。其原理是，采摘后的水果会产生大量的植物激素乙烯，它和植物体内的受体蛋白相结合后，会促进果实成熟。而 1-甲基环丙烯恰好可以阻断这个过程，减缓果实成熟的反应变化。Fruit Brite 的有效期是两周，它可以在 2~22℃的温度范围内明显延长 22 种不同果蔬的保鲜时间。和简单的低温冷藏相比，它能让荔枝保鲜时间延长一周，还能提升果肉硬度、味道和维生素 C 含量等参数。这就能基本满足普通家庭对大多数浆果的保质需求。

3. 其他果蔬保鲜新技术

除了以上两家公司以外，现在还有一些其他公司，也有望在食物保鲜技术上获得突破。例如，著名的农业技术公司 Agro Fresh 去年推出了新产品 Ripelock，这个产品利用微穿孔气调包装技术加上刚才我们说的 1 -甲基环丙烯，据说它能提升整个香蕉行业的保鲜水平。再例如，Blueapple 公司推出了面向日常家用的保鲜产品。这个产品由一个“蓝苹果”和一个保鲜袋组成。把一个蓝色苹果外形的塑料小盒放在冰箱中，就能吸附由果蔬产生的乙烯。同时，把果蔬放在一个具有小孔的保鲜袋里，这样既允许外部空气进入，又排出袋子里的乙烯气体，还能维持袋内气体的湿润度。也就是说，在整个保鲜过程里，冰箱控制低温，蓝苹果吸收乙烯，保鲜袋保证湿度。于是，一个简易的保鲜空间就搭建成了。有趣的是，最近亚马逊公司也来凑热闹，他们给智能语音助手 Alexa 加了一项新功能，就是教人们怎样正确储藏食物。例如，在家里你就能直接向 Alexa 提问，某种蔬菜应该怎么放才能保持新鲜。或者当你描述某个水果外形变化之后，它会给你这个水果还能不能吃的建议。

放眼全球，无论是大企业还是小创业公司，都没有停止过对食物储藏技术，特别是果蔬保鲜技术的努力。因为，谁都想成为继冰箱发明之后，新一轮改变食品行业规则的那个人。但就目前来看，不管它们的产品长什么样，果蔬保鲜的技术基础就两条：要么减缓植物的呼吸活动；要么控制乙烯激素的水平。对于我国而言，每年在储运过程中损耗的食物数量也是一个天文数字。我们非常有必要积极借鉴和拓展新的保鲜技术。这不但能提高我们的食物有效使用率，而且能够帮助解决一部分食品的安全问题。整体上看，虽然我们国内也在使用像乙烯抑制剂这样的化学产品，但我们的保鲜技术还是略显单一。大多数人除了冰箱以外，就不知道该怎样让家里的食品能够储藏得久一点，新鲜一点。绿色高效的保鲜剂的研发与推广可能具有较好的市场前景。

二、植物基与人造肉

下面我们来介绍一下 Impossible Foods 这家公司，以及这家公司的创始人帕特里克·布朗（Patrick O. Brown），我们来看看他是如何把植物变成“肉”的。帕特里克·布朗出生于 1954 年，是美国著名的生物化学家，现在是斯坦福大学生物化学教授。他年轻的时候，在芝加哥大学拿到了理学士和医学博士学位，读博士时候的研究和基因有关。2000年，他和诺贝尔奖获得者哈罗德·艾略特·瓦莫斯（Harold Eliot Varmus）共同做了一个免费图书馆，也就是在线科学期刊公共科学图书馆（PLOS），目的是想让全世界的人都可以上网阅读生物医学类的文章。不过，布朗教授最大的成就其实是在基因领域，尤其是在功能基因组学研究领域，布朗教授是被公认的领导者之一。他发明了一个DNA微阵列系统，用来测量全基因组基因表达，简单来说就是他发明了一种基因芯片用于基因测序，可以快速、准确地分析基因组信息。1997年，布朗教授在实验室完成了世界上第一张全基因组芯片，这是一个包含了6166个基因的酵母全基因组。到了今天，无论是科研领域还是临床领域，基因芯片都已经十分广泛地应用了，例如，我们熟知的Affymetrix和illumina等基因测序公司用的都是基因芯片。如果你还不是很清楚布朗教授在科研领域到底有多厉害，有一个简单的办法，就是去看谷歌学术（Google Scholar），看里面的H因子，它是专门用来衡量科研人员学术成就的指标，H因子的衡量办法就是看一个人发表的论文能够被多少引用。假设你只发表了1篇论文，被1个人引用，你的H因子就是1；如果你发表了5篇论文，但是其中有3篇被超过3个人引用，你的H因子就是3；如果你发表了100篇文章，而每篇文章都被超过100人引用，你的H因子就是100。可见，H因子数越高，这个人就越牛。爱因斯坦的H因子数是108，也就是说爱因斯坦发表的所有的文章里面有108篇有超过108人引用过。而布朗教授的H因子数高达148。就是因为基因芯片的研究成果，布朗教授在2000年获得了美国国家科学院分子生物学奖，2010年获得了汤森路透引文桂冠奖化学奖（Thomson Reuters Citation Laureates），这个奖项是用来预测最有可能成为今年或不久将来的诺贝尔奖得主的，可以说布朗教授离诺贝尔奖只有一步之遥。

布朗教授本来是研究基因的，怎么好端端地就去研究植物变“肉”了呢？其实这和他本人的饮食习惯有很大关系。因为他自己是一个纯素食主义者，非常注重饮食和营养，几乎40年都没吃过一个汉堡。放在以前，素食主义被认为是一种极端的生活方式，但这几年又渐渐受到了人们的追捧。随着全球人口增长，吃素很可能会成为今后的流行趋势。甚至有人总结出了这样的规律：在越发达的地区，素食产业就越繁荣，例如，英国伦敦和美国纽约都被评为“素食友好城市”。不过很多发展中国家还存在食物不足的情况，如果只吃素可能会造成营养不良。布朗教授在过去的几十年里一直践行着吃素这件事儿，而且为了把吃素坚持到底，他还成了专为素食者服务的连续创业者。早在创立Impossible Foods之前，布朗教授就已经和两位厨师共同成立了Lyrical Foods公司，专门制作纯素的干酪。这种手工干酪是由杏仁和夏威夷果榨出的白色浆汁制成的，采用了特有的发酵方法和酶，里面只含有天然的原料，不含动物的乳类成分。这听起来很像一则广告，但也意味着，人们不需要饲养奶牛，就能吃到美味的干酪了，不仅更健康，而且还更环保。

在Lyrical Foods成立两年之后，布朗教授又联合几位厨师和干酪制作者一起创办了Impossible Foods，这就是今天我们要着重介绍的“不可能的食物”公司。很多素食者认为，吃动物的肉，既不环保又残忍。现在有越来越多的环保主义者、甚至那些为未来的人口增长而焦虑的人也都开始认同这个说法了，为什么这么说呢？根据联合国粮农组织的调查，畜牧业产生的二氧化碳、甲烷和一氧化二氮，分别占据了人类生产总量的9%、

37%和65%。换句话说，全世界养鸡鸭牛羊等所造成的温室效应，比汽车、卡车和飞机还要大。而且，人们吃肉主要是为了获取蛋白质，但是动物提供蛋白质的效率非常低，我们把10kg谷物和2L以上的水喂给牛，只能得到1kg的牛肉。很显然，我们处在一个效率非常低的蛋白质循环当中，这样的能量回报是养不活一直在增长的世界人口的。所以，布朗教授毅然决定投身于人造肉的研究，要说环境治理，他可能缺乏经验，甚至是无能为力，当然他也不可能让所有人都不吃肉，但他靠人造肉的研究，可以让大家以一种对环境更友好的态度来吃肉，这也算很厉害了。

作为一个创新牛人，布朗教授并没有钻技术的牛角尖儿，他清楚地知道，要想打动消费者，光讲理念、道德和营养是远远不够的，必须要用色、香、味来征服吃货。要想健康又好吃，第一个难关就得让植物拥有肉的外观和味道。在研究过程中，布朗教授发现，一份食物吃起来像不像肉，关键在于血红蛋白。血红素在动物组织和其他肌肉组织中含量非常高，所以这些食物才有独特的口感。为了让用植物做的“素肉”在色泽和味道上更接近真实的肉，布朗教授就在植物中加入了这种血红素，使得维生素、植物脂肪和血红素之间发生化学作用，然后这些植物肉就能够散发出香喷喷的肉味了，并且还能出现肉的淡红色，绝对可以以假乱真。解决了颜色和味道的问题，下一步就要提升口感了。我们都知道，植物吃起来的口感和肉是完全不同的，你回忆一下自己吃饺子的情景，肉馅饺子吃起来是非常有嚼劲的，但素菜饺子吃起来就完全不一样了。为了解决口感问题，布朗教授从植物里提取出蛋白质并进行了分解，再把它们用不同的结构重组，让各种成分之间发生化学作用，从而打造出了肉的质感，同时还剔除了动物肉里所含的胆固醇。通过上百次试验，布朗教授最终研制出了以马铃薯蛋白、黄原胶、小麦蛋白、椰子油为主的原料配方，用这种植物基原料做的“素肉”吃起来有一种类似真肉的嚼劲，但含有的热量更少，蛋白质却更多了。

2016年7月，Impossible Foods历时5年耗资8000万美元，终于把研究出的人造牛肉汉堡正式推向了市场，素肉汉堡加薯条，这样一个套餐的售价是12美元，这个价格基本上普通人都能接受。根据美食家的评价，吃起来还非常美味。如今，Impossible Foods已经得到了超过2.7亿美元的融资，其中也包括比尔·盖茨（Bill Gats）、李嘉诚等著名投资人。2016年，谷歌还出资3亿美元想要收购Impossible Foods，结果被拒绝了，理由是“不希望依赖于一家正在从事无数项目的企业”，从这里我们也能看出来，美国最具创新力的其实就是这些小企业，它们只做一件事，就是把科技转化成产品，然后推向市场，而谷歌这样的大企业，已经不是最创新的企业了，但为了维持自己的竞争力，他们只能靠收购或者投资这样的方法来布局。

目前，布朗教授的团队正在试图改良汉堡的口味，扩大生产规模，降低成本，他希望能创造出完全的素食肉类和乳制品，例如，鱼肉、鸡肉、猪肉等。实际上，对于人造肉的探索还有很多科学家都在尝试，主要就是为了减少饲养动物产生的碳排放。例如，荷兰生理学教授马克·波斯特（Mark Post），他是用干细胞培养的方法，制造出了世界上第一个“试管汉堡”。但是，这种方法不仅费时费力，价格还贵，一片肉饼的造价竟然高达30多万美元。相比之下，布朗教授的做法就聪明多了，在同样能够满足市场需求的情况下，布朗教授的成果可以快速地转化为产品，成本低廉，消费者也能接受。当然，这条思路也值得广大创业者们学习：当同样的需求可以用不同的技术来满足时，哪种技术成本更低、更能被市场所接受，哪种技术就更好。技术一定要能够转化成产品推向市场，才能实现它的价值，如果技术特别高大上，却找不到合适的应用场景，那就不能算是好技术了。

三、减糖技术

糖的过量摄入是目前最受全球食品行业热议的话题之一。糖能让人上瘾，过量食用会带来一系列健康问题，例如，肥胖、糖尿病和心血管疾病等。不少国家和地区如英国、墨西哥、美国的费城及伯克利，都开始在食品饮料上征收“糖税”。不论是对消费端还是对生产端的食品企业而言，减少每日摄取食物中的糖分比例都是一项挑战。目前，减糖在饮料、烘焙，甚至巧克力生产领域都被“广泛挖掘”，大公司纷纷涉足相关技术，新产品层出不穷。近期，雀巢公司宣布，发明了不添加糖分制造巧克力的方法。据报道，雀巢通过一项专利技术，把覆盖在可可种子外的白色果肉制成粉状原料，利用其天然成分作为巧克力产品的甜味来源，因而不需额外添加糖分。此前，可可果肉多半都只是直接被丢弃，不进行利用的。雀巢计划在日本率先推出使用这种配方生产的70%黑巧克力奇巧巧克力 KitKat 产品。现有的该产品中，每份含有 12.3g 的糖；而使用可可果肉配方产品的含糖量仅相当于现有产品的60%。雀巢还计划用同样的方法来制造牛乳或白巧克力，并在其他国家甜食品牌中使用这项技术。

再来简单看看这项技术是如何实现的。科学家们首先改变了糖的分子结构，能够让它更快地分解。这种情况能够“骗过”人们的味蕾，让人们觉得甜度更强烈。雀巢的首席技术官斯蒂芬·卡齐卡斯（Stefan Catsicas）认为这是“真正有开创性”的研究，这个技术就好比将糖晶体掏成“空心”的，这样晶体溶解更快，刺激味蕾就更快。天然食品的结构复杂，因此雀巢尝试改变糖的结构，让它变得不那么平均。雀巢的研究员说：“用电子显微镜看苹果里面，你看到的是不均匀的构造，真正自然的食物不均匀也不光滑，充满了空腔、波峰和密度。如果能重现这种差异性，就能重现同样的口感”。雀巢并非唯一一家研究改变糖均匀结构的公司。Leatherhead Food Research 是一家英国研究所，旗下有 100 名科学家为食品公司提供咨询服务，他们一直在研究如何缩小晶体尺寸、如何用糖包裹低热量成分。他们已经将这种方法用在了食盐上。明尼苏达大学食品科学与营养学教授乔安妮·斯莱文（Joanne Slavin）表示：“如果能适用于盐，那么糖可能也适用，但是价格也是个复杂因素。如果这种新糖比普通糖贵很多，成本必然会增加”。其实，早在 2015 年就有一家以色列的初创公司 DouxMatok 号称改变了糖的分子结构，让甜味来得更猛烈。回看食品工业的历史，通过改变原料分子结构来优化口感并不是第一次。嘉吉公司（Cargill）也曾发明过一种“阿贝格制盐法的水溶液蒸发结晶法”。这种方法把盐颗粒变成四边形的椎体，让它更好地依附在食品上。因为中空的椎体形状，这种盐溶解的速度比普通盐快 3 倍，能带来“味觉爆炸”的效果。百事之前发明了一个配方，改变了盐的分子结构，可以在不影响口感的情况下，让人们摄入更少的钠。由此可见，在通过改变分子结构来调控味觉感受的研究领域，可能还会有层出不穷地新技术产生。

雀巢的长期目标还包括减少食品中的糖、盐以及饱和脂肪，并且提高健康成分——如维生素、矿物质以及全麦谷物的含量。食品科技研究所科学委员会主席朱莉安·库珀

(Julian Cooper) 教授也认为这个发明是有益的，不过带来的“副作用”是人们可能会食用更多的零食，因为他们觉得这些含糖食品对健康的损害更小。当然，这正是企业想看到的。

第四节　本土品牌的食品创新设计

全球著名的市场监测和数据分析公司尼尔森在2019年第二季度中国消费趋势指数报告中指出：随着民族情怀的上升，68%的中国消费者偏好国产品牌，即使有62%的消费者表示也会购买国外品牌，但国产品牌仍是他们的首选。由此可见，中国品牌的竞争力正在与日俱增，国货崛起的时代终于来了。10年前国货也有过一场“回潮”，那个时候多半是靠“义气”。由于2008年的火炬传递、奥运会、民族自强等热门议题，由此引发了国货热潮。如果说2008年的国货回潮更多的是一种情感消费，那么自2018年开启的这波国产品牌热则显示出了与外国品牌抗衡的态势，而且还有反超的趋势。

一、本土品牌的崛起

我国中高端冰淇淋市场一直以来被哈根达斯、DQ、梦龙等国际品牌占领，近年来，中国本土品牌开始打破这种局面。天猫无忧购发布的中国雪糕消费地图显示：中街1946、钟薛高、田牧等不少国产品牌依托互联网优势实现了逆袭，占据了品牌热度的前三名。2016年诞生的国产品牌中街1946连夺2016年、2017年天猫双十一冰品类目冠军，年销售额1亿元。而2018年上线天猫的钟薛高，接过中街的接力棒，成为当年天猫双十一冰品类目第一，卖光了66元一只的“天价”雪糕（哈根达斯一个单球才卖30多元)，当日销售额就高达460万元。2019年6·18促销活动中，钟薛高卖出了200万个雪糕，同比去年增长了5倍多。根据中经社经济智库、中传-京东大数据联合实验室联合发布《2019“新国货”消费趋势报告》显示，2018年新用户下单商品中90%是国货产品，且认可的品类更集中在服饰内衣和食品饮料中，中等收入及以上群体对于国货的消费力也在持续增长。

二、本土品牌崛起的内在原因

国货崛起与国家的总体实力崛起是相关的，国货品牌近两年的异军突起可能与90后新生代崛起为社交媒体上的意见领袖有关，这与年轻一代消费者的文化自信有非常大的关系。网络的发达、出国留学或旅游的便利，让新一代的创业者和消费者看得到国外的月亮，对中国的月亮也一清二楚，他们既能够欣赏中国本土文化，也能正视国外品牌里真正有内涵的东西。年轻人的消费观念越来越注重商品本身的性价比，他们认可国货的品质和创新，单单依靠“进口”“国外大牌”这些词已经“糊弄”不住这届消费者了。对于90后新生代消费者来说，国外大牌对他们在心智上的影响力小了很多，他们所熟悉的中国品牌和国外品牌从一开始就不存在高下之分。甚至很多中国的品牌，因为对于中国的社交媒体玩法更加熟悉，更加会做营销和做包装，所以更能赢得年轻人的青睐和喜爱。例如，咖啡本来就是一个从海外进入到中国的品类，按道理来说是国外的品牌会更加强势，但是三顿半崛起了，是因为它在保证咖啡消费品质的同时，改变了速溶咖啡的饮用方法，更加符合中国现在快速的生活方式和讲究效率的社会文化。事实也证明，90后消费国货的热情已经超过了对于国外产品的消费。苏宁易购2019年发布的“国货消费大数据报告”显示，90后已经成为国货消费的主力，在所有国货消费者中占比为35.64%。

三、本土品牌崛起是必然趋势

国货崛起是一个必然的趋势，尤其在食品的行业，机会可能更大。这其中原因很容易理解，在其他行业当中，中国人的消费品位和国外其实差距不大，例如，化妆品、服装，不会有太大的需求差异，但我们的饮食习惯和西方发达国家有着非常大的本质区别。中国人的饮食文化博大精深，具有其独特性，这为国货的兴起提供了非常强的一个基础。最典型的例子就是茶，包括新茶饮的兴起，在海外是很难找到中国企业可以模仿对标的，像喜茶这样的公司在国外就没有对标公司。这是因为茶这个品类，是中国人特有的一个传统的品类，这对于食品饮料行业是一个大好的机会，也是做食品品牌创业的一个非常成熟的时间节点。可以预见未来会有更多的优秀创业者加入到中国食品的国货复兴洪流当中，不仅获得企业的成功，也能推动整个社会对于国货的进一步的认可。例如，近两年非常火爆的初创企业钟薛高，就鲜明地走了一条中国传统文化的路线。它没有取洋名，也没有采用杯子、蛋筒，钟薛高这三个字采用同音字取名法，源自“中”“雪糕”，是“中国的雪糕”的谐音，并以中国的瓦片为外形来体现产品的中国元素特色（图6-7）。

图6-7　钟薛高瓦片状的雪糕造型

四、本土品牌崛起任重而道远

中国消费者日益强大的文化自信给了企业成长的沃土，但要想在市场上与国际品牌持续抗衡，对于年轻的“新国货”来说，修炼好内功也必不可少。钟薛高这个成立至今不到一年的公司，坚持配置“最豪华的供应链团队”，已经先后与荷兰、英国、美国等国际知名大学食品研究单位建立了在产品研发领域的战略合作，更是斥巨资建立了自有的独立研发团队。钟薛高的核心产品不加入香精、色素、防腐剂，也没有乳化剂、稳定剂、明胶等化学物质，保质期只有 60d、90d，全程-22℃冷链配送，每辆冷链车额外装配温感仪器，棒签都是用可降解秸秆做的。钟薛高创始人林盛说：“国外的同行可能尊重你，但尊重的是你的市场规模，对于中国产品的品质并不认可。我做这件事也确实憋着一口气，希望证明中国也能做出好的雪糕”。

国货崛起的意义，不仅是某个品牌的成功，而是带动整个产业的进步。例如，“三鹿毒奶粉事件”让国产乳粉受到了强烈的冲击，为了赢回市场，品牌不断进行配方升级、产品拓展、品牌建设以及渠道更新，也带动了整个行业的产业链向更高品质去发展。就拿飞鹤乳粉来说，“毒奶粉事件”让很多国产乳粉品牌举步维艰，但没有“中招”的飞鹤恰恰以其品质给消费者留下了深刻的印象。尽管销量也受到了一定影响，但飞鹤并没有被当时的市场抛弃，还于次年成为国内第一家在美国纳斯达克主板上市的企业。据弗若斯特沙利文报告，在中国市场，飞鹤 2018 年零售销售价值在国内和国际同业中排名第一，市场份额为 7.3%；尤其在超高端市场，飞鹤以 24.7%的市占率在零售销售价值方面于国内和国际婴幼儿配方乳粉集团品牌中位列第一。在三鹿事件的十年后，不只是飞鹤一家国产乳粉在崛起，整个国产乳粉已发生质的改变。

再来说一下咖啡行业，我国咖啡出口量为 10.49 万 t，出口金额为 646.36 百万美元；而进口量达 9.9 万 t，金额为 684.55 百万美元。抛开烘焙和精品咖啡不谈，就连无门槛的速溶咖啡都存在明显的供需错位——我国云南的咖啡原料在大量出口，而国内速溶咖啡却大量依赖进口。如果产业链条不变，中国市场的增长，最终成就的都是国际品牌，中国的食品行业必须要在产业链端有所建树。提升中国食品行业供应链的水平，是创造一批国货品牌的必由之路。还以三顿半为例，当时它是一家能够做到在冷水当中做成速溶咖啡，并且保证咖啡的口感不受影响的公司，背后就是咖啡生产工艺上的创新。虽然预计很快会出现竞争对手，但是竞争对手的模仿和抄袭，其实意味着三顿半是引领了行业往前走了一步，倒逼了在工厂、工艺、制作流程上去进行创新和突破。因此，对于国货品牌来说，还肩负着产业链升级的重任，品牌公司需要通过对用户需求的把握，然后再反推到供应链来，倒逼整个行业一起来创新。

参考文献

［1］ 36 氪. 大消费 2019：最大规模的创新周期正在到来［EB/OL］.（2019-12-25）. https：//baijiahao.baidu.com/s? id=1653963057614474633&wfr=spider&for=pc.

［2］ 尼尔森.“稳中有进，国货崛起”2019 年第二季度中国消费趋势指数持续保持高位 115 点［EB/OL］.（2019-8-13）. https：//www.sohu.com/a/333401073_501997.

CHAPTER 7

第七章
消费者行为的变化

近年来，整个消费市场都在发生翻天覆地的变化，食品消费市场当然也不例外。我们看见很多风口浪尖的创新企业纷纷折戟，融资数亿的明星电商项目淘集集倒下了。不光是这些新公司，就连我们从小喝的汇源果汁，也负债一百多亿，面临退市风险。但同时，我们也看到不少消费公司发展得特别好，很多新国货品牌在崛起。这个过程可以理解成消费产业正在完成的一次新陈代谢。广东江门市有个“90后”名为聂云宸，他把一家地方奶茶店，做成了估值90亿元的全国茶饮品牌，这就是喜茶，在全国已经有400多家门店了。还有一个我们上一章提到过的品牌，创始人曾经是“80后”北漂，在北京干了几年广告策划后，回老家长沙做起了小生意。卖烘焙、卖家居、卖咖啡豆，凭着自己对消费需求的洞察，找了一间几个人的食品生产工作室，一起研发了新产品。这个品牌就是三顿半，产品上市两年就成了“天猫双十一”咖啡品类第一名，超过了雀巢。这一场轰轰烈烈的“新陈代谢”过程中，我们虽然很遗憾地看见一些老企业倒下了，但我们也欣喜地发现一大批创新企业正冉冉升起，食品行业的结构性机会也正在不断涌现、四处开花。

我们前面提到过，中国消费市场正在快速发展壮大起来。“内需”作为拉动国民经济的三驾马车之一，开始占据更为重要的位置，消费对经济增长的贡献已经达到76.2%，连续五年都是驱动中国经济增长的主要引擎。同时，我们也发现了一些明显的变化。其中很重要的一点就是：生产企业和消费者底层关系正在发生变化，中国的消费市场正在变得成熟，消费者开始拥有更多的主动权，选择也更丰富，对消费品的价值认知也更加透明。整个消费流程更加合理，消费者付出同样的钱，能买到比过去更好的东西。而企业也学会了更加努力去理解消费需求，洞察消费者的心理，从消费者的角度出发来做产品设计、生产、销售等环节的决策。这就是消费升级，这个底层关系的变化里，蕴含着巨大的机会，中国消费产业正在驶入高速车道。

近两年快速崛起的公司，都把握住了一个关键驱动力，那就是“新内容”。所谓新内容，指的是迅速崛起的快手、抖音、淘宝直播这些内容平台，它们能在短时间内成为几亿用户生活中的重要部分，也成为消费企业用来与用户高效沟通的工具。借助这些工具，品牌能更好地摸清用户的需求，把合适的产品有效地推到用户面前。同时，这些平台上呈现出的全新的用户行为，也重塑了消费企业的组织方式。在这个趋势下，可以说，“所有的消费品，都值得重做一遍”。我们十分有必要从这些最新鲜的行业变化出发，结合消费者心理及行为学的相关知识理论，来分析和学习这些典型公司快速成长的经验，并共同探讨新消费趋势下的创新和创业机会。我们可以去深入思考，这些消费产业最优秀的公司们，正在以什么样的思路“吸引”消费者？对于这些问题的思考，即使你不是食品行业的从业人员，它也能帮助你成为一个更精明、更成熟的消费者。

第一节　消费心理与消费行为

一、消费心理

消费心理是指人作为消费者时的所思所想，是消费者在购买、使用和消费商品过程中的一系列心理活动。例如，当人感到寒冷时，会想到购买御寒的服装，那么，具体买什么品牌、什么款式、什么面料、什么颜色、怎么买、何时去买等都是需要考虑的问题，而这些都与消费者的情感、气质、性格、思维方式及相应的心理反应有着密切的关系。以购买手表为例，我们来思考一个问题，你在购买手表的时候，是如何考虑的？不同的消费者在买手表时考虑的因素不同：多数人是为了计时购买手表，看重的是手表的功能性及准确性，要求性价比高的商品；但一些时尚人群买手表的目的不仅是将其用作计时工具，还将其作为装饰品，那么，他们不仅要求计时准确，还要求外观漂亮；而一些成功人士购买几万元、几十万元的瑞士名表，则主要是出于个人身份、社会地位的需要。消费者在购买过程中产生的偏好、倾向性等都受到心理活动的支配。

一般来说，人的消费行为往往出于两种消费心理：一种是本能性消费心理，另一种是社会性消费心理。本能性消费心理是指由人的生理因素所决定的自然状态下的心理反应，取决于不同消费者的个性因素，如消费者的气质、性格、意志和能力等。社会性消费心理是指由人们所处的社会环境因素决定的心理需要，它随着社会发展而不断变化，它使消费活动由简单的满足生理需要，变为具有特定含义的社会行为。在当今社会消费活动中，社会性消费心理成为影响和支配消费行为的关键因素。本能性消费心理与社会性消费心理是一种相互依存、相互联系的关系，本能性消费心理是基础，取决于人的生理因素，而社会性消费心理则是由社会、政治、经济发展水平所决定的，是本能性消费心理的发展和提高。

二、消费行为

行为是人受思想支配而表现出来的外在活动的内容。消费行为是指人对于商品或服务的消费需要，以及使商品或服务从市场上转移到消费者手里的活动，包括为满足需要和欲望而寻找、选择、购买、使用、评价及处置消费物品或服务时所采取的各种活动和过程。

消费行为是一个过程，是由形成动机、了解信息、选择商品、购买商品、使用和评价五个阶段构成的。消费者行为是极其复杂的、循环往复的过程，呈现出消费者追求利益的最大化，希望花最少的钱买到最称心的商品的特点；而且由于消费者的心理、能力、所处环境等的差异，表现出不同的偏好，导致消费行为的多样性。

三、经典客户购买行为模式

客户购买行为模式是指用于表述客户购买行为过程中全部或局部变量之间因果关系的图示的理论描述，它从中观角度来探讨客户的实际购买行为。客户购买行为模式包括客户行为一般模式、科特勒的刺激反应模式、马歇尔模式、维布雷宁模式、霍华德—谢思模式、恩格尔—科拉特—布莱克威尔模式等，下面我们逐一介绍一下。

1. 客户行为一般模式

客户行为一般模式表明，所有客户行为都是因某种刺激而激发产生的。其心理活动过程被称之为客户暗箱，在各种刺激因素的影响下，进行信息收集和方案选择，并产生购买行为，最后是购物后的评价。

2. 科特勒的刺激反应模式

此模式是美国著名市场营销学家菲利普·科特勒（Philip Kotler）在《市场营销管理》（1997）中提出的。科特勒认为，客户行为模式一般由三部分构成。第一部分包括企业内部的营销刺激（产品、价格、渠道、促销）和企业外部的环境刺激（经济、技术、政治和文化）。第二部分包括购买者的特征（文化、社会、个人、心理）和购买者的决策过程（问题认识、信息收集、方案评估、方案决策、购后行为）两个中介因素，它们将得到的刺激进行加工处理。第三部分包括购买者的反应（产品选择、品牌选择、经销商选择、购买时机和购买数量），它是客户购买行为的实际外化。

3. 马歇尔模式

英国经济学家马歇尔认为，客户的购买决策是以理性判断和清醒的经济计算为基础的，即每个客户都根据自身的需要偏好、产品的效用和相对价格来决定其购买行为。马歇尔模式（Marshallian Model）有以下几点假设。第一，产品价格越低，购买量越大，价格越高，购买量越少；第二，替代产品降价，被替代产品的购买者减少，替代产品涨价，被替代产品的购买者增加；第三，某产品价格下跌，互补产品购买者增加，某产品价格上涨，互补产品购买者减少；第四，边际效用递减，即客户消费单位产品所增加的满足感递减，购买行为减弱；第五，客户收入水平高，则需求总量增加，价格作用相对减弱，偏好的作用增强；第六，购买额越大，购买者越慎重，收入越低，购买者越慎重。总之，马歇尔模式揭示了客户购买行为的主要决策方式，即理性决策。

4. 维布雷宁模式

维布雷宁模式（Veblenian Model）它是一种社会心理模式。维布雷宁认为，人类是一种社会动物，其需要和购买行为通常受到社会文化及亚文化的影响，并遵从与他所在的相关群体、社会阶层和家庭等特定的行为规范。文化及亚文化对客户消费行为的影响是总体性的和方向性的，而相关群体的影响则更加具体。相关群体包括：初级群体、次级群体和渴望群体。初级群体包括家庭、朋友、同事和邻居等，它的消费示范作用最强烈，消费攀比行为就发生在该群体内。次级群体是指与客户有关的各种组织，如职业团体、学术组织等。渴望群体是指客户渴望加入或作为参照体的个人或组织，如影视明星、体育明星、商界或政界名流。维布雷宁模式认为，相关群体从三个方面影响客户购买行为。第一，影响客户对某种产品或品牌的态度，使之成为一定的消费观念；第二，相关群体为客户规定了相应的消费内容和消费方式；第三，相关群体潜移默化的作用，可能会导致客户的仿效、攀比而出现商品流行现象。

5. 霍华德—谢思模式

霍华德—谢思模式（Howard-Sheth Model）包括四个变量，即投入因素（刺激因素）、内在因素、外在因素和产出因素。四个因素的综合作用，导致客户购买行为的产生和发生变化。投入因素是指引起客户产生购买行为的刺激因素，它包括三大刺激因子：产品刺激因子、符号刺激因子和社会刺激因子。产品刺激因子是指产品各要素，如产品质量、品种、价格、功能服务等。符号刺激因子是指媒体等传播的商业信息，如广告及各种宣传信息。社会刺激因子是指来自社会环境，诸如家庭、相关群体等因素的影响。内在因素介于投入因素和外在因素之间，是该模式的最基本因素。它主要说明投入因素和外在因素如何通过内在力量作用于客户，并最终引起消费行为的出现。客户内心接受投入因素的程度受需求动机和信息反应敏感度的影响，而后者又决定于客户购买欲望的强度和“学习”效果。客户往往对感兴趣的对象显示出“认知觉醒”，对无关的对象信息则表现出“认知防卫”。客户的偏好选择受内心“决策仲裁规则”的制约。“决策仲裁规则”是指客户根据动机强度、需求紧迫度、预期效果、消费重要性和过去的学习等，对各种消费对象进行排序、按序消费的心理倾向。外在因素包括相关群体、社会阶层、文化、亚文化、时间压力和产品的选择性等。有了投入因素的刺激，通过内在、外在因素的交互影响，最后形成产出或反应因素。产出或反应因素可以从不同的形式和内容体现出来，如注意、了解、态度、消费意图和最后形式——消费行为。

6. 恩格尔—科拉特—布莱克威尔模式（EKB 模式）

此模式是由恩格尔、科拉特和布莱克威尔三人于 1968 年提出，并于 1984 年修正而成的理论框架。EKB 模式认为客户的决策程序由五个步骤构成。第一，问题认知。当客户知觉到他的理想状态和目前的实际状况存在差异时，便产生了问题认知。第二，收集信息。当客户认知问题存在后，便会去寻求此问题的相关信息。第三，方案评估。当客户收集到所需要的信息后，便可以据此去评估各项可能的方案。第四，选择。当客户评估了各种可能的方案后，便会选择一个最能解决原始问题的方案并采取购买行动。第五，购买结果。当消费并使用了某产品后，可能发生满意或购买认知失调两种结果，并存储在记忆当中。

四、客户购买行为类型

在日常生活中，客户的购买行为是多种多样的，不仅在不同的客户之间其购买行为存在差异，而且在同一个客户身上，在不同条件下其购买行为也存在差异。按照不同的划分标准，传统的客户购买行为类型大致分为以下几种。

1. 按照客户购买准备状态划分

按照客户购买准备状态划分可以归纳为以下几种类型。

（1）全确定型　全确定型是指客户在进入商店前就已经有明确的购买目标，对于产品、商标、价格、型号、款式等都有明确的要求。因此，他们在进入商店后可以毫不犹豫地买下某商品。

（2）部分确定型　部分确定型是指客户在进入商店前已有大致的购买目标，但具体要求还不太明确，对于产品、品牌、价格、款式等还有考虑和商量的余地。因此，这部分客户一般难以清晰地对营业员说出他们对所需商品的具体要求，希望在商店里得到营业员或其他信息的指导。

（3）不确定型 这类客户常抱着“逛商店”的态度，没有非常明确的购买目标，也没有比较迫切的购买任务。因此，他们在进入商店后，经常表现为漫无目的地东走西看，顺便了解某些商品的销售状况。当然，如果碰到满意的商品也会购买，甚至常满载而归。

2. 按照客户的购买态度以及购买决策的速度划分

按照客户的购买态度以及购买决策的速度划分可以归纳为以下几种类型。

（1）习惯型 这类客户常根据过去的购买经验和使用习惯采取购买行为，例如，长期惠顾某商店、长期使用某品牌的产品。

（2）理智型 这类客户的购买行为以理智为主，很少产生冲动购买。他们一般喜欢收集有关产品的某些信息，了解市场行情，在经过周密的思考和分析后，做到对所要购买产品的各种特性都心中有数。他们的主观性比较强，不容易受他人的影响，也不受自己的情绪所左右。

（3）经济型 这类客户购买商品多从经济角度考虑，对商品的价格非常敏感。他们一般比较勤俭节约，选择商品的标准是实用，而对外观造型、色彩等不太在意。

（4）冲动型 这类客户的心理反应敏捷，容易受商品包装和广告等外在因素的影响，以直观感觉为主，容易在周围环境的影响下迅速做出购买决定。

（5）疑虑型 这类客户一般比较内向，善于观察，行动谨慎，体验深刻。他们一般不大相信营业员的介绍，常“三思而后行”，而且即使买回家以后有时也放心不下。

3. 按照客户在购买现场的情感反应划分

按照客户的购买现场的情感反应划分可以归纳为以下几种类型。

（1）沉静型 这类客户由于情感反应灵活性比较低，因而反应比较缓慢而沉着，一般不为无所谓的动因而分心。因此，在购买活动中，他们往往沉默寡言，情感不外露，冷静而持重。

（2）温顺型 这类客户往往态度随和，生活方式大众化，缺少主见。他们在选购商品时往往尊重营业员的介绍和意见，做出购买决定比较快。而且，这类客户对他人很少有防备心理，表现为对营业员的服务比较放心，很少亲自复查所买商品的质量等。

（3）活泼型 这类客户情感反应灵活性比较高，能很快适应新的环境，兴趣广泛但情感易变。在购买商品时，能很快与人接近，愿意与营业员或其他客户交换意见，并富有幽默感。

（4）反抗型 这类客户具有高度的情绪敏感性，对外界环境的细小变化也能感觉得到。此外，他们还有较强的逆反心理，很少产生“随大溜”的购买行为。在选购中，往往不能接受别人的意见和推荐，尤其是对营业员的介绍异常警觉，抱有不信任的态度。

4. 按照客户在购买时的介入程度和产品品牌差异的程度划分

按照客户在购买时的介入程度和产品品牌差异的程度划分可以归纳为以下几种类型。

（1）复杂的购买行为 当客户参与购买的程度较高，并且了解品牌间的显著差异时，他们会有复杂的购买行为。一般来说，购买贵重物品、大型耐用消费品、风险较大的商品、外露性很强的产品以及其他需要客户高度介入的产品，客户往往会产生复杂的购买行为。

（2）减少失调的购买行为　这种购买行为是指由于产品的各种品牌之间并没有多大差别，并且由于产品具有很大的购买风险或者价格很高，因此需要客户高度介入才能慎重决定；但购买商品之后，有时往往又会使客户产生一种购买后不协调的感觉，于是开始通过各种方法试图对自己的选择做出有利的评价，并采取各种措施试图证明自己当初的购买决策是完全正确的，以减少购买后的不协调。

（3）习惯性的购买行为　这是指客户介入程度不高且品牌之间的差异也不大时，客户一般采取的购买行为。这类产品一般是价格较低而且大多是经常购买的日用消费品。客户在购买这类产品的时候并不需要形成一般的态度和信念，然后按照决策过程一步一步地实施计划，最后完成购买活动，而是以一种不假思索的方式直接采取购买行动。而且，在这种情况下，客户购买某类产品并非出于品牌忠诚，而是出于习惯，或者说只是因为熟悉的缘故。

（4）寻求变化的购买行为　当客户介入程度很低且品牌间的差异很大时，客户就会经常改变品牌的选择。这种购买行为的产生往往不是因为对原有品牌的不满意，而是因为同类产品有很多可供的品牌，同时，因为这类产品本身一般价格并不昂贵，所以客户在求新求异的消费动机下就会经常不断地在各品牌之间进行变换，达到“常换常新”的目的。

五、通过数据理解客户行为

任何企业在制订其增长策略时都需要回答以下两个关键问题：在哪里竞争？如何竞争？回答以上问题的基础在于是否对企业的内、外部环境有一个清晰的认识，了解企业客户（客户类型、客户需要、购买因素）作为对外部环境研究的一个重要方面，一直都受到企业管理者的关注。为此就需要不断地对影响客户行为的因素进行深入的分析，企业如何开展这一项工作是基于数据挖掘技术的精确营销的研究重心。具体包括：客户是谁？客户的购买体验如何？服务或产品的竞争性如何（包括价格、渠道、促销等多方面）？我们都知道，加深对客户的了解是一个循序渐进的过程，具体包括客户特征的描述、客户细分、客户终身价值分析、客户生命周期分析及客户忠诚度分析等多项内容。

1. 客户行为数据库的建立与分析

企业通过搜集、积累大量的市场及客户资料，建立了庞大的数据库，通过数据挖掘技术，寻找出对客户而言最关键、最重要的影响因素，并借此建立真正以客户需求为出发点的客户管理系统。数据挖掘技术在客户行为方面的具体应用包括：客户赢利能力提升、客户挽留、客户细分、客户倾向、渠道优化、风险管理、欺诈监测、购买倾向分析、需求预测、价格优化等。诺贝尔奖获得者、美国著名物理学家阿尔诺·彭齐亚斯（Arno · Penzias）博士在1999年1月的《计算机世界》上发表评论认为：“数据挖掘技术将变得更加重要，由于数据挖掘技术是如此有价值以至于将不再会丢失与其客户有关的任何事物。如果你不在这方面做些什么，那么你将失去你的生意”。

任何事物都存在自身的发展规律，客户行为也不例外。如果我们能够了解客户行为的内在规律，就能够很好地制订企业营销决策。客户行为数据的背后，隐含着大量不为企业所知的信息，企业不能只凭借自己的主观感知去决定企业营销活动，而是要根据数据去了解客户的需要以及尚未满足的需要，认识客户行为中的隐含信息。据一项调查，在超级市场中，只有不超过1/4的客户在进入超级市场时就决定“今天购买什么商品、购买哪家公司的品牌”。大部分客户在去超级市场的时候，事先并没有明确的购物目标。只是在进入超级市场以后看到摆放在货架上的商品，视其鲜度、价格和包装等来决定是否购买。观察一下自己的购物行为就会发现，确实是抱有一种“今天大概要买这些商品”的模糊想法去商店，尤其是在购买食品和日用百货时这种倾向更为明显。这就是本来打算去购买做火锅所需的作料，却买回来做炒面的作料的原因。如果你是经理的话，根据调查数据，你该怎样考虑提高销售额的经营策略呢？

2. 客户行为受外界环境的影响

不同国家或地域的风俗文化差异也会影响人们的消费习惯，中国人的消费习惯就会让外企不解。例如，中国人不喜欢在家里设宴待客，他们觉得家是属于自己的私人空间，即使朋友之间吃饭也是去餐馆，不像西方人喜欢在家里请朋友。法国某著名连锁零售公司驻中国的某销售负责人说：“千万别把中国看成一个国家，要把它看成一个大洲才行”。

中国各地在地域、民族、文化和经济发展水平方面存在的巨大差异经常让外国企业头痛不已。某市场研究集团中国区研究总监说：“北京的客户比较保守，更趋理性。上海人则追求名牌，消费趋势受外界影响较大。广州人比较像香港人，人们购物时非常务实”。另外，在很多地方人们还是习惯讲地方话，企业的宣传策划必须考虑这个因素。外国商家需要注意中国人的年龄和收入差距对消费习惯的影响，这可能才是划分中国客户的主要标准。在同一地区，进入不惑之年的客户购物时一般比较保守，而年轻一代更追求个性。中国人的收入差距越来越大，也给市场供应带来更多的困难。咨询专家也指出：“我们已经开始理解比较富裕的城市居民，尽管他们的兴趣变化非常快。可是在中国最偏远的农村，人们还过着中世纪般的生活，我们根本不知道怎么和他们说话”。多克托罗夫认为，中国客户一方面渴望展示个人的成功形象，另一方面又不愿出头。他们将长期处于这种彷徨的状态。所以，他们不惜花巨资开名车，戴名表，拎名牌皮包，用最新款手机，可是家里却在使用便宜的电视机和电冰箱。多克托罗夫笑着说：“别看名车在中国大有前途，外国名牌内衣在中国绝对没有热销的希望”。

3. 电商对客户行为的影响

互联网的快速发展、电子商务的兴起和新的经营模式打破了传统的经营模式，加上网络本身的特性，使得基于客户行为研究的营销活动变得日益重要。客户期望获得的是快速且优质的服务，因此如何与客户达成良好的相互关系进而提供满意的服务，对于企业提升其竞争力来说是一项很重要的议题。现代企业一般都拥有庞大的数据资源，如何有效地利用它们进行相关的客户数据及消费行为分析，把所取得的数据转换成有用的信息，将成为决策者制订营销策略的重要参考依据。数据挖掘技术可以根据使用者的需求，从存有庞大数据量的数据库中找出合适的数据，并加以处理、转换、挖掘和评估，并从中得到有用的规则和知识。

六、客户行为概述

著名管理学家彼得·德鲁克（Petre F. Drucker）有一句名言：企业不是由产品决定的，而是由客户决定的。在战略专家波特所勾画的“波特模型”中，客户也是企业所要面对的五种竞争力量中的重要方面。现代营销理论认为，客户的需求是企业整个活动的中心和出发点。

1. 精确营销需要对客户行为精准定位

精确营销就是在对客户行为精细定位的基础上，依托现代信息技术手段建立个性化的客户沟通服务体系，实现企业可度量的扩张。了解客户行为对精确营销具有不可替代的重要意义。

首先，随着市场竞争的加剧，企业过去所生存的“红海”将变得异常拥挤，同时，客户需求不断变化，都需要企业去开辟产品及服务的“蓝海”，创造新的价值。价值创造构成企业蓝海战略的目标，而科学的客户细分就将成为蓝海遨游的指南针，对客户需求差异的理解和满足就显得十分关键。

其次，在如今这个大众广告和促销活动盛行的时代，很多营销经理都感到迷茫，“有一半的广告费用我不知道浪费在哪里”。当客户不再容易被蛊惑的时候，企业就不能再依靠地毯式的轰炸来攫取市场，这样只能收效甚微。面对激烈的竞争环境和挑剔的客户，企业要想生存就必须考虑基于客户行为研究的有效营销方式。

最后，信息技术正经历着天翻地覆的变化，数据挖掘技术、大容量存储技术、非结构化和半结构化查询技术以及已经普及的网络技术的广泛应用，使得关系营销、网络营销、数据库营销在技术上变成现实。借助众多的技术手段，企业完全可以真正了解客户所需要的产品、服务，从而实现客户行为挖掘意义上的精确营销，并最大限度地满足客户需求。

2. 客户行为学

客户行为是伴随商品经济发展而产生的一种社会经济现象。20 世纪初，以斯科特（W. Scott）为首的美国学者开始从事有关客户行为的研究。客户行为学是一门综合性、边缘性的学科，它涉及诸多学科领域，包括市场营销学、社会学、心理学、社会心理学、生理学、经济学等。可以看出，在客户行为学发展的早期，研究的重点放在商品或服务的获取上，关于商品的消费与处置方面的研究相对被忽视。随着客户行为研究的深入，人们越来越深刻地意识到，客户行为是一个整体，同时是一个过程，其研究的重点涵盖购买前、购买时、购买后的行为与决策。

在当今同质化严重的市场环境下，有关细分市场的差异化竞争已经变得越来越重要。应对客户的营销策略也开始越来越细化，从过去的统一服务到现在的一对一营销、个性化服务，这一切都使得商家开始关注客户行为，希望从客户的消费行为中了解客户特征以进行个性化营销。对传统客户行为的细分研究也显得尤为重要，基于数据挖掘的客户行为细分能够客观地反映客户群体的内在特性，综合反映对客户多方面特征的认识，有利于营销人员更加深入细致地了解客户价值并且在营销实践上易于操作。但是，再好的策略或战略若不能进行有效的实施，都将是纸上谈兵。因而，要想达到预期的目标，就需要对客户行为进行细分。在此，可以遵循定义分析目标、搜集数据、分析数据、建立细分模型、评估结果的步骤来一步步地实施细分。

第二节　消费行为的主要变化

一、全球消费者行为的两大变化

咨询公司麦肯锡在29个国家展开了一项全球消费者信心调查，结果发现，人们的消费行为有了两个明显的变化。

第一个变化是，带有“天然”或者“有机”标签的商品，对人们的吸引力越来越小了。虽然全球有超过三成的人坚持吃健康食品，快餐连锁店的品牌也在变得越来越健康。但是，消费者也指出，厂家在商品包装上添加的标签没有意义，他们会仔细阅读营养信息和配料表。消费品企业也开始采取各种应对方案，例如，推出新产品，开发新品牌，或者投资规模较小但增长迅速的健康保健类产品制造商。麦肯锡建议，企业更应该做的是，真正重视消费者关注的健康价值，并且诚实地披露产品信息。正是由于企业虚假的标签，才引发了消费者对商品标签的信任危机。

第二个变化是，人们的消费行为持续向升级或降级分化。在印度，经历消费升级的消费者比例排在全球第一位，高达25%；其次是土耳其和中国，都超过了20%。而一些拉美和非洲国家正相反，消费降级十分明显，一些国家的消费降级比例甚至高达20%。英国、澳大利亚等发达国家消费降级的趋势，也超过了消费升级。在美国，两者打成平手。麦肯锡认为，这些消费降级和消费升级的变化，正在让消费者离中端市场越来越远。因此，品牌商应该考虑根据不同情况做出调整，例如，在部分国家发售入门级商品。

二、大数据时代消费者行为的几个特点

耶鲁大学管理学院教授莱维·多尔（Ravi Dhar）是品牌营销策略领域的权威专家，他对数字时代消费者的决策行为很有研究。在多尔来中国讲课的时候，FT中文网对他进行了独家专访。在采访中，多尔分享了他对数字营销时代品牌与消费者行为变化的预判。

第一，多尔认为，在社交媒体时代，人们在网购时，会看其他用户的评论，因为用户评论比品牌提供的产品信息更可信，所以口碑对品牌越来越重要。过去品牌取胜靠的是规模，但在今天，一个客户群小的品牌如果口碑好，客户足够忠诚，也能在互联网上脱颖而出。

第二，社交媒体对传统的广告投放模式造成了冲击。过去很多大品牌投广告时，都是花重金进行大制作，然后进行大规模的广告投放。但在社交媒体时代，情况不一样了。多尔举例说，百事可乐曾花巨资制作了一个广告，但是这条广告在社交网络上引发潮水般的批评，百事可乐被迫在广告播出不到一天就将其紧急下架，并公开道歉，可见社交媒体的负面情绪会给品牌带来多大的影响。所以，当品牌要大规模投广告的时候，要思考一下类似的问题。

第三，线下的“冲动消费”变少了。多尔认为，过去有很多像口香糖这样的产品，靠的是冲动消费。大部分口香糖货架是放在超市收银台旁边的，人们结账时顺手就买了。这样的冲动消费过去在线下还可以，但如今很多消费都是在网上，如果某个产品特别依赖这样的消费，那该怎么办？多尔说，即使消费渠道增加了，也未必能抵得上冲动消费的减少，而且两三年后这样的冲击就会到来。

第四，无现金支付让人更容易过度消费。很多研究都显示，付现金比刷卡更痛苦。多尔说，你去国外旅行，用外国钞票时，会因为感觉它们不像真的钞票，而容易花更多的钱。如今各种移动支付连卡都不用刷了，你完全感觉不到钱从你手里花出去，就容易花更多。此外，多尔还提到，无现金支付让交易双方感觉更平等了。他说过去打车的时候，如果出租车司机对他好一些，他不知道司机是真的友好，还是希望他能多给一些小费。现在用打车软件打车，乘客和司机都知道车费是改变不了的，这样就会淡化雇佣和被雇佣的关系。

第五，机器学习让网购的形式更加多样化了。例如，随着语音技术的发展，你只要对着手机说话就可以下单了。而且这个过程正变得越来越智能。你只要说买一杯咖啡，机器会根据你过去的购买记录，分析你喜欢哪个牌子、什么口味以及你是喝大杯还是小杯，来做出判断，并帮你下单。物联网的普及会让你对产品更了解，例如，你在网上买苹果时，可以看到它们产于中国的哪个地区，生长的那片树林是什么样子的等。

第六，有可能会出现新型的垄断。前面提到的给我们生活带来改变的技术，需要巨大的资金支持。除了几家巨头，其他中小零售商很难做到。多尔预测，很快会有一两家巨头，例如，亚马逊、阿里巴巴这样的公司，为所有零售商提供后台服务。这是一种新的垄断。这就是为什么当亚马逊宣布要收购全食超市的时候，几乎所有零售商的股价一起下跌，因为又一大块数据被亚马逊获取了。这是监管者需要思考的问题。

第七，在未来，大数据不再关心“你买了什么”，而是关心“你为什么买”。多尔说，目前我们对客户数据的研究，大多还停留在客户在什么时候什么地点买了什么，这个太基础了。最有价值的信息其实是客户为什么买。未来的大数据会根据你的购买记录、你的日程、你的生活习惯，把点连成线，琢磨出这个“为什么”。例如，某女士最近买了条很贵的裙子，数据显示，是因为她要参加一个非常重要的会议，那下一次她的日程表上有会议或者聚会的时候，商家就可以给她推送高档服装的信息。这可以帮助品牌推送精确到个人的广告信息，极大提高市场营销支出的效率。多尔表示，想要获得这种“为什么”，既需要计算工具，也需要理解品牌和市场的人。大数据是自下而上的，但你需要有人从上往下看这些数据，人工智能没有这样的视角。所以，对市场有洞见的人在未来更重要。

第八，隐私难以界定，监管会是个难题。人们很关心数字时代的隐私问题，但多尔认为，由于人们对隐私的界定不一样，监管会变成一个难题。例如，一个人开车去机场赶飞机，路上交通很堵。这时候，如果地图软件提醒他走另一条更通畅的道路，他会很欢迎。但如果这个人去的是一个他不想让别人知道的地方，在一模一样的情境下，如果地图提醒他，他可能会吓一跳。再例如，多尔问学生，如果有旅行社推送度假信息给你，接受吗？他们说接受。但如果制药厂发现你有艾滋病，向你推送艾滋病药呢？他们说不能接受。所以隐私是分场合的，但厂商很难知道消费者的情况，甚至有时候连消费者自己也不知道。由于很难界定隐私，所以在监管方面，很考验监管者和业界的智慧。

三、新零售与新消费

深圳新零售创新创投峰会上，IDG资本董事总经理楼军分享了他对新零售本质的看法。他认为，把“新零售”“消费升级”“消费降级”“无人零售”这些词抛掉，可以用三个视角来看待零售领域正在发生的变化，分别是：需求、心智与模式。

第一是需求。近几年来，消费升级会被提出来，是因为人们的需求发生了变化。楼军分析说，例如，在一二线城市中，人们可支配收入变多，一个人习惯一年买10件衣服，不可能收入增长后变成买100件衣服，他最多买15件，每件比原来贵一点、好一点。但衣服在消费中的比重是偏小的。他会把钱花在生活质量上，这样很多服务业就会崛起，服务业的品质也会不断提升。楼军举了一个数据，美国、日本等国家是以中产阶级为基础的，与这些国家相比，中国家庭目前35%的消费花在服务类消费，65%花在实物类消费。而美国、日本等国家的消费正好相反。楼军认为，未来中国消费者的消费行为将会越来越像美国和日本。

第二是心智。楼军说，从2015年到今天，消费者在心智上最大的变化是，过去我们先想到买什么，然后再去找它。无论是在淘宝、京东，还是在线下商超和便利店。但今天人们在消费行为发生时，不一定是先想到买什么才去买。这是因为大量内容的诞生，内容进入到了支付、消费决策场景中。例如，我们打开微信的时候，微信里就有很多消息会刺激我们去下单消费，我们的冲动消费比过去增加了很多。

第三是模式。移动支付普及后，这种变化直接带来的结果就是引发了零售模式的创新。楼军认为，虽然线下零售比线上零售更难做，但大家依然会奋不顾身地做，因为这是壁垒，产业要有所提高，必须线上线下同时做。

楼军说，从这三个角度或许能看出未来两年会发生什么，在这个过程中，其实本质一直没有变化。任何零售行业在建立壁垒的时候，重点都会围绕选品、供应链、物流仓储等。此外还要看在整个效率链条上，你做得是不是比别人更高效。为什么今天所有的新零售创新，传统企业并没有被打得特别惨或者被颠覆掉，就是因为这个本质没有变。

第三节　消费市场的核心变化

消费者的消费行为发生了变化，消费市场就会跟随发生适应性的改变。今天的中国消费市场，由于供应链体系足够成熟和完整，如何跑好“最后一公里”的能力开始变得尤为重要，其中主要可分为两种能力：一种是洞察与连接用户的内容能力，另一种是撬动中国供应链体系的组织能力。

想要撬动中国庞大的供应链体系来为我所用，就需要一种全新的、灵活的组织能力。总结起来就是三个关键词：新内容、新用户、新组织。透过这三个关键词，我们就能更好理解今天很多新涌现出来的消费品牌。这三个要素的合力影响了中国的消费产业，让新品牌崛起，甚至获得了颠覆传统大牌的势能。

一、新 内 容

新内容指的是运用新内容平台的工具，进行消费者洞察和连接用户的能力。我们可能都会有这么一个感受，过去购物要么开车去超市商场，要么在专门的购物 App 上逛。可这两年，你在手机上随便娱乐一下，都可能不知不觉买了一堆东西。你刷着抖音一下子就被“带货”买了一支口红；你在快手短视频给“老铁”双击了“666”，转身就下单了“老铁”自家产的风干牛肉。别怪自己太冲动，这是现在新内容平台带货太厉害，中招的不是你一个人。

我们来看看短视频平台的带货成绩。2018 年快手短视频上线了自己的电商，仅一年多的时间，2019 年快手短视频的交易量已经有千亿规模了，和中国排名前五的电商唯品会的成绩差不多了。抖音虽然不像快手短视频，以自己的电商为主要发力点，但广告收入的确很厉害。2019 年抖音一年的广告收入超过 600 亿，已经相当于整个腾讯集团的广告收入。消费品是抖音广告收入的主要来源之一，阿里巴巴每年就要向抖音支付 70 亿的营销费用。这背后其实就是短视频为代表的内容形式，成了主要的消费带货工具。在这股消费产业变化里起作用的内容平台，还不只是抖音、快手和淘宝直播，如微博、大众点评、小红书这些内容平台也都在短视频化。作者观察到，这些平台上的新内容，应用到消费上，大大提升了企业和消费者沟通，各个环节的效率和体验。

完成一次消费行为，企业和消费者的沟通，会经历五个环节：产品定义、传播、决策种草、导购下单、用户反馈。而这几个环节，现在都在被新的内容能力重塑。新内容是这几年消费市场里最猛的催化剂，消费品牌能用多渠道和用户做更深度地沟通，交易更容易达成。用户的购买体验也更好了。

二、新 用 户

第二个要素是新用户。为什么在今天，新的内容能力能驱动这么大的变化呢？这是因为，这几年新的内容平台，给新品牌们带来了新的用户土壤。新用户，是人口结构轮换的结果。例如，现在年轻人对消费的理解，和以前完全不一样，而且这事不可逆。现今年轻人最大的特点就是，他们不是看电视长大的，而是用着互联网长大的。

因此，现在的年轻用户的消费有三个前提：要好看，要能彰显个性，最好还是喜欢的明星或者信任的朋友推荐的。例如，李佳琦的粉丝 80%都在 25 岁以下，说明年轻人很习惯“带货”这种销售方式。不仅是年轻人，新的消费方式也在悄悄植入老年人的消费习惯。例如，一位老师生活在一线城市，可能用智能手机这么多年也不会用淘宝。但他哪天可能会突然告诉你，他在网上买东西了。怎么买的呢？因为他喜欢看今日头条，而今日头条也卖东西。他都不是在线支付，而是货到付款，这样更能获取中老年人的信任，他们看到东西再给钱会比较放心。

老人、小孩、生活在农村、三四线城市的人，各种圈层的用户，被今日头条和快手这样的内容平台卷入到互联网当中，并成为消费企业的增量。阿里巴巴已经有这么大体量了，2019 年活跃购买用户还涨了一个亿。这还没有完结，因为涨完之后的年度活跃购买用户也不过才 7 亿，刚超过中国人口的一半。

因此，所谓的新用户其实是“新触达电商网络的用户”。虽然这些用户各自有不同的特性，但从共性来看，他们的消费行为都会被新内容重塑。一方面，他们的购买行为可能更冲动。这是因为现在购买闭环更短了，一个商品好看，看起来好用，在短视频强烈的视觉冲击下，马上就能下单购买。另一方面，他们的购买渠道更碎片化。因为不同的内容平台，把用户分成了大大小小的各个圈层。消费品公司做投放，就可以选择更精准的目标用户。例如，有个微信公众号称为“早安英文”，订阅用户主要是爱学习的年轻女性。强调成分这一知识内容的护肤品牌 HFP，就成了它的广告主。每一个内容账号背后，都可以代表着一个特定的消费圈层。更重要的是，他们更容易基于人与人之间的信任关系购买。无论是淘宝直播带货，快手达人卖土特产，小红书大 V 种草，还是拼多多的熟人推荐，都是这个逻辑。

三、新　组　织

第三个要素是新组织。中国已经有了成熟庞大的供应链体系，你想要什么产品都能给你生产出来，你已经不需要自己建厂、建渠道了。但你也得有足够灵活的组织能力，才能撬动这些供应链来支持你。例如，在喜茶这样的新组织里，内容部门又称品牌部门，但它的核心职能已经完全变了：不再只是搞活动和广告，而是用输出内容的方式打造公司的品牌。过去内容输出是市场部下面的一小块业务，外包给公关公司或者广告公司，一年下来拍几条广告片，就差不多了。但是在完美日记、喜茶这样的新公司里，内容可是 CEO 要抓的重点，每天都要对外输出内容，和消费者高强度互动。

为什么发生了这样的变化？这是因为现在进入了消费者驱动的时代，谁代表消费者意见，谁就有话语权。而内容团队，每天都在网上与消费者接触，他们的工作决定了用户如何理解一家公司，他们也沉淀了更多来自用户的意见，所以在需求洞察上最有发言权。

我们来看一个细节。在这几年的新组织里，连最核心的产品研发流程都变了。过去是由产品部门自己定义，生产出来了，再给市场部、销售部来做配合，消费者的声音体现得并不充分。而今天，做什么产品，是内容、产品、销售三方一起决定的。内容部门，能靠着对用户的了解来提出产品需求。例如，喜茶卖得很火爆的几款产品，名字听着都很特别，石榴养乐多波波冰、流心奶黄波波冰、酸菜鱼包，这三个产品最初的创意都来自于品牌内容团队。产品团队更多是确保想法的可行性，更像个解决方案的提供者。内容会渗透到每一个环节，在内容的统领下，企业里传播、商品、服务、渠道这些环节，从割裂变得贯通。消费企业和抖音达人合作，发一条短视频，它是在带销售，收集用户反馈，还是建立品牌？其实这些动作都是一体完成的。

四、中国消费行业的核心能力与机会

以上我们分析了中国消费市场近年来巨变的底层逻辑，当然，有人可能会问，这样一个瞬息万变的时代，刚才说的这些要素会否发生变化呢？目前中国消费行业的核心能力到底是什么？能让我们相信我们的消费能持续升级，市场还能持续迭代，给我们释放新的机会和惊喜吗？

我们前面提到过峰瑞资本创始人李丰的一个洞察。他认为，中国消费产业正在面临一个前所未有的机会，由三大浪潮构成。第一层浪潮是中国拥有全球最大的单一供应链体系；第二层浪潮是中国正在成为全球最大、层次最丰富的单一消费市场；第三层浪潮是中国的消费产业发展，赶上了移动互联网的高速发展和普及。这三层浪潮叠加在一起，就是现今中国消费的基本盘，就是这三浪叠加而成的一个高效的自我供需闭环。

中国市场1992年对外资企业打开了大门，允许它们到中国建厂，用市场来换技术，为中国攒了30年的制造业产业链功底。到今天，全球有70%的消费品都是在中国生产的。小到口红，大到汽车，在中国土地上都能找到成熟的生产线。巨大的供应链具备了以后，供应链还逐步延伸，触达到了层次丰富的需求端。1991年中国开出第一家“联华超市”，1996年，第一个专业购物频道北京BTV，走入了大众的生活。百货、超市、便利店、专卖店、电视购物这些零售渠道在中国遍地开花。到今天，积攒了近30年的销售渠道功底，打通了中国各种层次的消费市场，于是，巨大的消费市场形成了。在供应链生产和渠道渗透都不成问题之后，中国消费产业进入到了第三个阶段，这就是，在移动互联网的加持之下，我们的整个消费市场，正在成为一个全球最高效的闭环市场。

最近几年，线上消费行为正在产生大量数据，中国线上零售占社会总零售接近25%，领先全球。中国消费者的需求光谱广阔，层次丰富。企业直接把握各种消费者的行为数据，可以让产品的生产，渠道的铺设和对用户需求的把握，都通过数据串联起来。我们前面提到了“新内容”这样一个关键要素，这也是当下这个阶段，在这个高效的闭环市场里，才可能出现的特殊要素。每一个有新内容能力的消费品创造者，都有机会借助互联网，在庞大的中国市场当中，找到自己的专属用户群，建立一个新品牌。

我国的食品创新企业如要做大做强，还需要注意几个问题。首先，世界一流的消费品公司同时也会是投资公司，很多子品牌都是收购来的。它的核心能力其实已经不再是产品创新，而是搭建完整的“生态管理系统”。这样才能让每个新加入的品牌，都能嵌入到已经搭建好的复杂系统当中，配合原有的营销、渠道、供应链来高效运转。其次，是全球化的渠道，这一点上，有很多食品消费企业已经开始捷足先登，特别是在一些华人居住比较多的国外城市，都可以看见我们耳熟能详的国有奶茶及其他餐饮品牌。喜茶今年就在新加坡开了三家店，类似的门店在墨尔本等城市也有很多，但这只是开始，想要做全球化扩张，要去适应不同文化背景、竞争环境的市场，这对中国新品牌是一个很大的挑战。

第四节　多屏时代的消费特征

一、多屏时代容易导致非理性决策的原因

食品消费行业不是一个独立的行业，它和很多其他行业都有关联，尤其当人们的生活习惯和方式发生急剧改变的时候，这种冲击就会尤为激烈。其中比较极端的一个例子就是这样一组有趣的数据，在近10年里，口香糖的销量因为智能手机的普及而下降了30%。这让很多人惊诧不已，明明是两个不相关的东西，为什么会产生这样的强关联呢？原来这是因为看手机导致了大众消费者注意力的转移。以前人们排队付款的时候，因为

无所事事，看到放在超市收银台附近的口香糖，没准就买了，可如今大家在等待的时候，都在刷手机，都被那一块小小的屏幕所吸引，所以口香糖的销量下降了。这还只是一块小小的手机屏幕，如果算上各种平板、电视、电梯广告，我们的生活其实已经被各种各样的屏幕包围了。屏幕变多，对我们的生活影响深远，就像一开头说到的口香糖和智能手机一样，在一个多屏时代，我们的消费行为会发生巨大变化。

有本书名为《屏幕上的聪明决策》，其中就探讨了关于多屏时代，影响我们在屏幕上做出决策的各种因素，并提出，如果我们掌握了屏幕使用者的行为习惯，就能创造出更多的价值，给用户更好的体验。营销很多时候就是调动人的感性，也就是我们常说的冲动消费。我们在屏幕上做的很多决策就常会不理性，这有两个原因：第一个原因是屏幕上信息太过芜杂，会干扰我们做出正确的决策；第二个原因是我们在屏幕上做决策的时候，非常容易受到第一印象冲动的影响，从而进行了不理性的决策。

我们先来看看屏幕上嘈杂的信息为什么会影响我们的决策过程。首先介绍两个概念，一个是物理屏，一个是心智屏。所谓物理屏，就是我们每天盯着屏幕看到的那些信息；那心智屏呢？心智屏就是指我们真正关注的信息。如果物理屏越接近心智屏，那么用户做出错误决策的概率就越低。但事实上，在多屏时代，信息太过泛滥，导致了人们注意力很容易分散，心智屏与物理屏之间的距离越来越遥远。我们常说的注意力经济，其实就是利用了在多屏时代，我们的注意力会越来越分散的特点。

美国加利福尼亚理工学院有一项研究显示，消费者在面对屏幕的时候，会有“认知负荷”，就是说当你给传播对象过多的信息、过多的选择的时候，他们会不堪重负，形成某种压力。这种负荷越严重，消费者就越容易冲动选择，他们宁可选择容易感知的东西，即使有时候这东西根本不是自己想要的。换句话说，当我们的注意力被过度分散，我们就宁可选择那些容易理解的信息。

信息越多，你就越不知道如何取舍。美国一些心理学家经过研究发现，当你大声朗读一篇150字左右的文章之后，其实你能记住的词汇，也就四五个，换句话说，信息量越大，你能记住的就越少。那么，我们该如何解决数字内容过多的情况呢？我们该如何让自己的认知负荷变得轻便一些呢？这就需要我们学着舍弃一些信息。其实无论是对数字内容提供者，还是对于使用者来说，这一点都非常重要。例如，我们要出去旅游，我们可能就需要自己上网订酒店，可是当你在搜索引擎中输入某某城市酒店之后，会出来无数信息，你还是不知道何去何从。Booking就抓住了这么一个痛点来做文章。在Booking上你能以最快的速度了解酒店的位置、房型、价格，还能看见照片，选好了就能下单预定。Booking这样的网站就是解决了信息量过多的问题，它让消费者能以最快的速度完成决策，换句话说，让心智屏和物理屏之间的距离最小化。所以说，人在面对海量信息的时候其实更难做决策，于是注意力就成为某种有价值的资源，换句话说，谁能抢到注意力，谁就有获得成功的可能性。

综上所述，信息过剩就是我们在屏幕上为什么总是做出不理性，甚至是错误决策的第一个原因。我们会做出错误决策的第二个原因是，我们很容易受到第一印象的影响，靠着一时冲动，做出了错误的决策。无数科学成果证明，其实人类没有自己想象的那么理性，在很多时候，我们都是靠着无意识和第一印象来感知世界的。在心理学界，有一个非常有名的测试，参加者观看陌生人的脸，100ms之后，就能对陌生人的性格做出明确的判断，例如，这人是温和的，还是激进的，是乐观的，还是消极的。这就说明，人类在做判断的时候，其实没那么多理性的思考，通常就凭借自己的经验和直观印象下了定论。到了多屏时代，这种凭借第一印象就做出决策的现象就越发严重，因为多屏幕时代，信息传播更加视觉化，能引导我们理性思考的文字越来越少，我们更加容易凭借第一印象，或者让一时冲动来决策。

美国一家研究数字阅读习惯的公司，公布了一个调查结果，说55%的受访者阅读一篇网络文章的时间不会超过15s，而人们浏览图片的时间也不过20s左右，所以说，人们开始追求速度，而不在意深度了。那么既然多屏时代，人们的第一印象更加重要了，内容提供者该如何应对呢？很多美国大型零售商会根据消费者是用电脑，还是手机购物来决定是否调整价格和产品组合。例如，家得宝超市就给手机用户提供了更多昂贵的物品选择，因为这类用户更容易冲动，经常小手一抖就买了。这种冲动的判断是怎么做出来的呢？大部分时候其实很简单，就是看美丑。你觉得美好的事物就容易选择，你觉得丑陋的就不爱搭理。因此一个产品的美学设计就变得越来越重要了。

不过，每个人对美都有不同的感受，作为商家，或者说屏幕内容提供者，该如何了解用户的审美就非常重要。美国有两位学者做了这么一个测试：他们收集了将近40000名参与者对430个网站的评分，发现年龄、性别、国籍不同，审美也有不同。例如，年长的人更喜欢设计复杂的网站，年轻人则喜欢色彩饱满、图片较多的网站；男性喜欢灰白黑的网站配色，女性偏爱均匀的色系和柔和的色彩；在国籍上，地理上相邻的国家有类似的偏爱，例如，马其顿、塞尔维亚、波斯尼亚人更喜欢色彩丰富的网站。如果我们掌握了这些审美偏好，就能给我们做网站设计、App应用设计提供数据支持。例如，麦当劳中国网站充满了各种信息，因为中国人对高视觉复杂度更为偏爱；但是如果你看看麦当劳德国的网站就会发现，那个网站非常简洁明快。因此，是不是符合用户的审美变得非常重要，甚至比所提供的内容本身还要重要，创新企业一定认知研究、了解用户的审美，来吸引他们的注意力。

二、如何在多屏时代提升产品的设计

多屏时代的内容提供者，其实还有很大的空间来提升自己的设计水准，让用户有更好的体验，从而让自己获取更高的价值。想要达到这个目的，有三个知识点很重要。首先，给用户的反馈不宜太多；其次，有的时候，不那么流畅的设计更有效；最后，要实现个性化，来满足用户的需求。我们下面分别来阐述一下。

1. 反馈不是越多越好

如果你希望反馈是有效的，你应该帮用户理出头绪，而不是简单地反馈信息。例如，现在很多人佩戴的运动手环。这玩意儿看似有用，每天检测心跳、走了多少步、消耗多少热量、提醒你该运动了该瑜伽了，等。可是，这种反馈只是给你提供了干巴巴的信息，如果智能手环的目的是让用户有一个健康的生活方式，那就应该把反馈转换为另一种形式：说服用户离开书桌，出去运动，提高身体素质。

当然，这并不是说，反馈不重要，反馈的数量不够的话是达不到目的的，但如果反馈信息的数量太多，也是有风险的，太多反馈，我们就不爱看了，就烦了。实际上，很多时候，反馈过多比没有反馈更可怕。心理学上有个概念叫作“短视损失厌恶”，就是人们在频繁决策时，会出现短视，也就是目光短浅的意思。例如，经济学家一直认为，泡沫是一群傻瓜们欲望膨胀造成的，但实际上，有可能是过多的反馈加剧的。例如，以前人们买股票得给经纪人打电话才能交易，现在省事儿了，打开手机就能看股市行情，接受反馈。获取反馈相对容易了很多，从而导致很多人感觉股票始终在跌，这就放大了损失厌恶。

那么作为内容提供者，到底该如何有效地、不让人反感地给用户反馈信息呢？有这么七个原则可供借鉴。

原则一，要找准时机，例如，关于手机游戏的反馈信息是不是该在等车的闲暇时间出现呢？

原则二，个性化，例如，天气预报的应用能根据你所处的位置提供有用的信息，你一定不会反感。

原则三，避免过多反馈，屏幕用户一般没有耐心从你的反馈那里分析哪些信息有用，所以信息越少越好。

原则四，触发一种情感。科学证实，人脑会被任何附带情绪、情感的信息所吸引。所以反馈也应该有某种情绪，而且无论是正面的还是负面的，都是有效的。

例如，美国一家医药机构开发了一个称为 Glow Cap 的智能药瓶，这东西是这样运行的：只要患者开了处方，瓶盖就能自动下载这个处方；例如，这个患者有高血压，处方上说每天吃两次药，那么到了吃药时间，瓶盖就会发光。如果你还不打开吃药，药瓶就会叫唤。然后叫声越来越急促，如果俩小时，你还没吃药，手机就会响。反正你要是一直不吃药，救护车就该来了。这就是在触发一种情绪，不断加强、让你紧张的情绪反馈，非常有效。

原则五，反馈如果能和行动协调起来就会非常有效。例如，你用滴滴打车打不到车，如果滴滴打车反馈给你一个信息，说旁边有好几辆共享单车，路途不远建议你骑车去，这样就是很好的反馈。

原则六，平衡正负反馈。正面反馈就是：你做得好！负面反馈就是：你身上肉太多了，该减肥了……这两种反馈都是需要的，但要平衡好，不能偏向于一方，这样消费者才能做出正确的决策。

原则七，尊重证据。要看重数据统计，来判断用户的行为。

综合以上七点原则，我们了解了内容提供者如果想给用户好的使用体验，反馈当然很必要，但反馈不是越多越好，反馈太多还不如没有反馈，反馈需要遵循一定的原则，这样，用户才能做出正确的决策。

2. 不流畅的设计更有效

有时候，不流畅的设计是有必要的。在多屏时代，很多人认为，你提供的信息越简单，用户越容易接受。其实不是这样的，适度的难度会让用户慢下来，更加谨慎的思考，获得更好的体验。

我们先来看一个实验。1985 年，计算机时代刚刚敲开人类的大门，有一位美国心理学家做了一个实验，她希望通过这个实验，验证一下屏幕阅读和纸质阅读到底有什么区别。这个实验也很简单，她找了 20 个本科学生，每个人在电脑上阅读 4 段文字，在纸上阅读 4 段文字，阅读每段文字之后都要回答一些问题，就类似于我们小时候做的那种阅读理解。结果如何呢？

结果就是，这位心理学家发现，屏幕阅读的速度更快，但理解能力下降了47%，换句话说，通过电脑屏幕阅读，你只能理解文字中不到一半的内容，而通过纸张阅读的段落，理解力基本上是90%左右。在此之后，还有无数心理学家、社会学家做过类似的实验，结果差别不大，纸质阅读的理解程度要比屏幕阅读更深入、更全面。结论就是，在屏幕上阅读，你的理解能力就会下降，这已经成为学界的共识。然而，心理学家们也发现，如果你让屏幕上的信息不那么流畅，用户就会获得更多，从而做出相对理性的决策。

例如，某位美国心理学家做了一个测试，他发现在论坛里发的帖子，如果跟帖的评论使用比较流畅的字体来写，参与者就会把关注点放在评论者头像等一些没有意义的信息上；如果评论用了不那么流畅的字体来写，大家反而会关注评论的内容。因此，不流畅的感觉不是一种不便或者烦扰，它实际上是一种重要的心理信号，告诉我们应该慢下来，变得专注一些，从而提醒我们要更深入地思考问题。

上面提到，读屏时代，大家都凭借第一印象来决策，所以内容设计要美观，现在怎么又说不能太流畅呢？其实这并不矛盾，我们必须找到那个合适的难度系数，或者说是不流畅的正确剂量，让其不流畅得恰到好处才行。换句话说，这种不流畅要是从用户角度着想，并实实在在地为用户创造价值才行。有时候我们可以尝试着让内容看起来不那么流畅，这样用户才会静下来，仔细审视内容，进行深入的思考，避免不必要的损失。我们上面讲到，好的营销需要调动用户的感性，但用户也不是傻子，成功的企业懂得，适当添加一些不流畅导致的理性思考，为用户实现更大的价值，从而达到共赢的目的。

3. 个性化更为重要

在多屏时代，个性化设计更加重要了。我们可以提供的内容足够个性化，能让用户感知到他自身的存在，从而对自己的行为更加有责任感。加州大学的学者做了一个研究，他们发现路边的关于环保的标语能起到作用的非常有限，于是他们尝试了一种更好的方法，比标语更有效，那就是提供个性化的信息。他们在一些酒店的洗手间贴了标语：在您之前有20个人为了环保，重复使用毛巾，您打算怎么做？结果发现，提供了这些信息之后，重复使用毛巾的人增加了30%以上。学者们发现，越是个性化的信息，让用户越有亲近感，也就激发了他们的责任感。

在数字化时代、多屏幕时代，这种个性化信息就更加重要了。当很多网站弹出各种广告的时候，我们都一定会感觉很讨厌，但是如果我们收到了一个定制化信息，就更有可能多看一眼。我们想想每年过年时的拜年短信，就能够完全理解其中的道理了。其实，人类的大脑其实很容易忽视信息，个性化的目的就是帮助我们注意到我们本应该知道的事情。个性化会让人幸福感倍增，用户体验也会更好。实际上，目前很多企业，在个性化这方面做得还远远不够，很多方面都值得去进一步改善，这其中的空间无限。

参 考 文 献

[1] 卢泰宏，周懿瑾. 消费者行为学：中国消费者透视［M］. 北京：中国人民大学出版社，2015.

[2] 顾红. 消费心理与行为分析［M］. 上海：华东师范大学出版社，2017.

［3］　科林·斯特朗. 读懂你的客户：基于大数据的消费者战略［M］. 吴振阳译. 北京：机械工业出版社，2017.

［4］　侯博. 可追溯食品消费偏好与公共政策研究［M］. 北京：社会科学文献出版社，2018.

［5］　什洛莫·贝纳茨，乔纳·莱勒. 屏幕上的聪明决策［M］. 石磊译. 北京：北京联合出版公司，2017.

CHAPTER 8

第八章 设计思维在食品创新领域的应用

谈到食品创新设计，大家首先想到的可能就是食品的包装设计。也就是说，设计这个词，在我们脑海里，可能总是和画画、色彩搭配等联系在一起。诚然食品包装设计是食品创新设计中非常重要的一环，但我们需要更深层地理解，设计最核心的目的是和外界沟通，把想要表达的信息传递给其他人，并让他人准确感知。所以如果我们多懂点设计的话，无论是主动传递信息，还是解码别人传递给我们的信息，效率都会大大提高。除了信息沟通的需求，你肯定还会有让自己穿得更漂亮、更有风格，要给自己的房间做个装饰等这种美好生活的追求。过去，我们把这些统称为“审美能力”，只有通过漫长的审美方面的实践积累才能拥有这种能力，其实审美能力也可以通过对设计思维的刻意训练来掌握。设计师到底是干什么的呢？根本上说，就是要解决问题，通过用形状、材质、工艺、审美等各种手段创造性地解决问题。

设计这个词听起来很现代，其实是一种很古老的人类活动，当人类开始利用周遭的条件，发挥创造力解决问题的时候，就是在做设计。在进化之路上，人们要解决的问题是无穷的：要不要吃热乎的食物？要不要住得舒服一点？怎么能就近喝上干净的水？人类最早的设计，就是用最朴素的方式解决这些问题。例如，人吃饭用的碗，虽然也有形制差别，但大小基本上差不太多。有一种有趣的解释，远古时候人吃东西喝水，就是双手捧起来，送到嘴边。所以后来人们就按照双手一捧这个大小，做出了第一个碗，一直沿用到现在。著名的设计理论家约翰·赫斯科特（John Heskett）有一句话说得很好，他说，设计本质上就是人类塑造自身环境的能力。我们用自己创造的方式改造环境，在满足我们的需要的同时，也赋予了生活以意义。

作为一个相对新而“隐蔽”的学科，食物设计的内涵其实具有相当的包容性，它不只是让食物好看好吃，而且还要“通过包装、形状、颜色、制作、运输、空间、服务”等设计来创造新的饮食体验，它是跨学科的综合领域。在大工业时代，食物设计把食物推向标准化大批量生产，使食品成为商品；而今这些商品的目标不再局限于简单的标准化，而在不同维度提出了要求，因此食物设计也衍生出了各种层次。可以说，食物设计既有以生产为切入点的（食品加工行业），也有以消费为切入点的（餐厅、促销活动），既有针对食物本身的，也有针对吃这个消费行为的。

当整个工业体系和市场营销发展到今天，似乎人们所有的需求都被用各种各样的产品满足过了，做设计师也就越来越难了。但是，对于人类需求的挖掘总有着无限的空间。真正的产品设计不是去做一个作品，而是要去解决某类人群的某些问题，有时候可能是我们之前根本不关心的问题。对于当代设计师来说，最重要的能力，其实就是运用各种办法，去深度挖掘和满足人的细分、深层、潜在需求的能力。所以，好设计的标准就是：一切以人为出发点。一个好的设计师不应该注重设计的表象形态，而是要站在人的角度，想办法让所有存在的物体更加合理化。著名设计大师黑川雅之曾说过：设计师做的实际上是一个翻译工作，第一轮的翻译是设计师要把人的潜在需求翻译成设计点。第二轮的翻译是通过材料、技术、工艺等手段，把这个设计点变成一个产品或者一个设计作品。

现在，我们处在一个信息时代向智能时代过渡的阶段，移动互联网的普及，再加上各项新技术的发展，给予创新设计更多新的工具和手段，同时也增加了新的想象空间。在这样一个瞬息万变的时代，从设计的角度来说，变化的是工具，也就是信息网络的发展带来了很多新的可能，让人们的生活从现实向虚拟延伸，也让创新的空间扩展了；但不变的是人，我们有各种各样现成的软件来给技术赋能，但读心这事，目前还只能靠人。因此，学一点产品设计，也许能够让我们将来不那么快被人工智能抢走了饭碗。因此，本章将重点从提升设计思维的角度去探讨食品创新设计的着力点。

第一节　设计的标准

一、好设计的三个标准

所有好的设计应该具备三个标准：设计要解决问题，好设计要有沟通力，好设计要打动人。

1. 设计要解决问题

首先，设计要解决问题，而且，好设计还能解决关键问题。设计，就是在不增加资源投入的前提下，利用手头的条件，发挥创造力解决问题。真能解决问题的，才配称为设计，否则，不管多美多酷炫都不行。宜家那款经典的马克杯（图 8-1）就是个典型的例子。这款设计之所以经典并不是因为好看，老实讲，这个马克杯一点也不好看；甚至都不是因为它好用，因为把手设计得很小，只能伸进去一根手指，而且还比一般的马克杯矮一截。真正让这个设计成为经典的就是因为它卖得多。卖得多的原因，就是因为用设计解决了成本问题。整个马克杯形状的设计都是为了在装箱的时候，可以一个套一个地叠放。杯身设计得矮，是因为这个高度恰好可以严丝合缝地装满整个集装箱。这款马克杯诞生至今，一共经历过三次改良，按照第一版的设计，一个集装箱货盘上，只能摆放 800 多个杯子，现在这个版本可以摆放 2000 多个，光运输效率就

图 8-1　宜家（IKEA）经典马克杯

提高了一倍以上，物流成本降低了60%。降低成本这个问题，是商业永远都要面对的。只不过大部分企业，都是想着怎么获得更便宜的原料、怎么找到更近的采购地点、怎么开发效率更高的生产机器和流水线等。但宜家利用了设计，而这个优势恰恰来源于他们真正理解了设计的目的，就是解决问题。

我们必须理解，所谓的“创意”本身并不是设计，它只是解决问题过程中的副产品。当设计师对一个问题的洞察足够精准，又找到了合适的方式去解决它的时候，令人赞叹的创意就出现了。食品的创新设计不仅是如何把包装做得更加华丽、可爱来吸引眼球，如何能够降低储运的成本也是值得关注的重要创新。

2. 好设计要有沟通力

既然设计最重要的是要为人们解决问题。那么紧接着的一个事情就是如何恰当地向人传递这个意图。例如，外形设计是最直观的，但它第一重要的，不是为了好看，而是为了和用户沟通。图像比文字信息的传递效率高得多，这是设计用视觉语言与人沟通的关键。好的设计，就是用最简洁、最不给人负担的方式传达准确的意义，它让人完全不用费力，看一眼就能够心领神会。好设计通过产品并使用符号、色彩、造型、材质这些元素来表达，有时候甚至比说话更有效。

3. 好设计要打动人

设计要发掘和理解用户的需求，为人服务。但是需求也分很多层面，实际需求是一个层面，这个在前两条里已经基本解决了。但是人还有心理和情感需求，这才是更高级的。所以说，设计还需要打动人。就是要让人产生通感，调动人原始的感觉和情绪，带来美好的感受。

日本著名的设计师深泽直人设计过一款果味饮料的包装（图8-2）。这种包装盒就是常见的纸盒，不过我们一般见到的就是一个盒子旁边配根吸管，包装上还写了很多字。但这个包装把所有的修饰都去掉了，外形上从色彩到质感，都直接还原了水果的外观。草莓汁，盒子就是红红的草莓的表面；猕猴桃汁，盒子就是猕猴桃皮黄绿色、毛茸茸的样子。这个设计，首先肯定是符合前两条标准的，它解决了装饮料的问题，而且沟通力

图8-2 深泽直人设计的果味饮料包装

还特别强，无论哪个国家的人拿起来一看，不需要任何解释，就知道这是什么。最重要的是，它立刻调动了你对草莓、猕猴桃的所有记忆，这种亲近感可是不需要任何理性判断的，远远看见，口水就恨不得立马流出来了。果汁饮料，本来就是一种普通的工业食品，其最大的痛点就是鲜榨果汁，而深泽直人的设计赋予产品一种纯天然的、直接的感觉，包装一换，产品就变成一种沟通工具，比文字解释再多都好用，这就是通感的力量。

工业技术发展到现在，一个产品，实现它的基本功能，已经是最低的要求。做到这一点很容易，成本也已经大大降低。在这个时代，情感因素会变得越来越重要，甚至成为决定设计成败的关键。一个设计要想出众，必须让人感到兴奋、愉悦和舒适。以上这三条标准，解释了设计的“读心术”，那就是：发现问题、解决问题，还要解决得漂亮、高效、让人舒服。所谓好的设计，就是要有专业的洞察力。而且更加重要的是，这种洞察力，不仅对判断好设计有用，对我们解决其他问题也会有帮助。

二、交互设计的五个基本原则

我们上面提到现代食品创新设计的关键和其他产品的设计标准一样，都是要构建好与消费者的沟通与交互。所谓交互设计，就是要努力去创造和建立的是人与产品及服务之间有意义的关系，从“可用性”和“用户体验”两个层面上进行分析，关注以人为本的用户需求。接下来我们一起看看，要设计一个具有良好交互性的产品，基本原则有哪些。唐纳德·A·诺曼（Danald Arthur Norman）在他的《设计心理学》论著中提出了五个基本原则，分别是示能、意符、约束、映射和反馈。

1. 示能

所谓示能，就是指某些物体本身就有的、特定的交互方式，不需要解释，它直接就可以被感知到。例如，一把椅子，不管它怎么设计，一定会有一个平面，咱们还是能认出它是一把椅子，可以坐人。这里面的“平面”，就是一种示能。一出现平面，人们就会天然地认为，这个地方是可以坐的。在商场里，只要有一个平台，哪怕它不是个座位，都会有人上去坐。再例如，一个球形的门把手，给人的感觉就是这个门把手是可以旋转的。如果是一个细小的槽，那肯定就是用来插卡的。不管是平面、球形还是细小的槽，这些物体不需要任何的标签和说明，它们本身就能传达出一种交互信息，这种现象就称为示能。示能对设计至关重要，它可以给用户提供明确的操作信息，而且不显得烦琐，是实现可视性和易通性的重要手段。

2. 意符

不过示能只能传达一些特别简单的交互信息，如果想要传达复杂一点的信息，就需要用到第二个设计原则：意符。意符是一种提示，告诉用户可以采取什么行为。例如，我们经常看到，有些商场的大门上，会写上“推”或者是“拉”的提示，这个推和拉就是一种意符。不过在门这么简单的东西上都要加上意符，就属于不太好的设计。原则是：能用示能解决的，就不要用意符。例如，门是要拉开的，那就装一个门把手，人们自然会知道这道门是要拉开的，如果在门把手的位置装一块小平板，人们就会知道门是需要推开的。意符不仅可以用视觉的方式来展现，声音也可以起到意符的作用。例如，门锁锁好的时候，会发出“咔嚓”一声。面包片烤好之后从面包机里跳出来的声音。这些声音都是一种意符，能传达给人某种信息。

3. 约束

很多东西我们以前都没用过，但为什么总是能很快上手呢？这就是约束在设计里起到的作用。例如，一辆乐高的玩具摩托车，即便你以前没玩儿过，也能很快把它组装起来，因为它的轮子只能装在前叉上，手臂只能装在小人的躯干上，每个部件的接口都不一样，可以执行的操作就那么几种，多尝试几次，我们就能把这个玩具摩托车组装好。乐高玩具的案例，利用的是物理约束，在日常的设计中非常常见，例如手机的耳机孔是圆的，充电口是扁的，有了这些物理上的约束，我们就不可能把充电器接到耳机孔里。逻辑也能起到约束的作用。例如，你买了一个水龙头，安装完之后，发现还剩一枚螺丝，如果没有特别说明有备用螺丝，那就证明水龙头安装错了，肯定有地方少安装了一枚螺丝。除了物理约束和逻辑约束这些比较强硬的约束之外，文化也能起到约束作用。例如，汽车后面的刹车灯，都是红色的，这个不需要特殊的说明，只要不是色盲就能看得懂。

4. 映射

我们再来看交互设计的第四个基本原则：映射。例如，汽车里的座椅，可以通过按键来调整座椅的前后和靠背的前后，但人们经常搞不清楚哪个按键控制座椅，哪个按键控制靠背。如果把按键设计成座椅本身的形状，映射关系非常直观，按靠背形状按键，就可以调整靠背，按座椅形状的按键，就可以调整座椅。最好的映射，就是控制开关直接安装在被控制的对象上。例如，点读机，哪里不会点哪里，这就是很好的映射。如果做不到这么直接的映射，那就尽量把开关装到被控制对象的附近。映射会受到人们传统习惯的影响。例如，在没有触摸屏的年代，当时浏览网页想看网页下面的内容，都会把鼠标的滚轮往下滚，这是所有人的操作习惯。但现在的手持设备大多数都是触摸屏的，在触摸屏上，网页文本和手指的移动方向是一致的，也就是说，想看网页下面的内容，你得向上滑。那么问题来了，现在在电脑上浏览网页，鼠标滚轮应该是往上滑呢？还是往下滑呢？这个操作早期还没有一个统一的标准，现在随着触屏手机的流行，很多鼠标滚轮也就采用了向上滑的方式。映射是交互设计里很重要的一个环节，要结合人们的使用习惯，来做出合理的布局。

5. 反馈

好设计一定要有及时反馈。生活中我们经常碰到有人在电梯前反复地按上楼键，或者是不停地拍打正在运行的电脑。这种情况都是因为缺少及时反馈，人们不知道自己的操作有没有被机器收到。一个好的设计，一定要有及时的反馈，例如，电脑上的进度条，让人们知道它已经在运行了。当然，反馈也不能太频繁，这会打扰到用户。例如，很多遥控器按一下就会发出滴的一声，完成一个操作要按好几下遥控器，这时候连续的滴滴声就会搞得人心烦意乱。反馈一定要精心设计，在不干扰用户的前提下，告诉用户他的操作已经收到，并且开始处理了。

三、需求是一切设计的起点

为什么说需求是一切设计的起点呢？我们上面提到好的设计会在消费者和商品之间构建一套良好的交互系统。而消费者和商品之间存在可交互的 5 个连接点：用户、欲望、需求、产品和商品。我们一一来看：首先是用户，一切商业的出发点，都是用户获益。设计者需要理解用户的心理偏好、行为习惯，以及接触用户的渠道，影响用户的营销方式等。我们到底需要去满足用户的什么呢？其实最根本的，就是满足用户的底层动机，这个底层动机，称作欲望。例如，渴望生存和安全，追求快乐和自由，免除恐惧和焦虑等，这些欲望是亘古不变的。所有让用户获益的东西，最终都是在心理层面，满足了用户的欲望。而需求，是实现欲望的具体方式。例如，为了实现自由旅行的欲望，人们发明了鞋、马车，然后是汽车、飞机、宇宙飞船，这些具体的方式，都是需求。随着时代变化和科技创新，人类实现欲望的具体方式，一直在升级，越来越彻底。而产品，就是满足需求的工具。例如，人们面临饥饿和时间有限这双重问题时就有了对可快速吃进嘴的食物的需求，于是就有了各种方便食品，这就是产品。而商品，是具有商业模式的产品。换句话说，是可以用来交换的，让别人获益的同时也让自己获益的产品。

理解了这个大逻辑后，我们再来看“需求”的内容。所谓如何把欲望变成需求，其实也就是如何从欲望中发现需求和创造需求。亚德里安·斯莱沃斯基（Adrian J. Slywotzky）在其畅销书《需求》中总结了发现需求和创造需求的6大关键因素。

（1）为产品赋予魔力　魔力产品=产品功能×情感诉求。产品功能是理性的、参数化的“左脑需求”；情感诉求是感性的、非常冲动的“右脑需求”。开发产品的时候不能把感性和理性完全隔离开来，而需要不带任何歧视地同样对待，协同开发。

（2）化解生活中的麻烦　真正的需求，都在麻烦背后，也就是所谓的痛点。画出用户的“麻烦地图”，每个麻烦，都是地图上的一个摩擦点。每个摩擦点，都是一个创造新需求的机会。

（3）构建完善的背景因素　每个“需求”的种子，都有适合它的土壤，这个土壤就是“背景因素”。要判断土壤是否合适，我们就需要从时间、技术、文化和资源等维度进行考虑。背景因素，换句话说，就是“天时、地利、人和”。需求的种子，太早种下去，会冻死；太晚，已经没有机会。新技术不等于新需求，技术与需求之间有种连接，需要既懂技术、又懂商业的人，用敏锐的洞察力评估。同样，文化背景的配合以及整个供应链资源是否被理顺，也非常重要。

（4）寻找激发力　没有激起市场热烈反应的产品，可能是因为种下了“假种子”，也可能是种下了“休眠中的真种子”。要激发“休眠中的真种子”，就需要用“体验”来激活产品功能；用“营销”来激活情感诉求。

（5）打造45°精进曲线　用户的需求，是在不断深入、升级、变化和消失的。对需求的探索，不能停止在“找到了”的那天，只有保持45°向上不断精进，才能始终和真正的需求保持同步。之所以称为“45°”，就是因为进步的坡道要足够陡峭，才能快速匹配用户需求的变化，同时也是给竞争对手“恐吓”，让其不敢轻易模仿。缓慢的改进，就等于平庸，避免竞争的唯一方法是从一个极致走向另一个极致。

（6）去平均化　没有一种用户称为“平均用户”，也没有一种需求，称为“什么都好”，更没有一种产品称为“满足一切想象”。要针对差异化的用户，提供“去平均化”的产品，也就是说，有针对性的、满足个性化需求的产品才是好产品。

这6大关键都是在发现需求，但除了发现需求，我们还要创造需求。所谓发现需求，就是产品形态已被发明的情况下，我们还能发现什么需求；而创造需求，是用科技创新，从“未能实现的欲望”这个清单里，“捞”出明天的“需求”。大部分用户分不清楚事实和观点，所以用户调查其实非常不容易。在发掘用户需求时，我们要学会问三类问题。①你正在解决什么问题？②目前你如何解决该问题？③有什么方法能帮你做得更好？所谓的可用性测试，就是通过观察有代表性的用户，完成产品的典型任务，界定出可用性问题并解决，让产品用起来更容易。很多时候，用户通过问卷调查和用户访谈表达的都是自己想要的，而不是真正需要的，但用户行为所遗留下的数据却是很诚实的。“不看用户怎么说，要看用户怎么做”。这样才能通过分析搜索数据、行业数据、行为数据等来理解用户真正的需求。

第二节　从用户角度进行设计

一、从“消费者视角”到“用户视角”

大部分人可能认为消费者视角没问题啊，不就是应该以消费者为中心吗？这里所说的“消费者视角”强调了以“消费”为前提来看待用户，也就是说你消费了，才是消费者，才能享受相关服务。而用户视角不同，即使不消费，也能让潜在用户享受到相关设施、服务。把非消费者也当成用户，这就是用户视角。它的关注点不是单纯的“卖货”，而是如何经营与用户的关系。这就是二者在思维上最大的差别所在。

肯德基餐厅就是最典型的例子，它想各种各样的办法把你变成它的用户。例如，你用它提供的公共设施如厕所，你就成了它的用户；例如，“吃鸡”网络游戏流行的时候，它号召大家到肯德基来组局打游戏，一玩一下午。虽然严重影响翻台率，但肯德基一下就成了你的朋友，你因此成了它空间的用户，它的餐馆成了你随身携带的客厅。有了这层关系，它以后有无尽的商业空间可以拓展，而且东西也好卖。

例如，营销学里经典定位理论明确指出，企业定位就是要给用户一个明确的产品期待，不应该变来变去。但是，如果从用户视角来看，企业所经营的目标其实已经超出了产品本身，还应该包括经营用户的认知。因此，用户视角和消费者视角的区别其实就是：消费者视角是以货为核心的，由商家主导交易；而用户视角是以人为核心，让用户去主导决策，销售倒成了其次，企业关键要经营好与用户的关系，这样才能带来更多的互动和连接，以及更丰富的机会。

其实，真正做设计的时候，关于用户的逻辑还不止这一个，转换用户视角，是一整套用户思维思考产品设计问题的第一个环节。这套完整的方法论，是以用户视角为起点，囊括了用户视角、用户场景、用户共创、用户服务和用户体验等五个环节的一套设计方法论。

二、用户场景的延伸

通过切换用户视角并代入用户视角，能够让我们理解用户的想法和感受，但如何发现机会，在设计产品时具体该做什么呢？这一部分我们来看看如何沉浸到用户场景里面去寻找。一说场景，你可能想到的是具体的空间，一个有买有卖的消费场景，或者像客厅、书房、办公室等这样具体的使用空间。但我们今天要讲的用户场景，并不是这么简单。

首先，我们一起来看看用户场景的核心逻辑。以电影院为例，这是一个典型的场景，却不是我们所说的“用户场景”，因为它并没有把用户的想法和行为真实体现出来。今天的用户看电影，大部分不是先去电影院买票，而是在社交媒体上看各种讨论和评分。评分高的，好评如潮的，那得去看看。有些评分一般，但你看到了有些很有意思的评论，出于好奇也得去看看。接下来才是买票，到电影院去看电影。用户看完了，离开了电影院的场景，但他的行为结束了吗？没有，他又回到了社交平台，发个朋友圈或微博，回到评分网站去参与更热闹的讨论和评分。

所以，在整个过程中，他真正处在电影院这个场景里的时间是相当短的，在电影院里搞创新，空间太小了。什么是“用户场景”呢？是从社交媒体，到评分 App，到票务 App，到电影院门口的食品柜台、到电影放映厅，再回到社交媒体和评分 App，这一整个闭环。这不仅是场景的数量变多了，本质上还意味着场景的驱动力变了，从用户的自然行为变成了用户活动的数据流。用户在猫眼上打了 9 分，这是一个数据；他在淘票票上下单，拿到取票码，这又是一个数据；他在微博上参与超级话题讨论，还是数据。过去看电影，观众收获的是感动和体验，投资方收获的是口碑和票房。但现在，大家收获最多的都是数据——数据再兑换成各种各样的资产，社交资产、品牌资产、广告资产等。有没有用户的数据流在驱动，就是传统场景和用户场景的区别。数据流是随着用户的行为流出现的，又反过来驱动了用户的行为。有了用户场景的概念，很多问题的解决办法并不限于一时一地，而是突破了物理时空的。

三、用户共创

过去的产品设计是以设计师为主导。设计师接到一个项目，然后就开始调查和采访用户，明确他们的需求，然后和团队一起头脑风暴，出创意和策划，再画图，做样品，反复测试，最后确定一个最终产品。这是工业时代以来设计师们确立的一套基本工作方法，被总结为设计思维的五个步骤，分别是：同理心、定义、创意、制作原型和测试，这套方法也是我们下面要详细讲到的设计思维的核心。不过，我们今天要在这套流程之外加上一个重要的创意力量，那就是用户主动参与和自发创造的行为。我们把这些行为纳入设计过程中，就称为用户共创。现今的食品创新已经不局限于将食物材料设计制作成食品的过程，还涉及这一过程中的每一个环节，例如，制备食品的设备的创新设计等。这里我们以一个烤箱的设计为例，来看看如何设计一款让用户想要更新换代的升级烤箱。

听上去好像没什么大不了的，其实，烤箱的设计非常困难。首先，创新空间小。烤箱的发明距今已经有 100 多年了。其实它的原理特别简单，一个箱体，几根发热管，通电加热就行了。这 100 多年来，除了有些牌子把温度控制做得特别精确之外，外观和功能几乎就没什么变化，各种功能细节上的设计，已经非常完善了，再想有大的创新升级，空间真的很小。其次，烤箱算不上是我们中国人的传统厨具，大部分人买来用一两次也就闲置了。每天用的手机大家才有更新换代的动力，使用频率这么低的烤箱，一共没用几回，怎么会想着要更新换代呢？

如果用传统的设计流程来做，一般是这样——先调查用户：用烤箱的这些人多大年纪？结婚没有？住在哪儿？有什么饮食习惯？一般怎么用烤箱？要了解这些问题的答案，一般会做调研，例如，发放问卷或者随机采访等，然后再找一些烘焙达人进行深入的访谈和观察，做好记录。之后，设计师把收集来的需求一一对应成产品的功能、外观描述，这就是定义需求。之后，设计师再把需求可视化，翻译成具体的色彩、线条、材质等，然后做出原型机，进行反复测试修改，最后交付客户，投入生产。如果遵循这样的流程，准确考虑到用户的需求，设计出一款合格的烤箱基本是没什么问题的。

而运用用户共创的方法进行创新设计就需要深入嵌入到用户中去，例如，首先找到使用烤箱频率最高的人群：烘焙爱好者。因为最了解用户需求的，一定是用户自己。那些每周使用几次烤箱，坚持了3~5年的烘焙达人，一定比刚刚接手烤箱设计工作3周的设计师，在对烤箱的需求与问题方面洞察得更加深刻。所以，要把创意渠道打开，就需要把用户拉进来，贡献洞察和创意，这就称为“共创”。这个时代的真实用户，每天都在表达，这些数据沉淀在各种虚拟的社区或者“群”当中。通过收集关注度最高的话题，再参与到他们的讨论里，很快就收集到了很多真实的需求。到底大家喜欢什么样的烤箱，现有的烤箱用起来有哪些不方便，我们用这种办法就都能了解到。例如，怎么才能将食物烤得很好吃？以及对不同品牌的吐槽等，都是非常有用的信息。有些用户的意见非常专业，他们会关注烘焙工艺、配料，以及制作流程等环节中的一切细节。例如，他们烤面包，会研究最佳的发酵温度、最佳的酵母品牌，如何揉出具有很好延展性的面团，怎样才能达到最佳的口感等。每个环节都可以变得很有技术含量，相对应的，他们对烤箱的需求也就更加具体和专业了，例如，有人提出，是不是可以把上层的加热管换成照烧管，这样表层焦化更均匀，上色效果就更好等。例如，一般烤箱都会设计两层甚至多层，这样可以烤更多的东西。但是，在实际使用中，尤其在中国，很少有人会在家一次烤那么多东西，多层烤箱其实很“鸡肋”。也许把烤箱设计成了一层，更节省空间，而且让受热更均匀，效果更好（图8-3）。把用户这个参数深度纳入设计过程中，有很多好处。它能满足新手的刁钻需求，又采纳了专业级用户的建议，在易用性和功能上，做到了同样出色。而且，基于用户在这个过程中深度参与，就会形成一个小的“发烧友”圈子，他们会更加热情地购买和推荐这个产品，因为他们会感觉这是他们自己做出来的产品。

在这个思路的基础上，还可以考虑增强用户的黏性，让用户通过这样一台电器，与品牌产生更多的互动。很多烘焙达人其实很少吃自己做的东西，做了都是为了分给朋友们吃。而且，他们通常也都是美食摄影师，经常钻研如何把作品拍得更好看，通过网络进行分享。因此，如果这台烤箱可以介入网络社交行为，或者更准确地说，帮助用户更好地展现自己，用户就会主动地、频繁地使用这个功能，进而带动更多人来使用它。设计过程中，有一位超级用户贡献出了一个绝妙的点子。他说，滑雪板上都能装一个GoPro，要是烤箱也能带一个GoPro那样的摄像头就好了。自己动手使用烤箱的用户，他们更想要的是一个作品，而不仅是一道美食。如果说生活是一种艺术，那他们要做的是艺术品。那么，我们就要想办法帮他们实现这一需求。于是，这个设计就是把耐高温的摄像头装进了烤箱内部，具备了普通的、长焦的、微距的各种镜头以及视频和延时摄影等功能。

在设计师和用户的共同参与下，一个全新的视角出现了：你可以看到蛋液在沸腾，虾仁在跳舞，面糊在纸杯里慢慢膨胀起来，一切以前看不到的细节，都出现在你的手机上。只要下载一个烤箱 App，用户不需要做复杂的摄影剪辑，直接就可以从 App 上获取自动生成的延时短片。这个体验是非常难忘，也非常令人上瘾的。以前做了蛋糕只能晒结果，新烤箱却还能晒过程——它把枯燥的烘焙过程，变成了激动人心的视频。

这个案例充分证明了用户可以创造内容，而设计师则给他们创造了新的体验。随着用户使用行为的积累，就会形成一个围绕着这款烤箱的小生态圈。一个全新的、自带社交属性的烤箱，就这样诞生了。这个过程中，最重要的心法就是：共创。客户最开始提出需求的时候，只说要一个新烤箱。这个需求是模糊的，你再问也问不出来什么。但是，利用移动互联网的优势，去发动用户“共创”之后，你会发现，用户自己会贡献需求、贡献洞察、贡献测试意见，甚至还贡献了社交内容。利用“共创”，你就能同时交给用户和客户令人兴奋的回答。

创意，关键不是靠灵感和想象力，而是真实地了解用户。这个时代，最高效的创意方式，不是去找最厉害的设计师，而是把用户纳入设计的整个过程中来，让设计师和用户共同创意，共同设计。激发了用户创造内容的需求，才是更高级的“共创”。

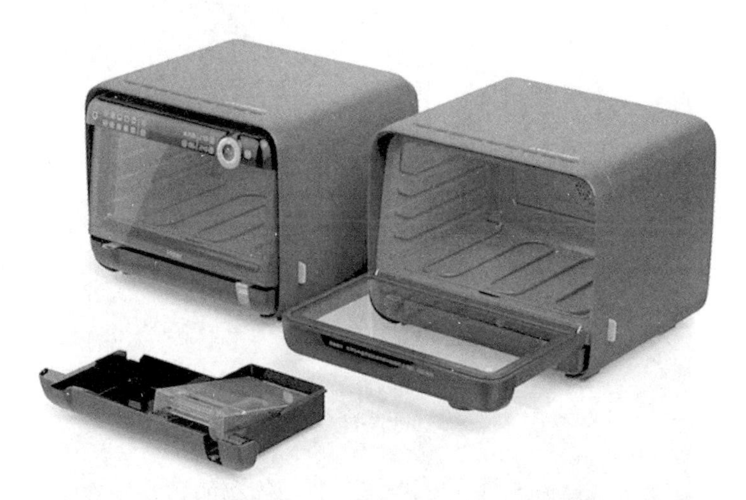

图 8-3 洛可可团队帮海尔旗下小焙科技打造的第三代嫩烤箱

四、让人更舒服的用户服务

提到用户服务，你可能想到的就是用心、周到、态度好，这还有什么创新的空间呢？其实想一想“海底捞”的例子，我们就能明白，而且这其中还有无限的开发空间。海底捞有一类产品称为自煮小火锅。其原理特别简单，就是通过一种化学反应放热，让半成品食材现场做好，这样一来，就能随时随地吃火锅了。它不用开火、不用插电，包装里配好全套的炊具、餐具、火锅料、菜和肉等，非常方便。

这么一个产品，根本没有服务员，海底捞在服务方面的强项还能体现出来吗？答案是肯定的，没有服务员，凭设计，照样能做好服务。关键是要转变思路。首先，对产品的理解要转变。在海底捞之前，市场上已经有上百种自煮火锅了。这并不是海底捞的创新，但海底捞对它的理解完全不一样。按常理想，人们一般把它当成方便食品，因为它在超市货架上就是和方便面、方便粉丝等放在一起的。所以很多品牌充其量就是把自煮小火锅做成了一款高端方便面。

但海底捞不这么想，它卖的不是方便食品，而是卖的吃火锅这个服务——就是海底捞一贯在做而且很擅长做的事。这个自煮小火锅里的东西，除了食材之外，其他能和用户接触的就是这个包装了。按照一般的思路，包装最重要的就是要吸引消费者购买，外加突出品牌形象。那就是调整颜色、字体、形状的事。这显然就是卖普通货架食品的逻辑。食品一旦封装好上架了，卖出去了，这事儿就结束了。他们都是把包装当宣传做的。但是，海底捞既然要卖吃火锅的服务，那么包装承担的任务可就不一样了，它就变成了那个“看不见的服务员”（图 8-4）。要一路为用户提供服务，从他购买，到拿回家，到开始吃，到吃完，这都还没结束。一直要到他最后把剩余的食物和包装丢进垃圾桶，这才结束。而用户付款的那一刻，这一切才刚刚开始，而绝不应该是结束。

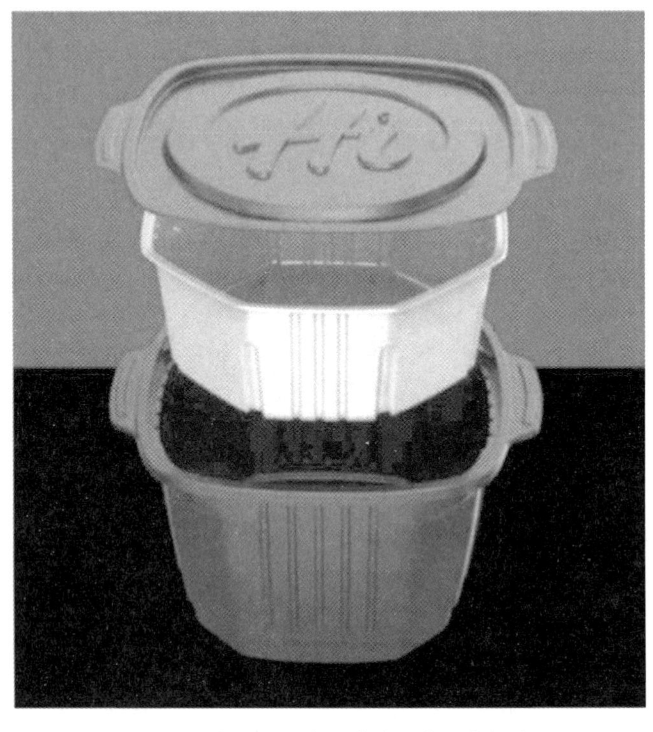

图 8-4　洛可可团队设计的自煮小火锅盒

我们设计里应该把整个食用过程分解开来，拆分成一个个极其细微的动作或者步骤，然后从中寻找服务设计点。在本案例执行过程中，设计公司首先找了三十多位用户试吃小火锅做调研，最后详细记录下 8 位用户的试吃过程，然后再一秒一秒地仔细回看、分析这个录像。吃自煮火锅这么一件十几分钟的事，却可以被拆分成 20 几个步骤，每一个步骤都可能出现各种问题，这样就方便对症下药进行解决。这其中有几个让人意想不到的设计点非常值得一提。

首先，海底捞的这个包装盒盖，是内扣的，就是外盒包着盒盖，而不是盒盖包着外壳。为什么要这么设计呢？第一，好开。你抓着边缘的把手，一掀就开了，不像外扣的盒盖，有时候要抠半天。第二，好关。将自煮火锅盖子打开，放完食材、加完料，还得再盖上盖子让它煮一阵，它不像普通的塑料盒包装食品，打开就可以把盖子扔掉。那么外扣的盒盖，再盖回去的时候就不那么好操作了，容易对不齐，盖不平。第三，改成内扣之后，热的水蒸气凝结在盖子上，打开的时候就会自然滑落到碗里，不会残留在盖子上，滴得到处都是。更重要的是，这个水很烫，所以新盒盖不仅更方便，而且更加安全。这样设计的目的就是最大限度服务用户，考虑怎么能让用户感到更方便，更安全。

再例如，海底捞的盒子比常见的方便食品盒要高 1/3，就是因为自热包加热的时候，水沸腾起来，很容易溅出来烫到人，所以特意做得深了。还有，盒子里还附赠了垃圾袋，吃完之后，垃圾都可以扔进去。这些设计都是为了让用户吃火锅的过程更加方便和顺畅，顺畅到有时候你根本都感觉不到。

还有就是调底汤的注水线，分了不同档位。这个设计的角度是，万一用户口重或者口淡呢？怎么能让每个人倒进去一样多的水呢？所以通过不同的注水线就可以区分开来，到这里是重辣，到这里是中辣，到这里是微辣。料包也是，没有任何的花里胡哨，只是用黑底上面衬着大大的黄字，写着：牛肉——底料——粉条——蔬菜。看得清楚，不会放错。这些设计都是源于对消费者使用过程中的洞察。

五、营造好的用户体验

一个产品好不好，最终一定还是会落实到用户体验上，它决定了用户买不买账。一切成功的设计，一定是给用户创造了好的体验。从设计的角度来看，用户的体验主要分为三个层次：感官层、行为层和情感层。

（1）感官层就是用户的五感——视觉、听觉、嗅觉、味觉、触觉。五感捕捉到的基本印象，例如，外观好不好看、材料手感好不好，都是感官层的体验。

（2）行为层就是用户在和一个产品接触的整个过程中做了哪些动作。

（3）情感层就是要考虑这个产品设计能不能引起人的情感共鸣，让人感到激动、快乐、振奋、温暖等。

我们真正在做设计和解决问题的时候，这三点都要同时考虑，再根据具体的情况来选择最合理的方案。

第三节　设计思维的理论与实践

设计思维源于美国硅谷，最早由全球最大的商业创新咨询机构 IDEO 提出，并在《设计改变一切》一书中首次阐述了“设计思维”的概念。它的核心是以人为中心，是一种创新的方法论。该方法不急于马上寻找方案，而要先找到真正的问题所在；且不局限于一种解决方法，而要从人的需求出发，多角度地寻求创新，最后再收敛成为真正的解决方案，创造更多可能。设计思维有 5 个阶段，分别是共情、定义问题、探索点子、设计原型、测试验证。该方法中包含了换位思考，也就是了解服务对象的感受和需求；实验主义，动手去完善创意；和不同专业的跨界合作；以及乐观主义，即总能找到一个潜在的优于现有方案的解决方案。

设计思维的价值，不仅体现在具体产品的设计上，还可以用来解决各种各样的问题，它同样可以用来应对企业和社会面临的各种问题，其核心思想就是“以人为中心，创造性地处理问题，找到全新也更有效的解决方案”。采用设计思维的人，有责任去搞清楚，自己的设计产生的结果是什么。设计是“看得见的手”，设计者要有意识地选择技术为人类服务的方式。人们对社交媒体和互联网巨头的指责，对技术阴暗面的讨论，都是源于这个问题。

原有的设计思维，其实是线性经济的产物。这种经济模式和设计模式，都假定资源是无止境的。产品的宿命，“始于矿山、采石场或石油钻机，终止于垃圾填埋场”。如果考虑到资源的循环利用，那就要求尽可能保持产品和资源的可回收性。这就需要在设计产品时，重新考虑产品生命周期。可能未来的产品不会再有终点，而是进入下一个经济循环。也就是说，现在要对设计进行重新设计。

一、设计的思维定式

当认识到设计是一个“为达到某个目的而刻意进行的创造行为”时，我们就会明白，设计是一种特殊的技能，这个技能的门槛很低，甚至于人人都在不断地应用设计技能，例如，你每天出门时构想一个不会迟到的交通路线，是坐地铁还是乘出租车，如何避开高峰路段，如何以更快更节省成本的方式到达目的地，构想的这个过程，实际上也是在做设计。但是真正优秀的设计总是少之又少，这是为什么呢？

关键的原因在于，大多数人习惯于一看到表面的需求，就会直接动手设计解决方案。但是，在很多情况下，表面的需求只是为我们提供了一系列的假象，导致未经深度思考的解决方案往往南辕北辙。产品设计的最终目的都是相似的，那就是：寻找能够达成实际目的的有效的解决方案。这其中最关键的就是实际的目的，这实际上是要求人们在思考的时候，从一开始就需要逆向思维，先找到需求的根源，再考虑解决问题的方案，也就是先“找到实际目的”，再考虑“怎么设计”。但是，研究人们真实的目的比设计出解决方案要困难得多，因为“有一千个人，就会有一千个哈姆雷特”，每个人由于其所处的环境、教育状况、价值观，社交圈等各类因素，导致个体偏好存在较大差异。所以如果你一直在学习设计什么而不是怎么设计，那么你永远都无法成为一名优秀的设计师。

那么怎样才能掌握如何设计的技能呢？我们知道，当人们刻意去做一件事或思考时，因为不断地重复行为和思考，这类行为就会形成固有的思维模式。人们通过对这类高重复性思维逻辑的系统学习和练习，就会形成一套能够解决问题的有效方法论。而学会一套相对完善的方法论，往往就能在一定程度上指导你应用什么样的方法去设计；当然，也不能完全依赖于方法论，当一个方法固化在思维里时，也许就会形成潜意识的思维限制，反而会阻碍你突破方法论。设计思维的一套方法论，就是需要产品人员改变设计的常规思维定式，即不要从一开始就尝试去解决问题，要学会从头开始研究，探索问题的根源与本质，要改变的是基础的意识，而不是方法和工具。

设计来源于有效的调研和分析，大家都知道这个道理，并且也认为自己采用了这样的调研方法，然而为什么仍然有很多时候无法获得一个优秀的解决方案呢？其实关键还是在于产品或服务的根本目的。设计师需要认真思考购买者的真正目的是什么（消费者往往自己不会说出来，甚至他们自己都未必知道）。失去了解决方案的实际目标性，也就失去了产生优秀设计的可能性。在互联网的产品设计中，这样的问题大量存在，大多数设计师都仅是为了设计而设计，不考虑特殊场景的差异，也不考虑用户群体的核心诉求，光有华丽的用户界面与良好的交互体验，并不都能解决核心问题。

二、设计思维的迭代

设计思维已成为潮流，从学生到各类设计师，从小规模工作室到跨国公司，都在利用设计思维进行创新。早在20世纪90年代，戴维·凯利（David Kelley）和蒂姆·布朗（Tim Brown）等就将“设计思维”这一理念引入商业，于是各个企业开始学习并应用设计思维进行创新，有的甚至设立了创新中心或实验室，期望通过设计思维将企业从生产力竞争优势转向创新力竞争优势。

而设计思维并非万能，对复杂问题难以妥善解决。近几年，挑战或批判设计思维的声音开始出现。但是，设计思维对我们而言，可能更多意味着方法与原则，是一个可以普遍确保创新的水准。同时，当面对全局的、商业的、品牌整体的问题时，设计思维便在体系性、框架性甚至有效性上遭遇局限与挑战。这也是为什么我们应该更多从实践经验的角度来讨论设计思维的原因，同时也需要尝试设计思维与其他思维相结合的可能性。

问题的复杂性源于人的复杂，对人的多维度理解能更好地解决问题。设计思维早先更多用于解决产品问题，相对聚焦，随着消费结构、商业规则、社会环境的变化，需要设计解决的问题正在越来越多元且越来越复杂。首先，人的需求是多层次且多场景的，甚至是动态变化的，而设计思维中这一环节的方法描述相对概括与模糊，这使得在解决不同问题时，往往在“定义视角”这一环节遇到很大的挑战。更好地思路是结合问题范围与层次，引入心理学和人类学视角，将意义需求与具体需求、痒点与痛点等区分剖析，进而解决不同的问题。

其次，周围系统环境的复杂性也给设计思维带来挑战。这时候，或许不应以设计思维为主导方法，而是根据所面临的问题，整合相应的方法和思路。近几年，中国的互联网公司、创业公司以及面临数字化转型的企业日益增多。快速试验迭代的互联网公司更需要产品思维与设计思维的融合；探索定位的创业公司更需要商业模式与设计思维的融合；大公司大品牌的转型则需要对体验思维进行顶层架构，将数据体系搭建、系统思维等与设计思维融合。以中国大环境的节奏与速度，设计思维在与其他思维和方法整合后，需要进一步匹配到最终的实践和产出中。

第四节　食品领域的创新设计

如何使你的设计产生社会影响？你有没有想过把设计、技术和食物混合在一起来改变我们的饮食方式呢？荷兰食品与设计协会就是一个从事食品并借此对社会产生影响的设计师的协会组织。他们激发设计师的创造力，与专家合作，开发食品工业的替代方法。有些人把食物看作是我们身体的燃料。另一些人把食物看作是一种仪式，一种奖赏。不管你如何看待食品行业，你都参与其中。这里的设计师们正在用他们的观点和能力来重塑食品行业。

一、食物设计的多种介入角度

对于餐厅来说，能和食物设计最明显连接在一起的是视觉性的内容，例如，摆盘、包装、平面设计等围绕着食物本身进行的视觉包装，但它们只是最浅层的一个类别。如果我们从餐盘中走出来，看待整个食品行业，海外已经有不少工作室以食物为媒介提供设计服务和体验服务，你可以把他们看作是创意团队或者具有强烈个人标识的活动策划，只不过使用的表达介质是食物而已，而服务对象并不一定拘泥于食品行业。例如，英国的 Bombas & Parrs 曾经将整座教堂灌满了烈酒空气，再搭配品鉴酒吧，提供前所未有的感官体验；宜家的未来生活方式实验室 Space 10 曾在 2015 年联手食品设计师、摄影师、平面设计师以及作家创作了一系列经典宜家肉丸的未来形态，这些自带传播效果的设计经常为知名品牌所使用。

前面我们讲到以 IDEO 为代表提出的“设计思维”，他们强调的是以设计师的角度直接切入产品完整的制作过程中去，从最前端调研开始，注重发掘消费者的行为和需求，通过快速的测试和模型迭代来推进，同时还强调和消费者一起工作来构建一个具有活性的“生态系统”。但也有学者认为，这样的做法在目前的餐饮世界颇有难度，因为餐厅本身的经营经验和常年积累下来的供应链经验，是设计公司很难从一开始介入直接改变的，而餐饮企业、食品生产企业在当前的主流世界，仍然是以产品而非市场为原点考虑问题的，这让设计思维的介入变得更加困难。

二、食品创新设计从后台走向前台

更深层次探讨食物创新设计，需要从餐盘中走出来，看待整个食品行业。食物设计比较常见的商业落地方式，除了工厂层面的工业设计以及各种食品制作的创意活动，还有就是更具有定制性和艺术性的服务，通常艺术总监（大多需要有舞台美术、设计、艺术等背景）和厨艺总监进行合作，创作出更契合主题的食物和环境。而在国内，食品创新设计的需求方向主要还是集中在品牌的表达上。例如，为某服装品牌设计的植物染色的豆皮制作活动，主要目的是为了品牌的推广。目前有些头部企业开始把重心放在重新挖掘中国传统食物上，希望从其制作过程出发，寻找新的设计表达的可能性。例如，豆皮的项目，在传统豆皮制作中尝试加入各类蔬菜，制作出五彩豆皮。并且为传统豆皮制作设置了更为现代、迷你、易于互动体验的装置，让参与者可以在装置上体验不同地域、不同手法的豆皮捞制过程，并且通过加入不同蔬果料理汁来制作不同颜色的豆皮，同时还开发了可带走的五彩干豆皮产品等。

如何引导消费者利用自己喜欢的食物原料进行现场创意和制作并精美地展示出来，在这个过程中，食品创新设计师的角色就变得尤为重要了。这种将加工流程变得更具表演性、互动性的做法，将生产从后台带到前台，成为餐饮体验的重要组成部分，在这其中为产品找到合适的表述语言并定制搭配载体，这将成为现代食品创新的核心竞争力之一。在明厨亮灶日渐成为餐饮空间设计的基础配置的情况下，这种思路可以为餐厅提供更具动态和交互效果的体验效果，也有助于形成更为独特的品牌定位，或许可以成为设计思维介入餐饮、休闲食品等门类产品研发推广的一条新路径。

参考文献

[1] 洛可可创新设计学院. 产品设计思维 [M]. 北京：电子工业出版社，2016.
[2] 王丁. 产品设计思维：电商产品设计全攻略 [M]. 北京：机械工业出版社，2017.
[3] 杜绍基. 设计思维玩转创业 [M]. 北京：机械工业出版社，2016.

CHAPTER 9

第九章 食品创新设计案例解析

食品饮料行业虽然是传统行业，但作为人类的最基本需求之一，食品的创新和发展总能保持旺盛的活力。近年来，一大批现象级的食品新品类、新品牌受到社会的广泛关注，一个似乎正在被重新定义的食品行业给我们带来了很多惊喜，也非常值得我们去思考和分析。本章将从不同的食品门类中选取一些经典案例进行剖析与解读，旨在将前面章节内容进行适度的梳理和消化，以实现相关知识与理念的融合与贯通。

第一节　饮料产业的创新

一、卡士果汁——超级新“物种”的崛起

2019 年，南方不少奶茶店的菜单中除了常见的奶茶、奶盖、水果茶、益生菌饮品外，又多了一个新品种——卡士果汁。与此同时，该品类的专卖品牌也陆续出现。卡士果汁中的卡士，是指在深圳、广州、福建等城市享有超高口碑的低温酸乳品牌。早期，受限于冷链，许多乳制品企业将其重心集中于常温型产品，而创立于深圳的卡士，在建厂 20 年来一直只做“低温酸乳”这一个品类，并自建冷链在华南区域进行配送。多重原因让卡士成为国内中高端酸乳的代表性品牌，其地位犹如低温乳酸菌中的养乐多、可可味饮料中的阿华田。这也让不少茶饮品牌乐于在使用酸乳制作产品时，习惯选择卡士作为原料。而与其搭配最多的是果汁，所以形成了一个产品系列“卡士果汁”，如牛油果卡士、芒果卡士、凤梨卡士等。简单而言，卡士果汁就是茶饮、奶茶、果汁、咖啡等门店以酸乳为主要原料制作的果汁饮料，特别的是使用了一个品牌为卡士的酸乳。2016 年的新茶饮运动以来，茶、果、乳成了新茶饮品牌们的三大法宝。单说乳制品，从商家摆牛乳于门店显眼位置以示其真材实料；到强调自己做的奶盖中所使用哪个品牌的奶油、芝士、淡奶油或炼乳，以证明产品的高端；再到喜茶、奈雪の茶、CoCo 等品牌集体推出酸乳、益生菌产品。乳制品企业正在以全品类之力向茶饮市场推进，而最近，低温酸乳则成为乳企们的重头戏。在此背景下，得益于占据“茶饮先锋地”华南市场的先天优势，卡士被该地区多个茶饮品牌创造性的应用至饮品中，并将其品牌移植入产品名中，以彰显其产品的独特性。

另一方面，卡士与行业新晋果汁连锁品牌——新叶 NEAVES 的创造性合作，也为

“卡士果汁”这一概念性产品向全行业普及进行加速助推。由于奶味纯正、浓稠度适中，酸乳在与果汁融合后，不会因用量少而风味弱，也不会因用量多而发腻。虽然曾因成本相对较高，有过以其他酸乳代替的想法，但通过测试，同类产品其风味、口感虽与卡士有类似之处，许多参与口感盲测的消费者仍然对于卡士的评分更高。为增强其产品的独特性，新叶 NEAVES 主创团队在为产品取名时将卡士的品牌加入其中，名为“卡士果汁冰”，而后为让一些认为产品是冰沙的消费者消除误会，将该品类改名“卡士果汁”（图 9-1），以期望这款酸乳的知名度能够增强消费者的认知。对于很多人而言，新叶 NEAVES 主创团队的想法是疯狂的。但就在 2018 年 7 月，这个创立仅 2 年多的新生饮品连锁品牌，却与在酸乳界成名已久的卡士达成了品牌授权、共同研发、共同宣传、共享供应链的等几大板块的合作。这种合作再具象一些，新叶 NEAVES 的门店将为卡士的消费者提供更多样的线下体验，以卡士酸乳制成的产品就是其中一项，而非简单的在便利店中买一瓶好喝的酸乳。这一合作，让供应端与连锁不再仅是单纯的供需关系。在新叶 NEAVES 联合创始人李镇丰看来，促成如此深度合作的原因，或许来自他们对于产品的执着。新叶 NEAVES 的“卡士果汁”绝不是消费者心中的果味酸乳或加了果粒的酸乳，这也就是他们从不强调自己做的是酸乳，而是以卡士入产品名的另一个原因。他们对卡士果汁的定义是具有酸乳功能，口味清爽、自然的健康果汁。卡士酸乳在其中的主要作用在于提供营养，以及平衡、修复产品的风味，并非主味。为此，他们对于产品进行了多次修改。例如，选择适合与酸乳搭配的水果与水果品种，以保持卡士果汁的清爽。处理水果时，舍弃过去门店中使用的“捣碎法”，而是采取切为颗粒的方法。捣碎的水果在嘴里是绵的，但切碎的颗粒有咀嚼感更真实。这一方法的改变，会增加门店工作量，但对于产品的口感却会有很大提升。除国内市场快速发展外，新叶 NEAVES 也正着手于海外市场的布局，包括澳大利亚、马来西亚等国家。

图 9-1　卡士果汁

二、找准细分领域，对食品供应链进行升级

从咖啡连锁品牌星巴克到茶饮连锁品牌奈雪の茶，最近都推出了含酒精饮料的产品线。基于用莫吉托、大吉利等鸡尾酒基酒来进行调酒的灵感，不少商家也推出了类似的创新型饮料。食品饮料行业也开始出现酒精、饮料联名的趋势，例如雪碧推出的一款白酒柠檬口味的汽水，口感有柠檬汽水和高粱酒的风味，不过这款饮料其实是不含酒精的，且热量为0，包装也是复古的玻璃瓶。可口可乐也进行了酒精相关饮料的尝试，例如，在日本销售“柠檬堂”饮料。与不含酒精的白酒味雪碧不同，这款产品含有3%~8%的酒精，而这类水果口味的低浓度酒精饮料在日本近几年颇受欢迎。现在很多年轻人不爱喝烈酒了，而喜欢这类水果起泡酒的女性消费者也正在崛起。此后，可口可乐在英国也推出过调酒专用的预调可乐产品，也是含有酒精的。在国内，喜茶也推出了与科罗娜的联名酒精饮料：以科罗娜啤酒和绿妍为基底，加入了巨峰葡萄和科罗娜常见的青柠搭配，名为“醉醉葡萄啤”，这也是喜茶首次在茶饮中加入啤酒。同类茶饮品牌如乐乐茶、奈雪の茶等也开始有开酒馆的尝试。例如，奈雪の茶就在北京和深圳开出了三家名为“Bla bla Bar”的奈雪酒屋，主要目标客群为25~35岁的年轻女性，菜单则以口味较甜的低酒精度饮料为主。

无论是汽水品牌跨界推出酒精相关产品，还是奶茶和咖啡店开始卖酒，其背后的基本逻辑都是品牌在寻求新的增长点。以可口可乐为例，近年来，碳酸类饮料市场的增长速度明显放缓，入局酒精饮料市场能帮助其找到更广泛的消费者群体；而星巴克或是奈雪の茶开酒吧，本质上都是对店铺时段更高效的利用，因为咖啡店和奶茶店到了晚间门店客流减少，推出酒精产品能够提高夜间稀疏的客流，让店铺的运营效率更高。此外，饮料品牌推出酒精类联名产品，这也是在社交媒体崛起的时代，产品开发逐步变成由消费者直接导向的印证，同时也帮助品牌收割一波口碑。例如，在雪碧的白酒味汽水的微博评论中，就有不少用户提到了江小白配雪碧的喝法，这是一度流行的搭配。正是由于雪碧配白酒的尝试首先在社交媒体风靡起来，为创新产品的开发提供了参考依据和灵感来源。过去的创新产品研发，消费者的反馈都是通过市场调研、聚焦小组等方式进行回收，信息的可靠性和对产品研发的指导性不高，而现在，整个新品开发过程变得更加快捷，也更加扁平了。

第二节　植物基食品市场

根据Innova数据显示，2014—2018年，全球食品饮料新品发布中带有“植物基”的产品年均复合增长率高达68%。Transparency Market Research预测，2019年全球植物蛋白饮料（又称“植物乳”）市场的销售额约在140亿美元，并将以8%的年复合增长率增长，到2029年将达到300亿美元。AC尼尔森数据也显示，2018年美国植物乳销售额达到16亿美元；其中，植物蛋白饮料增速为9%，而2017年植物蛋白饮料的增速仅为3%。消费群体变化带动了植物基产品的增长。十年前饮用植物乳的人还是乳糖不耐或是

素食主义者等边缘群体。如今越来越多的消费者开始考虑健康、可持续发展，更多人选择植物基产品。实际上，植物基产品已经从素食主义的消费者转变为主流消费群体的选择。通过在英国、美国、巴西、中国等市场的调研，80%的消费者为了更加健康，改变了自己或家人的饮食结构和饮食方式；而有40%的消费者增加了蔬菜水果的摄入。社交媒体的广泛流行，也有利于植物基产品的传播，在网络平台发布植物基食物，吸引了许多千禧一代，为植物基产品消费者的年轻化带来了助力。

例如，伊利植选就是一款主打“植物营养新选择”，基于目标人群的精准分析推出的产品。伊利植选核心目标人群定位于25~35岁的中产人群，他们自信、自律且乐活，注重身材管理，愿意通过饮食调整来获取适当的营养；他们也热爱生活，追求时尚，乐于尝试新事物；他们富有社会责任感，关爱环境、崇尚环保。基于用户分析，伊利植选产品以高营养、高价值感为基准。同时，精准定位带来精准用户，为渠道拓展、媒体投放、代言人选择等提供筛选依据。

伊利植选突出高阶植物营养的利益点，可以从新品中一看究竟。时至今日，消费者已经更加看重产品的健康属性，无糖、低糖、自然原生营养等概念越来越受到以年轻白领为代表的泛轻食主义者的青睐。伊利推出的这款植物乳新品，为消费者们提供了纯粹的植物营养选择。伊利植选对于产品的原料、工艺、包装等，都以高标准、优品质为目标。以新品高蛋白豆乳为例，其优质营养体现为：配方中只有黑土种植的优质非转基因大豆和饮用水，每100mL含有高达6.0g优质植物蛋白，显著高于市场上其他植物蛋白饮品，同时含有叶酸及多种矿物质。其先进工艺体现为：低温隔氧研磨的专利技术，蒸汽浸入式杀菌工艺，牢牢锁住浓醇豆香；无菌冷灌装技术，滴滴凝聚自然新鲜。其极简包装体现为：产品包装选择了PET瓶装，满足用户对于“方便”的诉求，关联用户饮用场所，拓宽了消费场景。极简轻奢的设计风格，带来高端的感官认知，迅速俘获消费者的心。目前市售的豆乳产品，由于产品同质化较高，不同品牌间价格竞争十分激烈。而伊利植选跳出了原有的豆乳赛道，追求更优质、更多元地满足用户对植物营养的需求，这是这款产品成功的关键。

第三节　休闲食品的咀嚼乐趣

一直以来，食品饮料行业习惯于在口味上进行创新，如近年来很流行的咸蛋黄味、小龙虾味等，但似乎忽略了消费者会享受吃薯片时咀嚼的快感或奶茶流过喉咙的丝滑。事实上，消费者对食品的口感也越来越讲究。而在丝滑、劲脆的背后，其实是食品的质构在起作用。在Innova Market Insights公布的2018年最新全球零食报告中，质构已经成为人们关注以及挑选零食的理由之一，并呈现出明显的上升趋势，预计全球食品质构市场从2017—2025年将以6.2%的复合年均增长率增长。

食品的质构是指眼睛通过视觉以及口腔通过触觉所感觉到的食品的性质，包括粗细、滑爽、颗粒感等。国际标准化组织（ISO）规定的食品质构是指用“力学的、触觉的，可能的话还包括视觉的、听觉的方法能够感知的食品流变学特性的综合感觉”。随着对食品物理性质研究的深入，人们对食品从入口前的接触到咀嚼、吞咽时的印象，即对食品的滋味、口感需要有一个语言的表达，于是借用了“质构”这一用语。质构一词目前在食品物性学中已被广泛用来表示食品的组织状态、口感及滋味感觉等。

伊利旗下的冰淇淋品牌甄稀，就主要以“细腻口感”作为产品的主要差异点。甄稀品牌推广之初，是以选用“稀奶油”为卖点的，但并没有获得消费者太多关注和认同，因为对于消费者来说，他们可能并不知道添加了稀奶油的甄稀和其他产品到底有什么区别。当市面上许多冰淇淋都以口味为卖点时，如奶香四溢、果味十足等，如何在这样的市场中打造差异化？甄稀在口感反面找到了的突破口。用“7%的独特细腻”替代了原来的“稀奶油”作为产品的亮点，同样也是放下身段，用消费者能够领会的语言传达品牌的追求，细腻的口感更能够让消费者直观地感受到甄稀的不同。

除了细腻的冰淇淋，在新推出的零食领域，硬脆和酥脆的口感在全球范围都是较受欢迎的。其中，薯片就是脆型零食的代表。人们爱吃薯片，不仅在于可以享受高热量的美味，而且能在咔嚓咔嚓的咀嚼声中获得快感，缓解压力。一包受了潮的薯片，可能就会遭受消费者的嫌弃。在吃薯片的过程中，消费者能获得来自视觉、味觉、嗅觉、听觉全方位的感官刺激。例如，乐事的大波浪系列，就很鲜明地突出“超劲脆”的口感，加上波浪的造型，让消费者从视觉、听觉上都能获得冲击的力量感。

宜瑞安公司在2011年开发了一套名为TEXICON™的质构语言系统。将消费者对于质构的直观感受转化为精确的、可测量的、标准化的术语。如将柔滑、甜美醇厚之类的消费者语言翻译成口腔被覆感、黏度和拉丝性这样的专业术语。有了标准化的专业术语后，宜瑞安研究人员运用独有的DIAL-IN®五步技术，开展感官测试，并分析感官数据，以指导生产商开发、成分选择和配方设计流程。这就涉及对食品质构的感官评定。把握消费者的需求就是从消费者到食品生产商的过程，而感官评定是一个从食品生产商再回到消费者的过程。针对食物味觉与视觉的感官评定研究由来已久，目前已广泛应用于食品饮料的产品质量控制、研究与开发中，并衍生出专业的电子分析设备，如电子鼻、电子舌等。近年来，随着人工智能的兴起，“AI辨味”即是食品行业应用人工智能技术的一种尝试。

英敏特在2018年全球食品饮料趋势报告中提及，质构带来的声音、感受和满意度对消费者和食品企业来说都变得更加重要了。换句话说，质构除了意味着满足消费者对口感的需求，同时也是食品饮料行业创新的突破口。例如，美国的功能性成分品牌AIDP为乳制品和非乳制甜点以及酸乳类产品研发了一种新一代海藻提取物成分，这种海藻盐提取物不仅让产品具有丰富的乳脂质地，同时可减少脂肪。卫岗乳业新推出的充气酸乳，就是在生产过程中，通过高速搅打，给发酵乳加入特定比例气体，从而实现如慕斯般的口感。除了能获得口感上如甜品般的放纵体验，由于加入了气体，所以同等体积下，充气酸乳比普通酸乳质量更轻，其热量和脂肪含量也更低。由此可见，质构的创新可以优化产品的营养成分，如实现低脂肪、低热量等，但同时又能用口感给消费者放纵的、享受的体验。

而老年人群体对食品的质构也有着特殊的诉求。一方面，许多老年人因为牙口变差了，喜欢有着软糯口感的食物，那么质构的创新点就在于如何控制软糯的程度；另一方面，对于有吞咽困难或相关疾病需要吃流食的老年群体，也能从质构上找到相关实现方案。而多元的口感可能是年轻一代的普遍诉求，例如正成为食品饮料行业强劲力量的新式茶饮，从一杯奶茶中可以喝出几种甚至十几种不同的口感，从中获得了“肥宅式”的满足感。如何保证珍珠、奶盖甚至奥利奥饼干碎等多种口感的和谐，是奶茶供应商特别需要注意的问题。*Popular Science* 杂志曾经称质构是食品科学最后的边界，与味道和气味相比，质地的重要性一直被人们忽视。而如今，质构宛如一匹黑马，在食品饮料界飞速驰骋，给人们带来五感冲击的同时，也正在给食品饮料行业带来创新活力。

第四节　运动营养代餐食品

据欧睿国际最新数据统计，中国运动营养品整体规模为 3.29 亿美元，过去 5 年中，产业零售额的复合年均增长率高达 40%。但是，想要在中国市场取得成功，也不那么容易。中国消费者需要什么样的运动营养产品，已经不再由品牌商来决定，更不是简单地照搬照抄欧美市场就能成功。一个单品卖数年、同一产品卖给全球消费者的时代，早已经过去了，运动营养是一个具有巨大潜力的市场。

运动营养不是一个新名词，在许多运动场合我们都能接触到运动营养的概念，例如，马拉松比赛或健身房训练。但事实上，真正对中国市场有深入了解的人，或清楚自己营养需求的消费者仍占少数，这也意味着中国市场仍处于发展早期阶段，在中国日渐增长的健康食品领域中，运动营养被普遍认为是风口，虽然目前规模很小，但未来具有很大的商业发展潜力与产业提升空间。

运动营养市场增速远超营养品市场其他细分品类。与此同时，《经济学人》在《中国开赛——崛起中的中国体育健身产业》一文中指出，有三分之一的中国人形成了经常锻炼的习惯，如果这超过 4 亿的消费者每人平均消费 100 元的运动营养产品，那么这个市场也有几百亿规模。然而理想很丰满，现实很骨感，许多企业过高估计中国市场机会，几乎是一窝蜂似的挤到仍显狭小的市场，照搬欧美运动营养市场的产品，营销方式也是简单粗暴。随着时间的推移，许多从业者突然发现，市场似乎并没有想象的那么大，而竞争却越来越激烈，网络流量成本越来越贵。艾兰得品牌事业部中国区总经理龚武先生就认为：“中国庞大的运动人口基数和运动营养的消费市场形成强烈反差，中国运动营养行业发展至今，本身就到了一个由增肌塑形，转变为更大更强的关键转型时期”。

一方面，长期以来中国运动营养市场局限于健美健体和专业运动领域，普通大众对于运动营养知之甚少；另一方面，目前市场上大多运动营养产品主要围绕健美健体专业人群需求开发，适合西方消费者的运动习惯和审美，并不完全适合中国消费者尤其是大众消费者的需求，甚至在法规方面都不完全符合中国市场的行业规范。而在以消费者主导市场发展的今天，中国运动营养品牌应该围绕中国消费者的需求，深入思考中国市场需要什么样的运动营养产品，而不是简单的照搬照抄欧美市场。据统计，中国大概有 4.3 亿左右的运动人群，约 2.5 亿~2.9 亿的中产阶级，但真正的健身人群其实只有 1000 万左右，这就决定了中国运动营养产品与欧美运动营养产品会有很大不同。如何解决消费者的认知问题，是运动营养行业首先需要解决的。除去市场发展程度不同，中西方文化也大相径庭。在形体的审美观念上，中国大部分健身人群不像西方那样渴望追求大肌肉块；在运动的类别选择上，中国消费者多以慢跑、瑜伽、团操等有氧运动为主；而在饮食喜好上，中国饮食的多样性决定了产品需要在配方与口味方面更贴近中国人的饮食习惯。中国的运动营养市场的确需要一些真正了解中国人、适合中国人消费习惯的产品。过去十多年来，中国运动营养市场的产品还是以传统的蛋白粉、氮泵等为主，而从2017年开始，某些新的运动营养品牌开始以“轻运动、轻生活”的概念切入中国市场，推出了以“轻便、轻松、年轻态”为主、更大众化的运动营养产品，并将渠道拓展至便利店、商超等，进入大众消费者的视野。

在艾兰得品牌创立之初，当时传统的国内外运动营养品牌都争相服务核心小圈层人群，而艾兰得洞察到运动营养品类必然经历从专业体育健美人群向大众健康化增长演变的趋势，于是率先在中国推出了蛋白棒、谷物棒等营养棒产品等面向大众消费的运动营养产品，以轻巧便携、美味营养为特色，成为中国市场运动营养领域一个全新品类的开创者。目前市场上可以看到的棒类，大多来自国外进口。经过将不同产品进行对比研究，公司发现中国消费者并不适应能量棒的原因有：①口味偏甜，坚硬且黏牙。对口味为上的中国消费者来说，产品的好吃程度很重要。②规格过大，市场上大部分为60g规格的棒类产品，即使有长期运动习惯的人，也无法一次性吃完，更何况大众消费者以及女性运动者。针对这些问题，通过与ZE SPEED科技健身的战略合作以及多场次健身展现场消费者的试吃、运动KOL（关键意见领袖的缩写）及核心健身人群的体验测评，艾兰得不断打磨和迭代棒类产品，在配方和口味上更亲近“中国口味”，打造出中国消费者觉得“好吃”的营养棒。基于对市场的分析与深刻洞察，艾兰得将中国市场的用户对运动营养的认知分为四个阶段——痛、动、懂、用，从知道自己的痛点，迈开腿身体力行，了解需要的营养到选择正确的产品并形成使用习惯，艾兰得的目标就是逐步实现让不太运动、不太懂营养的消费者，学会享受运动、享受科学营养，并成为更好的自己。

除了推广产品，品牌的长期使命仍是致力于市场教育的普及与发展，等到消费者认知和运动习惯都日渐成熟，再引导消费者主动补充，以及帮助消费者在运动过程中学会精准的功能性补充，激发运动表现，让他们拥有更好的生活方式，是艾兰得品牌的使命。未来中国的运动健康行业将逐渐形成大众化、专业化、多场景化和跨界化的发展趋势。人们对健康的意识将逐步提高，未来参与运动的人会越来越多。也会有更多健身达人有意识地去寻求专业的运动健身支持和运动营养补充，让自己的运动方式、饮食结构都有更科学的变化。也会有更多西方运动项目在中国落地，例如，橄榄球、滑板等。运动的方式也会越来越多样化，有更多专项运动类别、运动场景成为人们的日常选择，这一点也同时推动了行业的大众化和专业化。运动逐渐成为人们的社交名片，当经济发展到一定水平，大家对身体健康就开始有更高的要求，对生活品质有更好的追求。未来运动将更多和饮食、时尚、科技相结合。企业只有对市场趋势变化做出积极应对，才能把握正在崛起的中国运动营养品类的增长机会。相信在未来，中国市场将进入科技赋能运动营养的时代，即一站式定制化的运动营养解决方案，配套基因检测了解每个人独一无二的身体，并提供最适合其体质的运动健身方案，以及恰如其分的营养补充，让更多人可以动起来，拥有健康的生活，受益于精准营养和升级的运动营养产业。

在这物欲横流、纷繁骚动的大美时代，“国以民为本、民以食为天，食以质为先”已成为各国人们对待现代食品的不懈追求；“美食、食美”已不再是人类对惬意生活向往的简单追求，创造美食、感受美味、品味美意已成为人类对待美好生活新的向往。本书汇集百家之言，将美学与审美、美食与创新、设计理论与实践有机融合，并对其加以理解和消化，以尝试解析人们对美食的狂热追求和执着热爱的审美情怀及其内生动力，破解人类对待美食欲望和感觉的终极密码；通过精确描绘现代美食的形美、意美和神美，指引现代美食审美情趣与创新设计的精神内涵与文化传承，更好地丰富现代创新食品工业，为人类健康与美食享受助力。

附录　各章思维导图

第一章　绪　　论

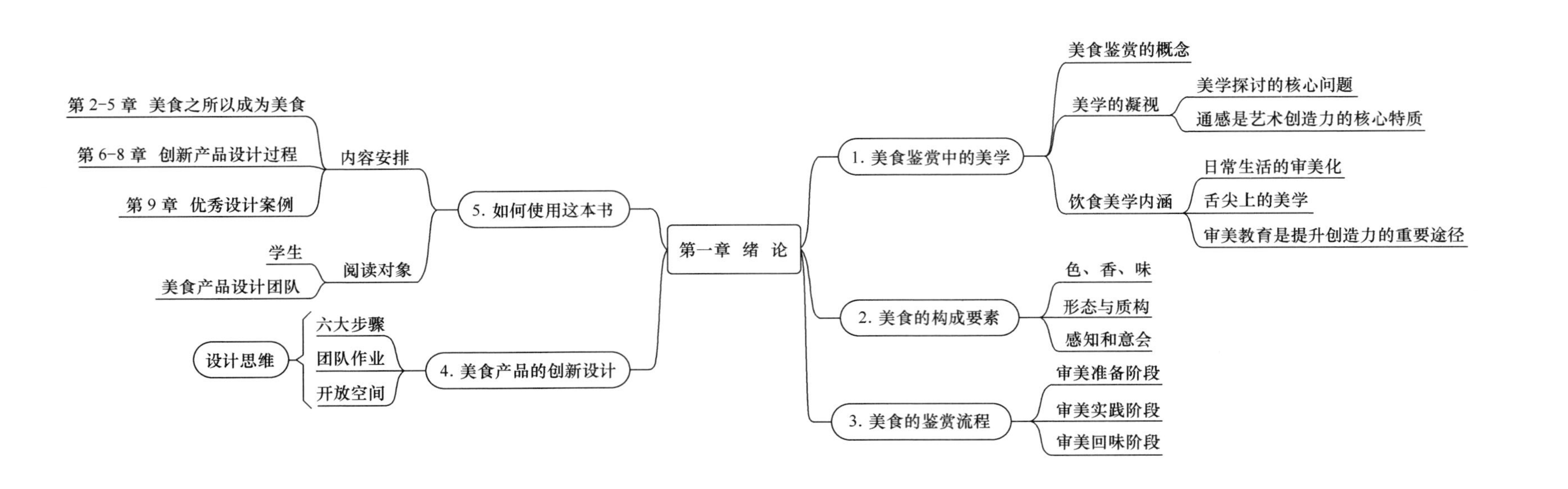

第二章 美食鉴赏的内涵与标准

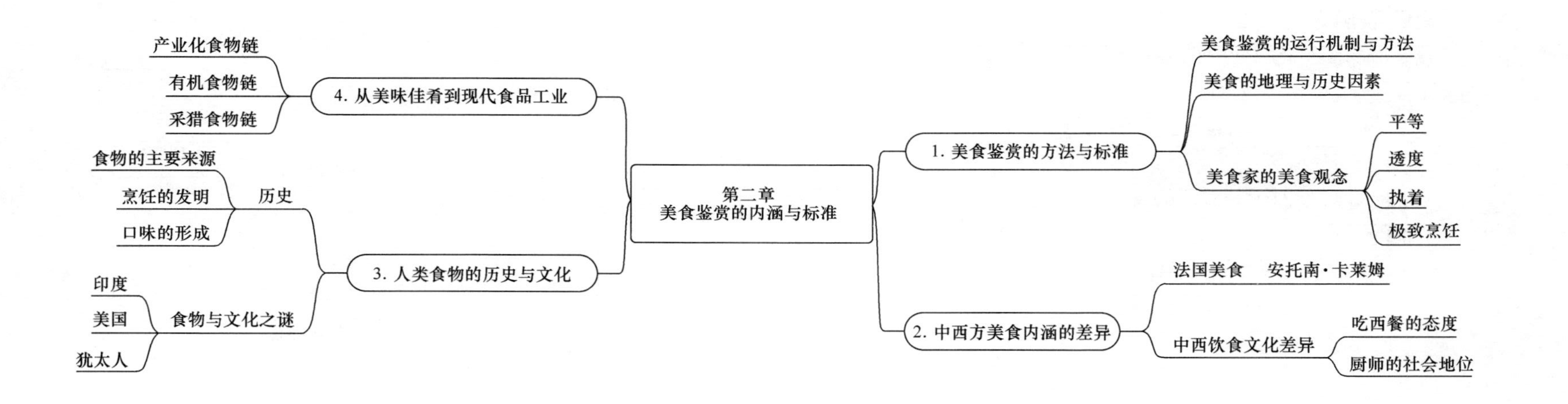

第三章 美食的基本元素

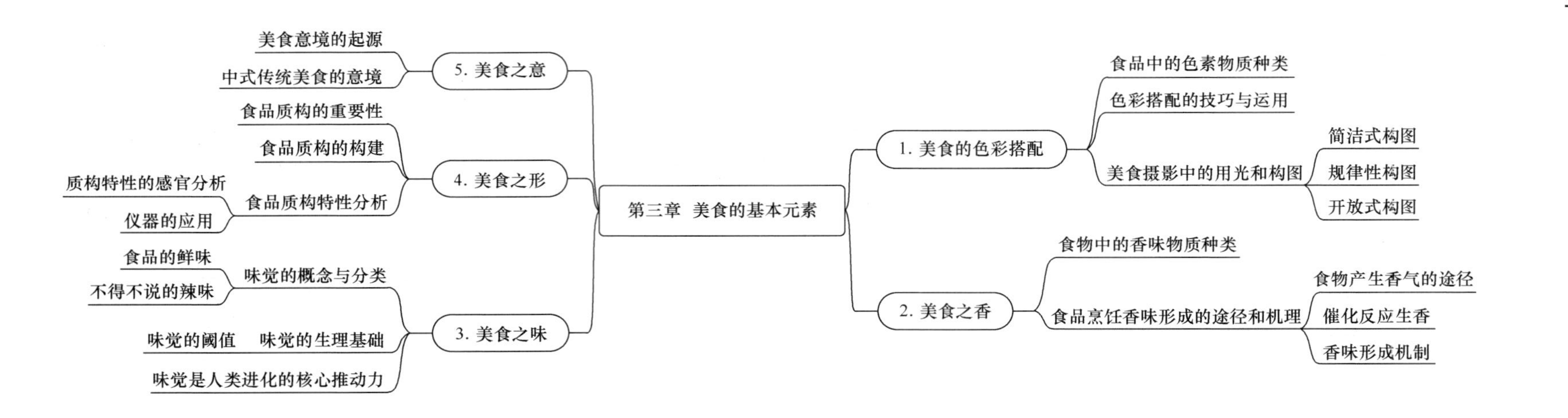

第三章 美食的基本元素
1. 美食的色彩搭配
食品中的色素物质种类
色彩搭配的技巧与运用
美食摄影中的用光和构图
简洁式构图
规律性构图
开放式构图
2. 美食之香
食物中的香味物质种类
食品烹饪香味形成的途径和机理
食物产生香气的途径
催化反应生香
香味形成机制
3. 美食之味
味觉的概念与分类
食品的鲜味
不得不说的辣味
味觉的生理基础
味觉的阈值
味觉是人类进化的核心推动力
4. 美食之形
食品质构的重要性
食品质构的构建
食品质构特性分析
质构特性的感官分析
仪器的应用
5. 美食之意
美食意境的起源
中式传统美食的意境

第四章　美食的历史与文化

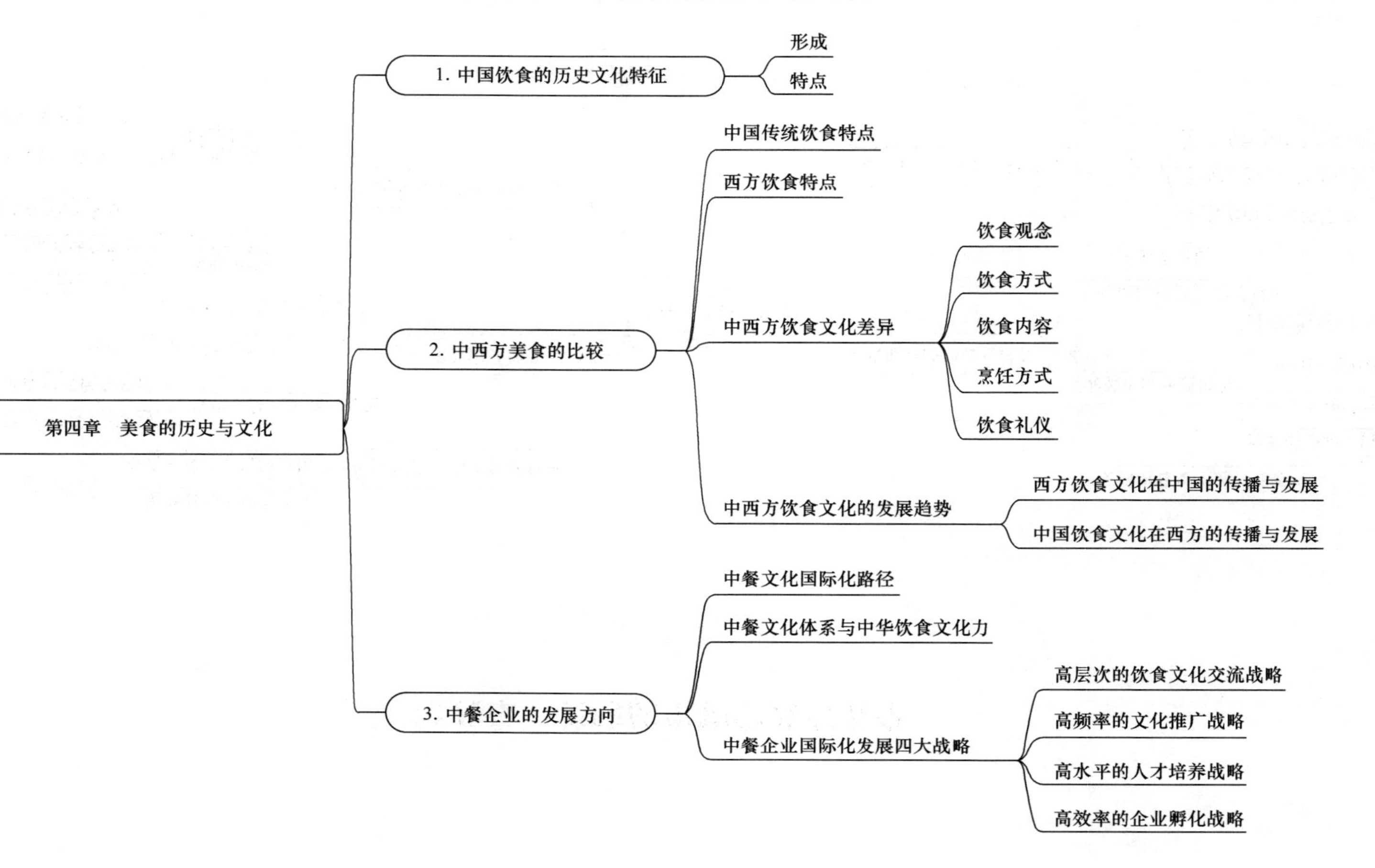

第五章　美味的生物学及营养学

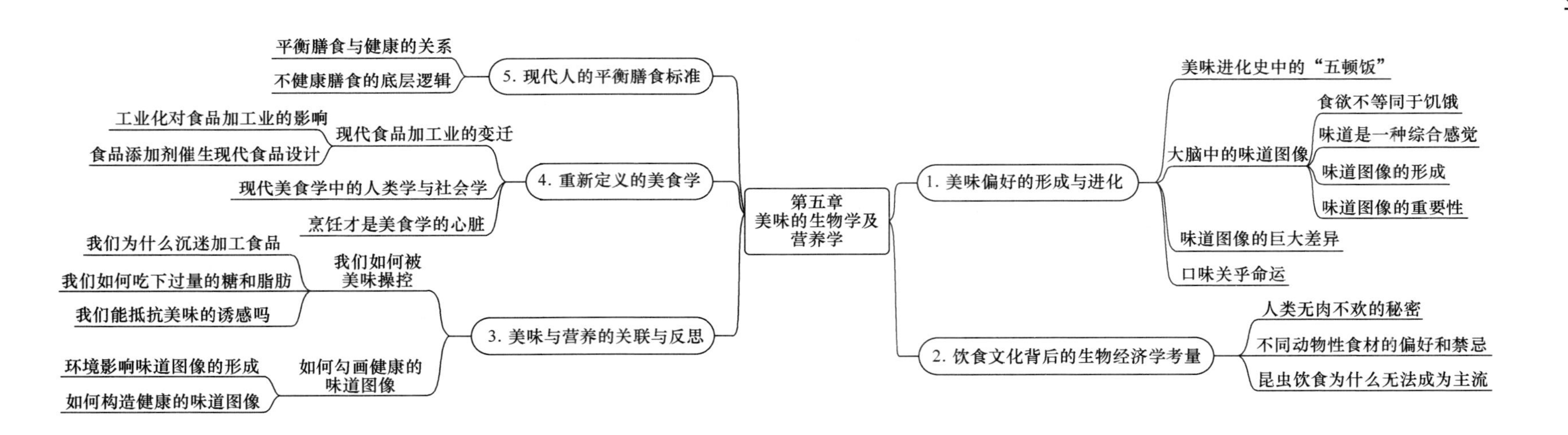

第六章　食品消费行业的创新

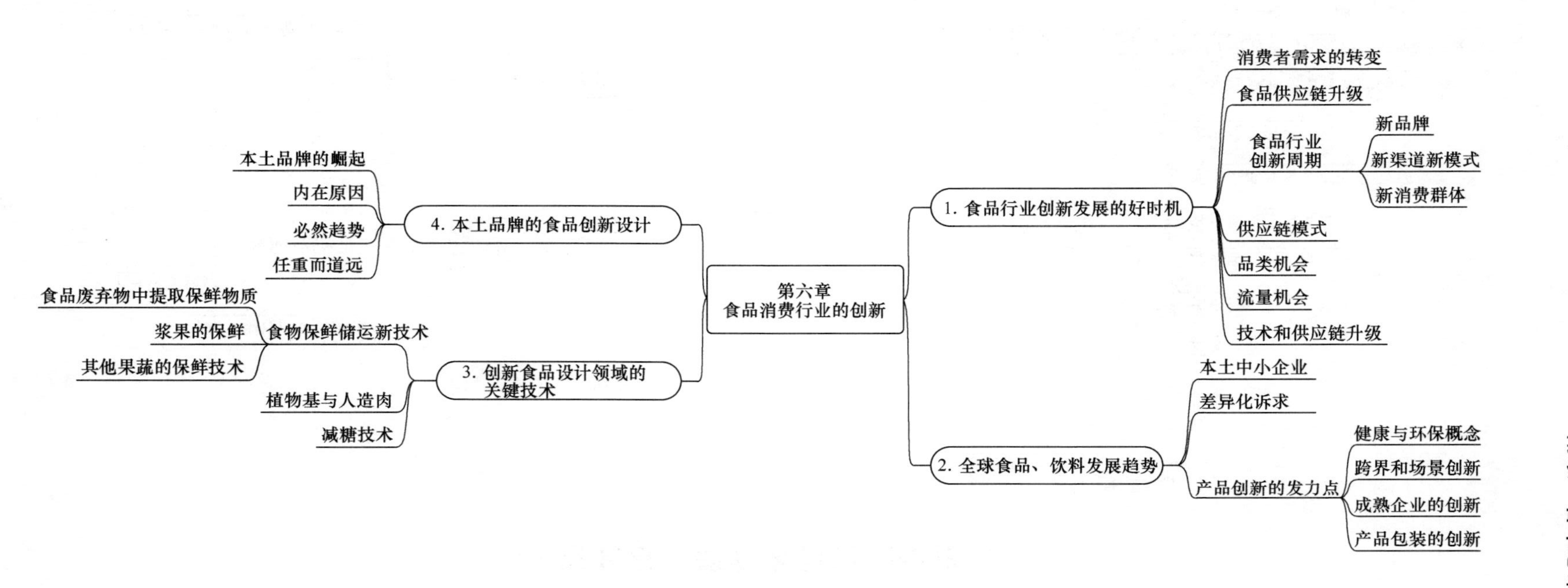

第七章　消费者行为的变化

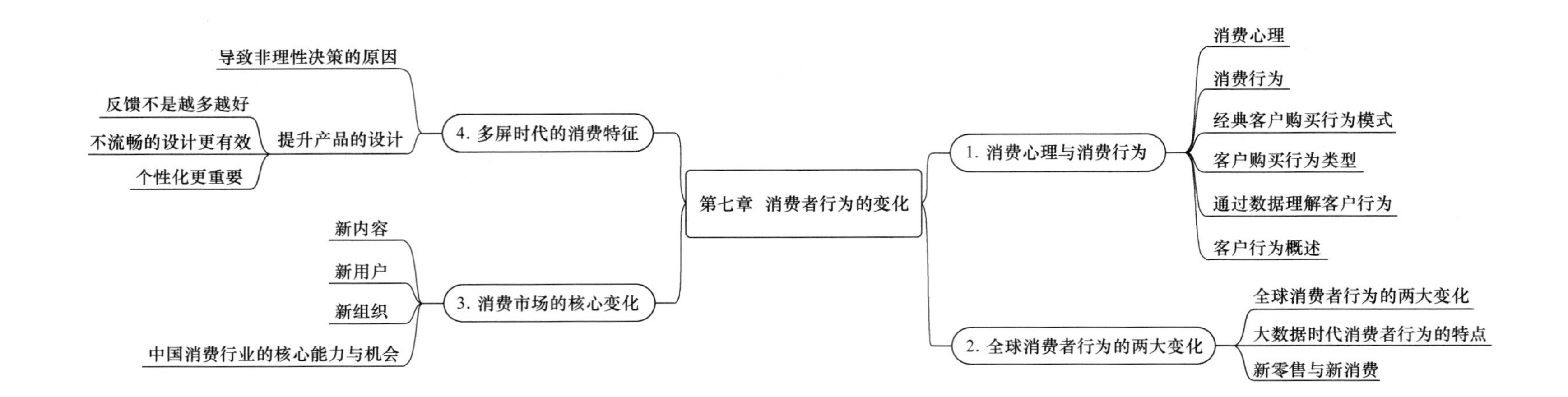

第八章　设计思维在食品创新领域的应用

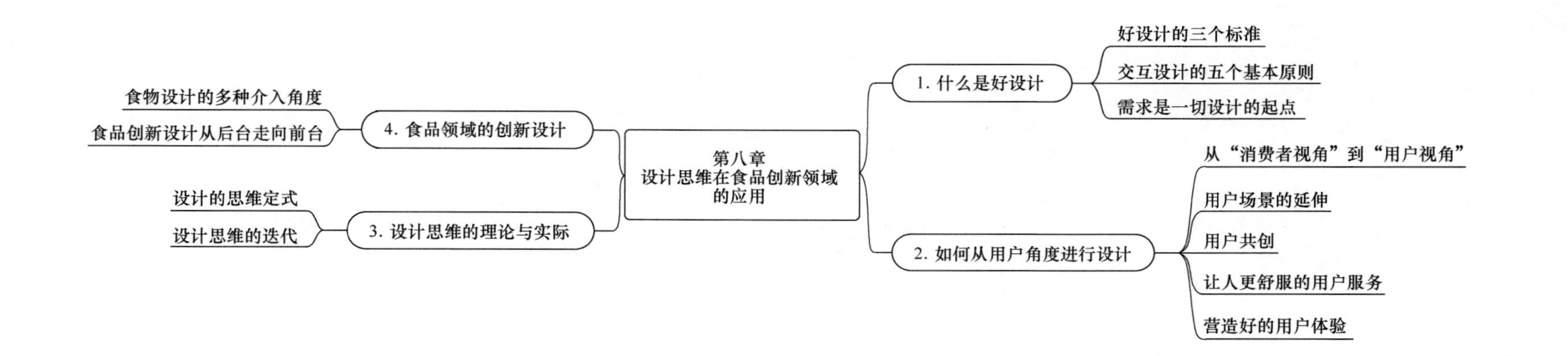

第九章　食品创新设计案例解析

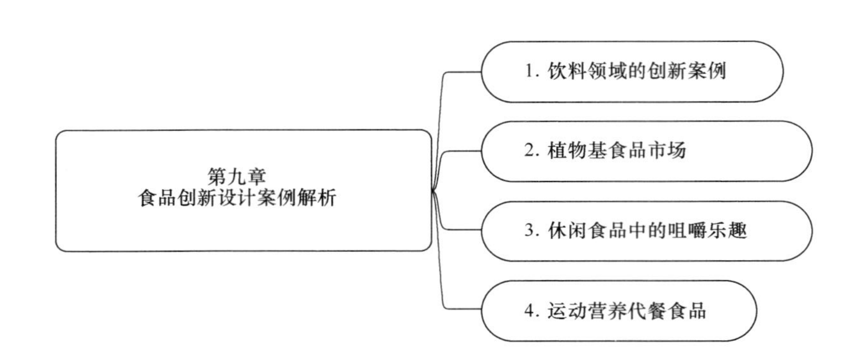